Umweltpolitik und Außenhandel

Europäische Hochschulschriften
Publications Universitaires Européennes
European University Studies

Reihe V
Volks- und Betriebswirtschaft

Série V Series V
Sciences économiques, gestion d'entreprise
Economics and Management

Bd./Vol. 2570

PETER LANG
Frankfurt am Main · Berlin · Bern · Bruxelles · New York · Wien

Thomas Gabelmann

Umweltpolitik und Außenhandel

Eine allokationspolitische Analyse

PETER LANG
Europäischer Verlag der Wissenschaften

Die Deutsche Bibliothek - CIP-Einheitsaufnahme

Gabelmann, Thomas:

Umweltpolitik und Außenhandel : eine allokationspolitische Analyse / Thomas Gabelmann. - Frankfurt am Main ; Berlin ; Bern ; Bruxelles ; New York ; Wien : Lang, 2000
(Europäische Hochschulschriften : Reihe 5, Volks- und Betriebswirtschaft ; Bd. 2570)
Zugl.: Frankfurt (Main), Univ., Diss., 1999
ISBN 3-631-35607-2

D 30
ISSN 0531-7339
ISBN 3-631-35607-2

Meinen Eltern,
meiner Frau Maria Pia

Vorwort

Die vorliegende Dissertation entstand in den Jahren 1995-1998 während meiner Tätigkeit als wissenschaftlicher Mitarbeiter an der Professur für Volkswirtschaftslehre, insbes. Wirtschaftstheorie, der Johann Wolfgang Goethe-Universität Frankfurt am Main.

Für die in dieser Zeit erhaltenen Anregungen und vielfältigen Unterstützungen möchte ich meinem Doktorvater Prof. Dr. Bertram Schefold und den anderen Kolleginnen und Kollegen der Professur bzw. des Fachbereichs herzlich danken.

Inhaltsverzeichnis

Symbolverzeichnis

Allg.: große Variablen beschreiben ausländische Größen.

a	Parameter linearer inverser Nachfragefunktionen Achsenabschnitt)
b	Parameter linearer inverser Nachfragefunktionen (Steigung)
c_i	Nachfrage nach Gut i
$\overline{c}$	konstante Nachfragestruktur
d_i	Nachfragefunktion für Gut i
d	einkommensunabhängige Nachfragefunktion (in Teil 2)
e, E	Advektionsparameter
f_i, F_i	Produktionsfunktionen für Sektor i
f_i^r, F_i^r	Schadstoffvermeidungstechnologien des Sektors i
$\widetilde{f}_i$	Nettoproduktionsfunktion des Sektors i
FRT	Grenzrate der Transformation im Außenhandel
g, G	Schadensfunktionen
GRS	Grenzrate der Substitution
GRT	Grenzrate der Transformation
h, H	Bruttoemissionskoeffizienten
h_i, H_i	Bruttoemissionsfunktionen für den Sektor i (in Abhängigkeit vom Produktionsniveau)
i, I	Nutzenindex, gemessen in Einheiten des Numéraires
j_i, J_i	Bruttoemissionsfunktionen des Sektors i (in Abhängigkeit vom Arbeitseinsatz)
k, K	Fixkosten einer auswärtigen Produktionsanlage
l_i, L_i	Arbeitseinsatz in der Produktion von Sektor i
l_i^r, L_i^r	Arbeitseinsatz in der Schadstoffvermeidung von Sektor i
$\bar{l}, \overline{L}$	zur Verfügung stehende Arbeitsmenge, (auch: unelastisches Arbeitsangebot)

$\tilde{l}_i$	Gesamtarbeitseinsatz im Sektor *i* (zu: Nettoproduktionsfunktion)
m_i, M_i	Importnachfragen nach Gut *i,* (auch: Importnachfragefunktionen)
n, N	einkommensunabhängige Nachfragefunktionen
o, O	Außenhandelstauschkurven
$\tilde{p}_i$	absoluter Preis des Gutes *i*
p	relativer Güterpreis, ausgedrückt in Einheiten des Numéraires
$\mathbf{p}$	Preisvektor
q, Q	Umweltqualitätsindices
r	Zinssatz
s_i, S_i	Nettoemissionen des Sektors *i*
s_i^p, S_i^p	Bruttoemissionen des Sektors *i*
s_i^r, S_i^r	vermiedene Emissionen in Sektor *i*
s	Gesamtemissionen
$\bar{s}$	Emissionstandard
$\bar{s}^{\max}$	maximale assimilierbare Emissionsmenge
t, T	Zollsätze
$\hat{t}, \hat{T}$	nicht-kooperative Zollsätze
$\breve{t}, \breve{T}$	kooperative Zollsätze
u, U	Nutzenfunktionen der repräsentativen Individuen bzw. Wohlfahrtsfunktionen
v	partielle Nutzenfunktion (in Abhängigkeit des Güterkonsums)
$\tilde{v}$	Sub-Nutzenfunktion
v_n	Grenznutzen des Einkommens
w, W	Lohnsätze, ausgedrückt in Numéraireeinheiten
x_i, X_i	Produktionsmengen des Gutes *i*
x, X	am heimischen Markt abgesetzte Mengen
x^e, X^e	am auswärtigen Markt abgesetzte Mengen
$\bar{x}, \bar{X}$	abgesetzte Gesamtmengen
x^*, X^*	Gleichgewichtsmengen (Hauptteil 1: Marktgleichgewichtsmengen, Hauptteil 2: Cournot-Nash-Anbegotsmengen)
$\mathbf{x}$	Mengenvektor
y	Volkseinkommen
z, Z	Emissionspreise (Marktpreis bzw. Steuersatz), ausgedrückt in Numéraireeinheiten

z^*, Z^*	gleichgewichtige (Teil 1) bzw. nicht-strategische (Teil 2) Emissionspreise
$\hat{z}, \hat{Z}$	optimale nicht-kooperative Emissionspreise
$\breve{z}, \breve{Z}$	optimale kooperativer Emissionspreise
$\alpha, \bar{\alpha}$, A	Platzhalter für Kurzschreibweise
$\beta, \bar{\beta}$, B	Platzhalter für Kurzschreibweise
γ, Γ	variable Produktionskosten
$\bar{\gamma}, \bar{\Gamma}$	variable Kosten
$\gamma^{ges}, \Gamma^{ges}$	Gesamtkosten
δ	Weltmarkt-Preisanpassungsregel
ϑ	Emissionsanpassungsregel des Auslands
Δ	Determinante
Δl	Arbeitswanderungssaldo
$\Delta\gamma$	durch Umweltpolitik induzierte Veränderung der Stückkosten
$\Delta\pi^{ct}, \Delta\pi^{pi}$	Innovationsanreize *competitive threat* und *profit incentive*
ε	Index für Erwartungsvariablen
ζ_1, ζ_2	Platzhalter für Kurzschreibweise
η_p, η_P	Preiselasitizitäten der Nachfrage
θ, Θ	Reaktionsfunktionen in FuE-Ausgaben
ι, I	Anzahl oligopolistischer Firmen im Markt
κ	Konsumentenrente
λ_i, Λ_i	totale Faktorproduktivitäten des Sektors *i*
$\lambda_{h_i}, \Lambda_{h_i}$	Effizienzparameter der Bruttoemissionsfunktion im Sektor *i*
μ_s	Schattenpreis des Kontrollproblems (Ableitung nach der Zeit: $\dot{\mu}_s$)
ν	Winkelbezeichnung
ξ	Absatzmenge im Integrationsoperator (für Konsumentenrente)
π, Π	Firmengewinne
ρ, P	FuE-Ausgaben
σ	Variable der Zeit
τ, T	Steueraufkommen
υ, Y	kumulierte Innovationswahrscheinlichkeit
φ, Φ	gewählte Innovationswahrscheinlichkeiten (hazard rates)
ϕ	Platzhalter für Kurzschreibweise
χ	Platzhalter für Kurzschreibweise
ψ, Ψ	Reaktionsfunktionen in Innovationswahrscheinlichkeiten

ω, Ω	Konjekturalvariablen
ϖ	Kurzschreibweise für Substitutionseffekte

Kapitel 1

Einleitung

1.1 Thematische Einführung

Um den Beginn der 80er Jahre erschienen mehrere für die Herausbildung einer neuen Außenhandelstheorie fundamentale Beiträge[1], deren gemeinsames Anliegen es war, nach Begründungen des internationalen Güterhandels unabhängig vom Prinzip des komparativen Vorteils zu suchen. Die Abkehr von diesem alten durch Torrens und Ricardo eingeführten Konzept war insofern nicht grundsätzlich neu, als zuvor mit brancheninternen externen Erträgen bereits eine die komparativen Vorteile ergänzende Erklärung des Handels gefunden worden war[2], sie brachte jedoch eine methodische Neuerung mit sich, die von nachhaltiger Bedeutung war: es wurden nämlich theoretische Modelle konstruiert, die von der Annahme vollständiger Konkurrenz abrückten. Mit der Übernahme industrieökonomischer Ansätze, die es erlaubten, Marktmacht und Produktheterogenität zu modellieren, konnten unternehmensinterne Skalenerträge, die Möglichkeit zur Produktdifferenzierung und das Abschöpfen von Oligopolgewinnen in Form des "gegenseitigen Dumpings" als Determinanten des internationalen Tauschs herangezogen werden. Es war damit möglich geworden, internationale Märkte und international agierende Unternehmen realitätsnäher abzubilden. Ein weiterer, wesentlicher Erfolg dieser neuartigen Beiträge lag in ihrer Erklärungkraft hinsichtlich empirischer Phänomene wie z.B. des intra-industriellen Handels. Bedeutsam war schließlich, daß mit der Betrachtung monopolistischer Konkurrenz und internationaler Oligopole auch neue wirtschafts- und handelspolitische Überlegungen verbunden wa-

1 Z.B. Krugman (1979) bzw. (1980), Lancaster (1980), Helpman (1981).

2 Vgl. z.B. Kemp (1964), 110-118.

ren. So dauerte es nicht lang, bis die ersten Beiträge zu einer Theorie der Handelspolitik in oligopolistischen Märkten erschienen[3]. Der Preissetzungsspielraum einzelner Unternehmen zeigte die Möglichkeit auf, ökonomische Oligopolrenten zum Objekt strategischen Verhaltens der Regierungen zu machen.

Wie Spencer und Brander (1983) für den Fall einer Subventionierung der Forschungs- und Entwicklungstätigkeit exportierender Unternehmen schon zeigten, war hierbei nachzuweisen, daß nicht nur handelspolitische Interventionen im engeren Sinn, sondern auch industriepolitische Instrumente wirksam für handelspolitische Zwecke eingesetzt werden können. Damit entstanden zwei Herausforderungen an die Verfechter der "traditionellen" Theorie: Erstens war die auf der Theorie komparativer Vorteile aufbauende Freihandelsidee gefährdet, zweitens gab es plötzlich ein größeres Spektrum von Interventionsmöglichkeiten, die handelspolitisch nutzbar gemacht werden können. Die handelspolitische Begründbarkeit von Industriepolitik widerspricht der traditionellen Auffassung insofern, als binnen- bzw. außenwirtschaftliche Motive für Interventionen - im allgemeinen zur Korrektur von Marktversagen - bisher den Einsatz nur des jeweiligen binnen- bzw. außenwirtschaftlichen Instrumentariums rechtfertigten[4].

Die Theorie der strategischen Handelspolitik, die die Verschiebung von Oligopolrenten in internationalen Märkten analysierte, wurde in ihrem Anwendungsbereich sehr bald in Grenzen gewiesen[5]. Es wurde gezeigt, daß das Resultat des Brander-Spencer-Modells nur in einer eher speziellen und instabilen Umgebung Gültigkeit besitzt, da es wesentlich von speziellen Formen des Marktverhaltens, Marktzutrittsbarrieren und starken Annahmen bezüglich der Informationsausstattung der intervenierenden Regierungsbehörde ausgeht. Die partialanalytische Modellierung läßt darüber hinaus für eine normative Beurteilung wichtige Auswirkungen im allgemeinen Gleichgewicht nicht erkennen.

Damit war eine Empfehlung zur breiten Anwendung strategischer Interventionen theoretisch unhaltbar geworden. Dennoch blieb das "Image" des Freihandelsprinzips beschädigt. Krugman formulierte dies so:

> "(...) Free Trade is not passé, but it is an idea that has irretrievably lost its innocence. Its status has shifted from optimum to reasonable rule of thumb. There is

---

3 Dies sind vor allem Spencer und Brander (1983) bzw. Dixit (1984).

4 Vgl. Bhagwati und Ramaswami (1963), Bhagwati (1971) bzw. Corden (1974).

5 Insbesondere durch Eaton und Grossman (1986), Horstman und Markusen (1986) bzw. Dixit und Grossman (1986).

still a case for free trade as a good policy, and as a useful target in the practical world of politics, but it can never again be asserted as the policy that economic theory tells us is always right."[6]

Diese heute vorzufindende außenhandelstheoretische Ausgangslage ist in mehrfacher Hinsicht unbefriedigend. Es lassen sich insbesondere drei Problembereiche nennen:

- In der Erörterung der Vorteilhaftigkeit von handelspolitischen Interventionen wich die Bedeutung prinzipieller Kriterien kasuistischen Betrachtungen, die es insbesondere erforderlich machten, eine empirische und "praxisorientierte" Herangehensweise zu entwickeln. Das ermöglicht es der "praktischen Welt der Politik", für sich in Anspruch zu nehmen, die richtigen Entscheidungen über Interventionen treffen zu können. Ordnungstheoretische Prinzipien der Handelspolitik scheinen schwer greifbar geworden zu sein.
- Die Theorie der strategischen Handelspolitik zeigt, daß eine Einflußnahme der Regierungen auf unvollkommene internationale Märkte zu einer räuberischen Aneignung von Oligopolgewinnen und daher zu einem Auseinanderfallen nationaler und internationaler Rationalität führt. Dies wird als Beleg für die populäre Auffassung des international Handels als Wettbewerb der Nationen herangezogen. Die traditionelle Auffassung von der internationalen Arbeitsteilung scheint im Vergleich hierzu das Gegenteil zu vertreten. Wie können die jeweiligen Auffassungen des Außenhandels eingeschätzt werden? Kann die in der Realität vorzufindende Subventionierungspraxis ("managed trade") als Bestandteil autonomer nationaler Wirtschaftspolitik hingenommen werden oder ist sie durch die Institutionen der Welthandelsordnung zu kontrollieren?
- Insofern nicht nur das traditionelle handelspolitische Instrumentarium zur Beeinflussung der strategischen Ausganslage in internationalen unvollkommenen Märkten eingesetzt werden kann, ist jede - auch in erster Linie binnenwirtschaftliche - Maßnahme, die sich für solche Zwecke eignet, nunmehr handelspolitisch motivierbar. In der Rhetorik der Verfechter des Wettbewerbs der Nationen ist damit fast jede Form von Wirtschaftspolitik auch potentielle Handelspolitik. Bei einer starken Betonung des handelspolitischen Ziels, also der Förderung der Durchsetzungsfähigkeit inländischer Industrien in einer als rival empfundenen internationalen Umgebung, ergeben sich somit potentielle Zielkonflikte.

---

6 Krugman (1987), 132.

Handelspolitische Anforderungen erzwingen dann oftmals Kompromisse in der Verfolgung anderer wirtschaftspolitischer Zielsetzungen.

Die vorliegende Arbeit versucht vor diesem Hintergrund einige Zusammenhänge von außenwirtschaftlicher Verflechtung und inländischer Umweltpolitik zu klären. Dieser Bereich ist gegenwärtig einer der meist diskutierten Gegenstände in internationalen Organisationen. Die Beziehung von Umwelt und internationalem Güterhandel kam durch das Montreal Protokoll (1987) öffentlichkeitswirksam auf die politische Agenda. In diesem internationalen Abkommen, das zum Schutz der Ozonschicht verabschiedet wurde, gibt es die Verpflichtung, gegenüber Nichtsignatarstaaten den Handel mit Gütern, die in die Ozonschicht gefährdenden Prozessen gefertigt werden, einzuschränken. Mit der Erklärung von Rio formulierte dann UNCED 1992 eine Reihe von Prinzipien, die den Einsatz und die Abstimmung umwelt- und handelspolitischer Maßnahmen regeln sollten. Hierzu gehörten das polluter-pays-Prinzip, die gemeinschaftliche, konsensorientierte Lösung grenzüberschreitender Umweltprobleme und die Souveränität eines Landes in der Gestaltung der Umweltpolitik bei rein nationalen ökologischen Auswirkungen[7]. Im Zusammenhang mit den Vorverhandlungen zu NAFTA entspann sich dann vor allem im amerikanischen Raum die neuere wissenschaftliche Diskussion über umweltpolitische Effekte liberalisierten Außenhandels, z.B. hinsichtlich der vermuteten Ansiedelung umweltintensiver Produktionsprozesse in ökologisch nicht-regulierenden Ländern (sog. pollution-haven-Hypothese). Mittlerweile erfolgt im multilateralen Rahmen der WTO eine systematische Auseinandersetzung mit der ganzen Problematik, nachdem dort 1995 das Committee on Trade and Environment eingerichtet wurde, das insbesondere den ökologischen Anpassungsbedarf des GATT-Vertragswerkes zu prüfen hat[8].

In dieser Arbeit werden theoretisch-analytische Ansätze für die Behandlung einiger dieser Beziehungen von Umwelt und Außenhandel diskutiert. Es wird untersucht, welche Wirkungsbeziehungen zwischen der Umweltpolitik und den Handelsströmen bestehen können und ob aus der Analyse der Wirkungsbeziehungen Aussagen über Zielbeziehungen ableitbar sind. Dabei soll nicht nur der durch partialanalytische Herangehensweise und Hervorhebung des unvollständigen Wettbewerbs geprägte ana-

---

7 Vgl. Rauscher (1997), 298. Es handelt sich insbesondere um die Prinzipien 2, 12 und 16 der Rio-Deklaration.

8 Es sind dies nur einige wichtige internationale Abkommen bzw. Institutionen, die mit der Problematik konfrontiert sind. Einen größeren Überblick vermittelt u.a. Helm (1995).

lytische Rahmen der neueren Außenwirtschaftstheorie als Grundlage dienen, sondern es wird in Gegenüberstellung zu diesem auch anhand eines Modells, das der traditionellen, neoklassisch ausgerichteten Gleichgewichtstheorie zuzuordnen ist, vorgegangen. Mit dem Vergleich beider Ansätze soll eine bessere Einschätzung der jeweiligen Resultate ermöglicht werden.

Die Fragestellungen, anhand derer das Themengebiet "Umweltpolitik und Außenhandel" im folgenden untersucht wird, sind in der Übersicht folgende:

1. Welche Auswirkungen gehen von der Umweltpolitik eines Landes auf dessen Außenhandelsbeziehungen aus? Genauer: Ist der internationale Handel von umweltpolitischer Regulierung betroffen und, wenn ja, welcher Art sind die potentiellen Zusammenhänge?
2. Welche Rolle spielt die Berücksichtigung der Außenhandelsverflechtung für die nationale Umweltpolitik? Ändern sich die Leitlinien für umweltökonomische Regulierungen?
3. Welche handelspolitische Bedeutung hat aktive (oder passive) Umweltpolitik? Beeinträchtigt Umweltpolitik die Wettbewerbsfähigkeit einer Volkswirtschaft bzw. einzelner Sektoren, oder führt sie zu einem "unlevel playing field"? Die Umkehrung dieser Frage ist: inwiefern kann Handelspolitik umweltökonomisch motiviert sein? Gibt es Rechtfertigungen für "Öko-Zölle" oder für Protektion, die die Einführung von Emissionssteuern flankiert? Allgemeiner formuliert kann also gefragt werden, *ob Handels- und Umweltpolitik in einem substitutionalen oder komplementären Verhältnis zueinander stehen.*
4. Welche Beurteilungen folgen aus den vorgefundenen Wirkungsbeziehungen für das Verhältnis von einzelstaatlicher zu internationaler Rationalität der Wirtschaftspolitik? Läßt sich eine Begründung für *internationale Koordination der Umweltpolitik in außenwirtschaftlich verflochtenen Ökonomien* ausmachen und welche Formen müßte eine zu koordinierende Umweltpolitik annehmen?

Während die ersten beiden Fragestellungen als Leitlinien der theoretischen Integration von Umweltökonomie und Außenwirtschaft dienlich sind, richten sich die beiden anderen letztlich auf die wirtschaftspolitische Debatte über Freihandel im Zusammenhang mit der Umweltproblematik.

1.2 Theoriegeschichtlicher Hintergrund

Wie schon angedeutet wurde, fügt sich die Themenstellung Umweltpolitik - Außenhandel in eine neuerliche allgemeinere Diskussion über die theoretische Infragestellung des Freihandels ein[9]. Denn es besteht die Vermutung, daß Umweltpolitik aufgrund einer hohen handelspolitischen Relevanz für außenwirtschaftliche Zwecke einsetzbar ist, und ferner könnte Handelspolitik durch das binnenwirtschaftliche Ziel der Schonung inländischer Umweltgüter motiviert sein. Es erweist sich als hilfreich, diese neuere Debatte über die Wirksamkeit vielfältiger Interventions- und Regulierungsformen in thematisch verwandte ältere Dispute einzureihen, um so einen tiefergehenden Einblick in zugrundeliegende Fragen zu erhalten[10].

In der nachmerkantilistischen Theoriegeschichte finden sich vier Hauptdebatten über das Freihandelsprinzip. Als Exponenten des Freihandelsgedankens gelten unter den älteren Autoren A. Smith und D. Ricardo, in moderner Zeit bezieht man sich meist auf die Beiträge von Samuelson (1939, 1962). Diese Autoren haben jedoch ein Freihandelstheorem - im Sinne eines Beweises einer allgemeinen Vorteilhaftigkeit freien internationalen Güteraustauschs - nicht formuliert. Bei den Klassikern findet sich die Empfehlung, die inländischen Märkte zu öffnen, als eine Erweiterung des laissez-faire Prinzips bzw. der Idee der Arbeitsteilung. Dabei formulierten die Klassiker ihre Vorstellungen unter Bezug zur zeitgenössischen wirtschaftspolitischen Situation. Smith wies auf die Irrigkeit der merkantilistisch geprägten englischen Handelspolitik hin, Ricardo erkannte in der durch Importabgaben ausgelösten Verteuerung der Getreidepreise letzlich ein Wachstumshemmnis[11]. So wurde das Prinzip der komparative Vorteile von Ricardo nicht für die Ausarbeitung einer allgemeinen Theorie eingesetzt, die systematisch Ursache und Ausgestaltung des internationalen Handels erklärt bzw. seiner normativen Einschätzung dient. In Bezug auf letztere stellt die Untersuchung der Wohlfahrtswirkungen des Außenhandels durch Samuelson einen fundamentalen Beitrag für die modernere Theorie dar. Aus den acht Resultaten in Samuelson (1962) seien insbesondere drei wiedergegeben:

> "1. If the laws of returns were appropriate for perfect competition (no external effects, indivisibilities, monopolies, dynamic uncertainties, learning processes, etc.), free trade and ideal transfers could be used to give maximal *world* production in the sense of a farthest out world production possibility frontier.
> 2. Free trade and ideal transfers could give a similar maximal world utility frontier for all individuals.

---

9 Vgl. Bhagwati (1994).

10 Vgl. Bhagwati (1993), 25-36.

11 Vgl. Nayyar (1996), 334f.

(...)
8. For a given country, autarky cannot be optimal if ideal transfers are possible. Some trade is better than no trade in the sense of making the nation better off, with a farther out consumption-possibility frontier and farther out utility-possibility frontier." (Samuelson, 1962, 829)

Damit bietet Freihandel unter einigen einschränkenden Voraussetzungen durch die Vergrößerung der weltweiten Konsummöglichkeiten potentielle maximale Wohlfahrtsvorteile aus globaler Sicht (kollektive Rationalität). Für das einzelne Land muß Freihandel aber nicht die beste Politik sein, hier gilt lediglich, daß "etwas" Handel besser als Autarkie ist. Es gibt also keine allgemeingültige Basis für die Auffassung, Freihandel als beste einem Land zur Verfügung stehende Handelspolitik anzusehen (individuelle oder einzelstaatliche Rationalität). Das Samuelsonsche Resultat weist auf die für das Auseinanderfallen von individueller und kollektiver Rationalität verantwortlichen Problematiken hin: zum einen die restriktiven Annahmen der vollständigen Konkurrenz, zum anderen die mit der Kompensation von Verteilungsänderungen verbundenen Schwierigkeiten[12]. Auch wenn bisweilen der Eindruck entsteht, daß die Überzeugung von der Vorteilhaftigkeit des Freihandels Bestandteil eines Glaubensbekenntnisses der ökonomischen Zunft sei[13], kann für die nachfolgende Darstellung der Freihandelsdebatten festgehalten werden, daß es ein allgemeines "Freihandelstheorem" nicht gibt[14].

Noch in der ersten Hälfte des 19. Jahrhunderts wurden zwei theoretisch bedeutsame Ausnahmen zum Freihandelsprinzip entwickelten. U. a. waren es List und J.S. Mill, die im "Infant-Industry-Argument" eine Begründung für Protektion sahen. Der berühmte Absatz bei Mill lautet:

"The only case in which, on mere principles of political economy, protecting duties can be defensible, is when they are imposed temporarily (especially in a young and rising nation) in hopes of naturalizing foreign industry, in itself perfectly suitable to the circumstances of the country. The superiority of one country

[12] Dixit und Norman (1994), 76-84, leisten einen wichtigen Beitrag zur Lösung dieses Problems, indem sie die Situation mit Handel in Form eines "als-ob"-Autarkiegleichgewicht mit Mengensteuern simulieren und so Pareto-Superiorität des freien Außenhandels nachweisen. Kompensationsprobleme werden im folgenden weder auf nationaler noch auf internationaler Ebene betrachtet, da sie m.E. nicht spezifisch für die untersuchte Thematik sind.

[13] Vgl. Krugman (1987), 131.

[14] Vgl. Ekins et al. (1994), 2f.

over another in a branch of production often arises only from having begun it sooner. There may be no inherent advantage on one part, or disadvantage on the other, but only a present superiority of acquired skill and experience. A country which has this skill and experience yet to acquire, may in other respects be better adapted to the production than those which were earlier in the field. (...) But it cannot be expected that individuals should, at their own risk, or rather to their certain loss, introduce a new manufacture and bear the burden of carrying it on until the producers have been educated up to the level of those with whom the processes are traditional." (Mill (1848) 1987, 922)

Mill deutet hierin die Voraussetzungen an, unter denen Protektion sinnvoll sein kann: dynamische Skalenerträge, zeitliche Begrenzung der Protektion und Versagen des privaten Sektors bei der Wahrnehmung langfristig profitabler Akivitäten. Corden (1974) nimmt diese Elemente auf und zeigt die letztlich sehr eingeschränkten Bedingungen auf, unter denen das Infant Industry-Argument tatsächlich gilt[15]. Die Bedeutung des Infant-Industry Arguments liegt eher darin, daß es auf die Möglichkeit der Beeinflussung und sogar der bewußten Ausbildung von komparativen Vorteilen hinweist. Komparative Vorteile müssen demnach nicht als exogen gegeben und im Zeitablauf unveränderlich aufgefaßt werden.

Das zweite, von Torrens (1844) eingeführte Argument, das in dieser frühen Debatte eine Begründung für Importzölle liefert, ist in seiner modernen Version üblicherweise mit der Bezeichnung "Optimalzoll" belegt[16]. Es besagt, daß ein Land, das groß genug ist, um auf die Bildung von Weltmarktpreisen Einfluß nehmen zu können, sich - einem Monopolisten ähnlich - durch die Verknappung seines Handelsvolumens und eine damit induzierte vorteilhafte Veränderung der relativen Weltmarktpreise besserstellen kann. Die Theorie des Optimalzolls weist zwei interessante Implikationen auf. Zum einen findet sich ein Zusammenhang zwischen einer Marktunvollkommenheit (Marktmacht des Inlands auf den Weltgütermärkten) und der Vorteilhaftigkeit einer handelspolitischen Intervention vor.

---

15 Corden zeigt, daß statische Skalenerträge noch keine hinreichende Grundlage für einen Erziehungszoll darstellen. Er weist ferner daraufhin, daß die Gültigkeit des Infant Industry-Arguments für den Fall interner dynamischer Skalenertäge nur schwer zu rechtfertigen ist. Unternehmer und Kapitalgeber werden nur unter unvollständiger oder fehlerhafter Information von einem Engagement in einer Branche mit dynamischen Erträgen zurückweichen. Dann ist aber noch nicht geklärt, ob der Staat besser informiert ist. Somit verbleiben ausschließlich dynamische externe Skalenerträge als theoretisch hinreichende Basis für eine in Form und Dauer geeignet gestaltete Protektion.

16 Eine erste systematische Darstellung erfolgte in Bickerdike (1906).

Zum anderen weist eine weitergehende Analyse, die vergeltendes bzw. gleichgerichtetes Verhalten der ausländischen Regierungen berücksichtigt, auf eine Diskrepanz von nationalen und internationalen Interessen hin. Es besteht nämlich für ein einzelnes Land mit Marktmacht in der Situation mit Freihandel ein Anreiz, eine Verbesserung seiner Terms of Trade herbeizuführen. Dies geht aber immer zu Lasten der Handelspartner. Daraus folgt, daß ein Außenhandelsgleichgewicht bei Freihandel ein Pareto-Optimum für die Gruppe der am Handel beteiligten Länder darstellt und - einem Gefangenendilemma ähnlich - ein Gleichgewicht mit allseitiger Intervention eine Verschlechterung für alle einzelnen Ökonomien darstellen kann[17].

Die nächste theoretisch bedeutsame Infragestellung des Freihandelsprinzips erfolgte in den 30er Jahren des 20. Jahrhunderts. Hier gab es - auf J. M. Keynes zurückgehende - makroökonomische Überlegungen, durch Importbesteuerung bzw. -kontingentierung inländische Nachfrage auf die inländische Produktion umzulenken, um so in einer Ökonomie mit Unterbeschäftigung die im Inland wirksame effektive Nachfrage zu erhöhen. Insofern dieses Argument explizit von einer Unterbeschäftigungssituation ausgeht, soll es hier nicht vertieft werden[18]. Anzumerken ist jedoch, daß auch in diesem Fall eine Intervention einen "beggar-thy-neighbour" Charakter trägt und somit sich das Problem der Vergeltung anschließt, wie die historische Erfahrung bestätigt. Aus der Sicht dieser Arbeit ist die keynessche Attacke auf das Freihandelsprinzip jedoch nicht unerheblich, da sie die aus der zeitgleichen Entwicklung der Theorie der unvollständigen Konkurrenz resultierenden Einwände "übertönte"[19]. Denn Robinson (1933) und Chamberlin (1933) hatten gezeigt, daß in einem eingeschränkten Wettbewerb bestimmte Marktpreise nicht volkswirtschaftlichen (sozialen) Grenzkosten entsprechen müssen. Dies impliziert ein fundamentales Argument gegen laissez-faire und in Folge gegen den Freihandel, denn relative Preise reflektieren unter diesen Umständen nicht mehr notwendigerweise die komparativen Vorteile eines Landes, womit Fehlspezialisierung und Wohlfahrtsverluste nicht ausgeschlossen werden können.

Die dritte Debatte entwickelte sich aus der Entwicklungsproblematik. Die dem Freihandel gegenüber kritische Sicht bestand darin, daß durch Handelspolitik unterschiedlichen Formen binnenwirtschaftlichen, ent-

---

17 Vgl. Johnson (1954).

18 Siehe zur thematischen Abgrenzung Abschnitt 1.4

19 Vgl. Nayyar (1996), 338.

wicklungshemmenden Marktversagens begegnet werden könne. Hierdurch angeregt entstand in den 50er - 70er Jahren eine umfängliche Theorie des optimalen wirtschaftspolitischen Eingreifens (wichtige Vertreter dieser Theorie sind Johnson, Bhagwati und Corden), die eine wohlfahrtstheoretisch vergleichende Bewertung unterschiedlicher Interventionstypen insbesondere für zwei Formen des Marktversagens entwickelte: die Verletzung der Bedingungen unvollständiger Konkurrenz auf Faktormärkten und die Erweiterung der Wohlfahrtsfunktionen um "nicht-ökonomische" Ziele[20], insofern diese eine weiter gefaßte Definition von sozialen, aber nicht in Marktpreisen reflektierten Kosten bedeuten. Die wohlfahrtstheoretische Analyse ermöglichte es, unterschiedliche wirtschaftspolitische Instrumente nach ihrer Eignung für jede Art zugrundeliegenden Marktversagens in eine Rangordnung zu stellen. So konnte gezeigt werden, daß bei Martunvollkommenheiten zwar laissez-faire von geeigneter Handelspolitik dominiert wird, diese aber nur die bestenfalls zweitbeste Interventionsweise darstellt, wenn die Unvollkommenheit binnenwirtschaftlicher Natur ist. Das Prinzip des zielgerichteten Eingreifens (Bhagwati-Johnson-Prinzip) bezeichnet diejenige wirtschaftspolitische Intervention als die geeignetste, die möglichst direkt, d.h. unter Minimierung von Nebeneffekten, auf die Korrektur des Marktversagens zielt. Das bedeutet vor allem, daß das Freihandelsprinzip von einer Empfehlung für ein allgemeines laissez-faire getrennt werden muß.

> "One can believe that there are many reasons for the government to intervene in the economy (...) and yet one can also believe that, broadly, `free trade is best'." (Corden, 1974, 4)

Es ist ganz im Gegenteil sogar erforderlich, durch geeignete Maßnahmen nötigenfalls die Voraussetzungen zu schaffen, daß über die Öffnung zum Handel die globale Effizienzbedingung

$$GRS = GRT = FRT \tag{1.1}$$

hergestellt wird[21]. Der Freihandel kann eine wohlfahrtssteigernde Wirkung nur dann mit Sicherheit bewirken, wenn binnenwirtschaftliche

---

[20] Vgl. Bhagwati (1993), 19.

[21] *FRT* bezeichnet das einem Land auf dem Weltmarkt offerierte marginale Tauschverhältnis handelbarer Güter.

Marktunvollkommenheiten vollständig korrigiert werden. So bestätigt Corden das Ergebnis Samuelsons:

> "Theory does not "say"- as is often asserted by the ill-informed or badly taught - that "free trade is best". It says that, *given certain assumptions*, it is `best´." (Corden, 1974, 7f.)

Andererseits ist Handelspolitik (im engeren Sinn) nur im Fall eines im Außenhandel selbst begründeten Marktversagens zu befürworten. In der Betrachtungsweise der Theorie des zielgericheteten Eingreifens ist die Optimalzolltheorie als Beispiel hierfür zu nennen. Die Marktmacht des Inlands stellt eine Art von Marktversagen dar und kann eingesetzt werden, um die Grenzrate der Transformation im Handel, d.h. die Terms of Trade, an die Grenzrate der Substitution anzugleichen[22].

Im Ergebnis führte dies in theoretischer Sicht zu einer Abwertung der an Landesgrenzen wirksam werdenden handelspolitischen Maßnahmen wie Einfuhrzölle, Importquoten oder Exportsubventionen. Dem entsprach die Empfehlung zu einem zielgerichteten Einsatz wirtschaftspolitischer Instrumente wobei eine scharfe Trennung zwischen binnen- und außenwirtschaftlichen Zielsetzungen vorgenommen werden sollte[23].

Mit dem Aufzeigen der Wohlfahrtsverluste eines ineffizienten wirtschaftspolitischen Instrumenteneinsatzes wurde natürlich nicht die potentielle Bedeutung inländischen Eingreifens für das außenwirtschaftliche Geschehen geleugnet. Um besser erkennen zu können, inwiefern Umweltpo-

---

[22] Der Optimalzoll bewirkt, daß die marshallianische Tauschkurve des Auslandes die höchste erreichbare soziale Indifferenzkurve des Inlandes tangiert, vgl. Gandolfo (1994), 120-122.

[23] Dieses Resultat scheint zunächst auch anhand einer für offene Ökonomien formulierten Theorie des Zweitbesten hergeleitet werden zu können: Die außenwirtschaftliche Optimalitätsbedingung, die die Entsprechung von inländischem Verhältnis der (sozialen) Grenzkosten handelbarer Güter und der durch die Außenhandelsbeziehungen gegebenen Grenzrate der Transformation im Handel (*FRT*) fordert, bleibt bei Verletzung einer der anderen Marginalbedingungen unverändert. Binnen- und außenwirtschaftliche Optimalitätsbedingungen wären damit separierbar. Dieses Ergebnis folgt aus der Anwendung des *originalen* Ansatzes von Lipsey und Lancaster auf eine offene, kleine Ökonomie; vgl. Welzel (1991), 12-15. Es ist aber tatsächlich nur aussagefähig für den speziellen Fall konstanter Verzerrungsparameter. Da mit Außenhandel aber ein strukturelle Anpassung erfolgt, werden bestehende Externalitäten i.d.R. vergrößert oder verringert. Damit ist dieses Separationstheorem kein das Prinzip des zielgerichteten Eingreifens zusätzlich stützendes Ergebnis.

litik überhaupt mit der Diskussion über geeignete handelspolitische Regime in Verbindung zu bringen ist, erscheint es daher hilfreich, den Begriff Handelspolitik zu hinterfragen. Welzel (1991) schlägt vor, mit Handelspolitik solche Maßnahmen von Regierungen zu bezeichnen, die in der Beeinflussung der Handelsbeziehungen wirkungsvoll sind und in dieser Hinsicht absichtsvoll getätigt werden. Damit entfällt die Unterscheidung nach dem Kriterium, ob die Eingriffe zwischen inländischen und ausländischen Preisen Divergenzen erzeugen, womit typischerweise die handelspolitischen von den industriepolitischen Interventionen separiert werden. Es wird ein Resultat dieser Untersuchung sein, daß eine solche Unterscheidung infolge der durch die Theorie des optimalen wirtschaftspolitischen Eingreifens und die neue Außenwirtschaftstheorie gewonnen Erkenntnisse in der Tat inhaltlich nicht mehr allgemein aufrechtzuerhalten ist. Damit gehören Forschungs- und Entwicklungspolitik, Infrastrukturpolitik, unterschiedliche Formen der Besteuerung handelnder Unternehmen usw. sowie natürlich Umweltpolitik potentiell zum in diesem Sinne verstandenen, erweiterten handelspolitischen Instrumentarium, wenn sie über die Beeinflussung der Dispositionen inländischer Akteure die Handelsströme einer Ökonomie tangieren. Ein wichtiger Aspekt in den folgenden Betrachtungen wird aber sein, daß eine Abgrenzung der Instrumentarten dennoch sinnvoll ist.

Eine zusätzliche Schwierigkeit entsteht bei der Definition von Freihandel. Dieser wird üblicherweise als das Unterlassen von an Landesgrenzen wirksamen staatlichen Eingriffen verstanden. Geht man von dem genannten, allgemeineren Verständnis von Handelspolitik aus, das auch binnenwirtschaftliche Maßnahmen umfassen kann, so ist aber danach zu fragen, ob bei Interventionen vorwiegend handelspolitische Intentionen vorliegen oder nicht. Dieses Kriterium ist oftmals schwer überprüfbar, womit sich die Schwierigkeiten bei der Entwicklung einer Welthandelsordnung zu einem großen Teil erklären lassen. Es kann dennoch gerechtfertigt werden, weil es - wie weiter unten ausgeführt wird - mit dem Kriterium eines zielorientierten Mitteleinsatzes korrespondiert. Die Konsequenz aus dieser Definition ist die Unterscheidung der Ideen Freihandel und "laissez-faire"[24]. Freihandel bedeutet nicht wirtschaftspolitische Passivität. Ob er realisiert ist, hängt von Intention und Eignung gewählter wirtschaftspolitischer Mittel ab.

Die vierte Hauptdebatte wurde schließlich durch die neue Außenhandelstheorie ausgelöst. Kennzeichnend für diese ist die Aufgabe der Annahme der vollständigen Konkurrenz. Damit schließt sie zwar an die Theo-

---

24 Vgl. Welzel (1991), 16-19.

rie der besten Wirtschaftspolitik bei Marktunvollkommenheit an, führt nun aber zusätzlich (durch die Wahl der spieltheoretischen Modellierung) ein strategisches Umfeld ein, indem sie die Interdependenz im Verhalten von Firmen und Regierungen analysiert. Die eingeführten theoretischen Neuerungen laufen auf zweierlei hinaus: Erstens wurde eine neue Kategorie von Ursachen und Determinanten des internationalen Handels benannt (Skalenerträge, Produktdifferenzierung und "reziprokes Dumping") womit die ganz auf dem Prinzip der komparativen Vorteile aufgebaute traditionelle Außenwirtschaftstheorie relativiert wurde. Zweitens konnte demonstriert werden, daß in der Sicht des einzelnen Landes Freihandel durch unilaterale Handelspolitik in Form von Exportsubventionen bzw. handelspolitisch motivierte Industriepolitik (zumeist am Beispiel von FuE-Subventionen illustriert) wohlfahrtsökonomisch dominiert wurde. Im Lichte der vorangehenden Debatte könnte vermutet werden, daß diese Resultate in die Systematik der Theorie des optimalen Eingreifens eingefügt werden können, wenn man die unvollständige Konkurrenz auf den (internationalen) Gütermärkten als Marktversagen interpretiert[25]. Dann wäre die Theorie der strategischen Handelspolitik lediglich als eine Ergänzung der traditionellen Theorie einzustufen. Jedoch bietet die Theorie der strategischen Handelspolitik ein differenzierteres und neuartiges Bild der Wirkungszusammenhänge, indem sie auf die durch das staatliche Eingreifen bewirkte Veränderung des strategischen Umfeldes hinweist. Damit zeigt sie aber auch die allein in diesen strategischen Zusammenhängen begründeten Anreize für nationale Handelspolitik auf. Die konventionelle Theorie begründet staatliches Eingreifen mit der Herstellung von Effizienzbedingungen, während der Anreiz für strategische Handelspolitik in der Gestaltung eines strategischen Umfeldes liegt.

Der kurze Überblick über bisherige theoretische Auseinandersetzungen mit dem Freihandelsprinzip zeigt Zusammenhänge zwischen diesen auf. Das Infant Industry-Argument stellt ebenso wie die neue Außenwirtschaftstheorie eine Relativierung des Prinzips der komparativen Vorteile dar. Daraus kann als eine zugrundeliegende Leitlinie für in dieser Arbeit zu behandelnde Problematiken die Frage nach der allgemeinen Erklärungskraft und nach der Endogenität von komparativen Vorteilen festgehalten werden. Da in der traditionellen Theorie der komparative Vorteil sowohl positive wie normative Aussagen zum Außenhandel ermöglicht, ist eine Qualifizierung dieses Prinzips von weitreichender Bedeutung. Für das hier

---

[25] Vgl. Bhagwati (1993), 25-37.

behandelte Thema ist also zu untersuchen, inwiefern einerseits komparative Vorteile mit der Umweltproblematik in Verbindung stehen und andererseits andere Determinanten des Außenhandels durch Umweltpolitik beeinflußt werden.

Die Theorie der unvollständigen Konkurrenz, ergänzt um die in der Theorie der optimalen Wirtschaftspolitik eingeführte Berücksichtigung gesellschaftlicher Zielvorgaben führt diesen Gedanken weiter, insofern relative Preise als Indikatoren komparativer Vorteile in Frage gestellt werden. Somit wären kompetitive, durch Preise signalisierte Vorteile von komparativen, alle sozialen Kosten reflektierenden Vorteilen zu unterscheiden. Dies deutet auf die Untrennbarkeit von Umweltschutz und Außenhandelsgewinnen hin, da Umweltpolitik ja auf die Internalisierung sozialer Kosten zielt. Wie verhält sich dies zu der postulierten Trennbarkeit außen- und binnenwirtschaftlicher Zielsetzungen?

Innerhalb einer *auf komparative Vorteile gestützten* arbeitsteiligen Welt gibt es keine Diskrepanz zwischen einzelstaatlicher und multinationaler Einschätzung der Vorteilhaftigkeit des Freihandels. In diesem Fall spielt es für die Entscheidung eines Landes über das zu wählende handelspolitische Regime keine Rolle, wie sich die anderen Länder in dieser Frage verhalten. Die Theorie der strategischen Handelspolitik weist hingegen auf das Auseinanderfallen der Interessen hin - was sie mit den alten Argumenten für Erziehungszölle bzw. Optimalzölle verbindet. Auch auf diese unterschiedlichen Visionen des internationalen Güterhandels versucht diese Arbeit im Rahmen des thematischen Zusammenhangs punktuell einzugehen.

1.3 Literaturübersicht

Im folgenden wird ein kurzer Überblick über die unmittelbar im Zusammenhang mit der Thematik stehende Literatur gegeben und eine Einordnung in diese vorgenommen. Theoretische Beiträge zum Thema "Umwelt und Außenhandel" entstanden hauptsächlich in zwei Phasen. Zum einen befaßten sich in den 70er Jahren einige Schriften mit dem Zusammenhang von Umweltpolitik und Umweltgütern einerseits und komparativen Vorteilen, Wohlfahrtsgewinnen durch Außenhandel und Spezialierungsprozessen andererseits bzw. mit den durch Außenhandel hervorgerufenen Umweltbeeinträchtigungen. Die in diesen Beiträgen entwickelten methodischen Ansätze dienen in dieser Arbeit teilweise als Fundament für die Erörterung im Rahmen der Theorie des allgemeinen Gleichgewichts. So wurden - im wesentlichen von Siebert (1974, 1977, 1978) und Pethig (1976) - gemäß

D'Arge und Kneese (1972) die Assimilationsleistungen der Umwelt in die Ressourcenausstattung einer Ökonomie integriert und somit eine kausale Beziehung zwischen der natürliche Umweltausstattung und den Handelsströmen hergestellt, die dem Heckscher-Ohlin-Modell entspricht. Walter (1974) diskutiert die Determinanten der Knappheit von Assimilationskapazitäten. Dementsprechend wurde der Markt- oder Schattenpreis für Emissionen als ein Indikator für die relative Knappheit an Umweltausstattung eingeführt. Damit konnten in komparativ-statischer Analyse die allokativen Auswirkungen von Umweltpolitik beispw. in Form der Umweltsteuern für eine offene Ökonomie analysiert werden. Andere Schwerpunkte sind optimale Steuer- und Zollpolitiken bei grenzüberschreitender Umweltverschmutzung[26], der Einfluß der internationalen Arbeitsteilung auf die Sektorstruktur und damit - bei unterschiedlicher Verschmutzungsintensität der Industrien - die Umweltbelastung einer Ökonomie[27] oder die kurzfristigen Effekte der Umweltpolitik auf die inländische Beschäftigung und die Handelsbilanz[28]. Diese Linie wurde in neueren Schriften fortgeführt: in Tobey (1989) werden umweltpolitische Regulierungen als Hicks-neutraler technischer Rückschritt modelliert, Wießner (1990) entwickelt in Erweiterung der statischen Analyse eine dynamische Theorie auf der Basis ressourcenökonomischer Konzepte und Rauscher (1991) zeigt, daß die Verbindung der Theorie des internationalen Handels mit grenzüberschreitender Umweltbelastung neue und kontraintuitive wirtschaftspolitische Empfehlungen ergeben kann[29]. Der gemeinsame Ansatz dieser Beiträge besteht darin, die herkömmliche Außenwirtschaftstheorie - insbesondere in der Tradition der Heckscher-Ohlin-Theorie - um das öffentliche Konsumgut Umweltqualität und um unterschiedlche Internalisierungsverfahren zu erweitern[30]. Diese Arbeit wird einige Zusätze zu den dort dargestellten Resultaten formulieren, die die Einordnung der Umweltproblematik in die traditionelle Außenwirtschaftstheorie systematisch ergänzen.

---

26 Vgl. Markusen (1975).

27 Vgl. Asako (1979).

28 Vgl. Baumol und Oates (1988), 252-283.

29 Vgl. zum Problemfeld der *pollution content tariffs* auch Copeland (1996).

30 Ein anderer Ansatz modelliert das Umweltproblem anhand von negativen Externalität innerhalb der Produktionssphäre von Ökonomien. Umweltverschmutzung, aber auch die Einführung von Umweltstandards, führt in dieser Sicht zu Beschränkungen der technologischen Möglichkeiten in der Güterherstellung. Vgl. z.B. Siebert (1982) bzw. Herberg (1996). Dieser Ansatz wird in dieser Arbeit nicht weiterverfolgt.

Eine zweite und viel größere Welle von Publikationen setzte erst um den Beginn der 90er Jahre ein. Diese war im wesentlichen durch zwei Umstände angeregt worden. Zum einen mußte vor dem Hintergrund der Klimaschutzproblematik die Umweltökonomie "internationalisiert" werden, dementsprechend wurden grenzüberschreitende und globale Umweltbelastungen sowie multinationale Umweltabkommen nun verstärkt behandelt[31]. Zum anderen widmeten sich umweltökonomische Untersuchungen zunehmend industrieökonomischen Fragestellungen. In diesem Zusammenhang erfolgte die Rezeption der neuen Außenwirtschaftstheorie durch die Umweltökonomie[32]. Hierzu gehören insbesondere die Untersuchungen bezüglich der Eignung von Umweltpolitik als strategische Interventionsform, und der unterschiedlichen strategischen Umgebungen in denen sie stattfinden kann. Eine Vielzahl von Fragestellungen dieser Themengebiete wurde dabei überwiegend in Einzelbeiträgen behandelt. Eine synthetische, überblicksartige Darstellung und Bewertung fehlt jedoch. Diese Arbeit versucht in dieser Hinsicht eine Lücke (teilweise) zu schließen.

Neben den genannten Untersuchungen, die der neoklassisch-mikroökonomisch orientierten Theoriebildung zugerechnet werden können, findet sich eine in der Zeit gleichmäßiger verteilte "kritische" Literatur. Obwohl natürlich ein Vielzahl von Hinterfragungen der konventionellen, methodischen Konzepte sowohl der umweltökonomischen als auch der außenwirtschaftstheoretischen Teildisziplinen vorliegt, soll hier nur auf diejenigen Beiträge eingegangen werden, die speziell zur Verbindung von Umweltfragen mit der Theorie des internationalen Handels entstanden[33]. Allgemein wird eine ablehnende Haltung gegenüber der in der konventionellen Theorie dem Außenhandel zugeschriebene Rolle eingenommen. Diese Haltung fächert sich auf in Annahmenkritik einerseits und in ein teilweise empirisch gestütztes Mißtrauen gegenüber den aus der herkömmlichen neoklassischen Theorie abgeleiteten, liberalen handelspolitischen Empfehlungen andererseits. Zur ersten Richtung gehören u.a. folgende Argumente: die häufig zu findende Beschränkung auf die statische allokationstheoretische Betrachtung des internationalen Handels verdecke die Existenz von im dynamischen Ablauf auftretenden Spezialisierungsfallen, in deren Folge es zu ungleicher Entwicklung und akkumulierender Umwelt-

---

31 Vgl. Siebert (1991) bzw. Pethig (1992).

32 Vgl. z.B. Ulph (1992), Conrad (1993) und Barrett (1994).

33 Stellvertretend wird hier auf die in *Ecological Economics* 9, (1994), zusammengefaßten Beiträge hingewiesen.

belastung kommen könne[34]; der allgemeinen Erfahrung entspreche durchweg unvollständige Internalisierung, da in Marktpreisen nicht alle realen Determinanten komparativer Vorteile reflektiert würden[35]; aufgrund internationaler Faktormobilität komme es zu einer Ablösung des Prinzips der komparativen Vorteile durch das Prinzip der absoluten Vorteile[36] und schließlich müsse die Freiwilligkeit der Teilnahme am internationalen Handel und eine flexible Anpassung an diesen aus zahlungsbilanztheoretischen Gründen in Frage gestellt werden[37]. Zur zweiten Stoßrichtung gehören Vorbehalte gegenüber der These, daß Außenhandel das Wachstum befördere und dieses wiederum umweltökonomisch wünschenswert sei[38], ferner die Befürchtung, daß angesichts des durch den internationalen Handel geförderten Wettbewerbsdrucks in wirtschaftlich schwachen Ländern aufgrund politökonomischen Drucks zu permissive Umweltregulierung stattfinde[39] sowie die Hinweise auf direkte und indirekte Umweltbelastungen des internationalen Handels wie Externalitäten des Transports[40], Reduzierung der Artenvielfalt, Destabilisierung ökologischer Systeme infolge der mit der Spezialisierung einhergehenden Eingriffe in die natürliche Ausstattung[41] etc. Dies ist bei weitem keine erschöpfende Aufzählung kritischer Beiträge in diesem Themenzusammenhang. Es ist aber erkennbar, daß diese Literatur auf einen großen Bereich unterschiedlicher Schwierigkeiten hinweist. So finden sich theoretische Erörterungen neben empirisch gestützten Aussagen oder wirtschaftstheoretische Texte neben politökonomischen oder ausführlich ökologisch argumentierenden Erwägungen. Für diese Arbeit sind, um den thematischen Zusammenhalt zu gewährleisten, nur die vorzufindenden Anregungen von Bedeutung, die im wesentlichen ökonomisch-theoretischer Natur im engeren Sinne sind. Insbesondere soll auf einige Probleme im Zusammenhang mit Faktormobilität und dynamischen Abläufen eingegangen werden.

---

34 Vgl. Røpke (1994).

35 Vgl. Young (1994).

36 Vgl. Daly und Goodland (1994).

37 Vgl. Ekins et al. (1994).

38 Vgl. Røpke (1994).

39 Vgl. Steininger (1994) bzw. Daly und Goodland (1994).

40 Vgl. Røpke (1994).

41 Vgl. Johnstone (1994).

1.4 Inhaltliche und methodische Abgrenzungen

Die Vorgehensweise ist beschränkt auf die Methoden der realen Außenwirtschaftstheorie. Geld-, wechselkurs- und zahlungsbilanztheoretische Fragestellungen werden nicht betrachtet. Dieser Ausschluß erfolgt in erster Linie zu dem Zweck der thematischen Eingrenzung und nicht, weil monetäre Zusammenhänge für unerheblich erachtet werden. Die Bedeutung der Wechselkursbildung für eine durch komparative Vorteile gelenkte Außenhandelstruktur ist eminent[42]. Auch kann die Gestaltung der Handelspolitik eines Landes durch zahlungsbilanzpolitische Zwänge präjudiziert sein. Insofern die reale Außenwirtschaftstheorie entweder auf der allgemeinen Gleichgewichtstheorie oder auf der Theorie des unvollkommenen Wettbewerbs aufbaut, wird durchweg eine mikroökonomisch Herangehensweise gewählt. Diese erlaubt die Untersuchung der in Abschnitt 1.1 genannten allokationstheoretischen Fragestellungen. Andererseits bringen die gewählten methodischen Einschränkungen mit sich, daß einerseits von Vollbeschäftigung und Zahlungsbilanzausgleich ausgegangen wird, womit makroökonomische Aspekte offener Geldwirtschaften ausgeklammert bleiben, und andererseits auch politökonomische Erklärungen der Handelspolitik unterbleiben[43].

Grundsätzlich handelt es sich im folgenden um eine Anwendung der allokationstheoretischen Konzeptionierung des Umweltproblems[44], mit der die Bedeutung von Umweltqualität und Umweltschutz für das Zustandekommen, die Zusammensetzung und die Auswirkungen des internationalen Handels erörtert wird. Die hier gewählte umweltökonomische Herangehensweise ist dadurch charkterisiert, daß sie die Umweltproblematik als ein zweidimensionales allokationspolitisches Problem zu lösen versucht. Die zwei Dimensionen sind

---

42 Vgl. Siebert (1994), 16-27.

43 Dies mag den gegenüber "neoklassischer" Theoriebildung kritisch gestimmten Leser stören. Es darf an dieser Stelle aber darauf hingewiesen werden, daß radikale oder heterodoxe Ansätze gerade im Bereich der Außenwirtschaft nicht sehr vielversprechend sind. Vgl. Dixit (1981) bzw. Mainwaring (1994):

> "If there is one conspicuous failing (of radical economics, TG), however, it is in the theory of trade policy. There are a few, if any, rigorous and detailed non-neoclassical analyses of the impact of various forms of protection, with or without externalities and other market failures. Indeed, apart from expressions of scepticism concerning the global optimality of free trade (...) commercial policy is an area all but abandoned to orthodoxy."
> (Mainwaring, L. (1994), 230.)

44 Vgl. Cropper und Oates (1992), 678ff.

- es besteht Verwendungskonkurrenz bei der Inanspruchnahme der Umweltgüter zwischen schadstoffemittierenden Produzenten und Konsumenten
- Umweltqualität ist ein nicht-ausschließbares Konsumgut. Bei umweltpolitischer Passivität erhält die Inanspruchnahme eines Umweltmediums daher keinen Preis.

Die beiden Problemkreise seien kurz erläutert. Die Umwelt hat vier Funktionen für die ökonomischen Aktivitäten[45]: Sie ist Lieferant natürlicher Ressourcen für Produktionsprozesse, die Umweltmedien Luft, Wasser und Boden nehmen die Abfallstoffe ökonomischer Prozesse auf, für die die Umwelt ferner den Raum zur Ansiedelung mit einer Vielzahl unterschiedlicher Standorte bietet und sie stellt ein Konsumgut für die Individuen dar. Alle vier Funktionen beschreiben Interaktionen des ökonomischen Systems mit seiner natürlichen Umgebung. Die Menschen gestalten mit der Art dieser Beziehungen ihre Umgebung. Der Begriff "Umwelt" steht daher für das vom Menschen beeinflußte natürliche Umfeld seiner Aktivitäten. Die ökonomischen Funktionen der Umwelt können hierbei zueinander in Verwendungskonkurrenz stehen. Denn durch die Inanspruchnahme der Umwelt wird i.d.R. die *Qualität ihrer Verfügbarkeit* beeinflußt. So beeinträchtigen Emissionen z.B. die Qualität des Konsumgutes Atemluft. Ebenso wird die Ansiedelung einer Produktionsstätte möglicherweise als Beeinträchtigung der Ästhetik und des Erholungswertes einer Landschaft empfunden. Die lokale Umweltbelastung durch ein schon vorhandenes Industrieunternehmen beeinträchtigt die Standortwahl für neue Unternehmensansiedelungen. Bei diesen (teilweise gegenseitigen) negativen Beeinflussungen unterschiedlicher Verwendungen muß eine Lösung hinsichtlich der jeweiligen optimalen Nutzungsniveaus gesucht werden. Läßt man das ressourcenökonomische Problem beiseite und schließt man negative Externalitäten in der Produktion aus, reduziert sich die Fragestellung auf eine optimale Zuweisung zwischen produktiver und konsumptiver Verwendung der Umwelt. Zentrale Größe des Problems ist dabei die Umweltqualität, die sowohl die Eignung der Umweltgüter als Konsumgüter beschreibt als auch einen Maßstab der Inanspruchnahme der Assimilationskapazitäten darstellt. Die Umweltqualität ist ein Index, mit dem zusammenfassend der allgemeine Umweltzustand abgebildet wird[46]. Diese Interpretation liefert dann den ökonomischen Erklärungsansatz für das Umweltproblem: die Übernutzung der natürlichen Aufnahmekapazitäten ist auf die mangelnde

---

[45] Vgl. Siebert (1995), 10-14.

[46] Vgl. Siebert (1995), 13.

Internalisierung externer Effekte und die zu geringe Bereitstellung des Konsumgutes Umwelt auf dessen Eigenschaften als nicht-ausschließbares Gut zurückzuführen. Ausgehend vom Pareto-Kriterium sind falsch gesetzte bzw. fehlende Preissignale Ursache von Fehlallokationen im Sinne der nicht erreichten Effizienz. Staatliches Eingreifen zur Korrektur von Marktversagen versucht die ursächlichen Störungen im Bereich der Anreizsetzung zu beseitigen (marktkonforme Politik) oder mit Auflagen zu regulieren.

Thematisch konzentriert sich die Untersuchung auf einzelstaatliche Umweltpolitik, die auf die Beherrschung nationaler Umweltprobleme gerichtet ist. Dies schließt die Betrachtung lokaler grenzüberschreitender Umweltverschmutzung und der Koordination nationaler Umweltpolitiken nicht aus. Hingegen werden globale Umweltfragen, die eine multilaterale Herangehensweise erforderlich machen, nicht untersucht. Die Probleme internationaler Abkommen liegen im wesentlichen in der Entscheidungsfindung und -durchsetzung. Vertrags- bzw. informationsökonomische Analysen stehen in dieser Arbeit aber nicht im Vordergrund[47].

[47] Vgl. Krumm (1994). Wichtige Beiträge zum Verständnis globaler Umweltgüter sind ferner Hoel (1994) sowie Copeland und Taylor (1995).

Kapitel 2

Analyse des Autarkiegleichgewichts

2.1 Zur Integration von Umweltqualität und Umweltpolitik in die Außenhandelstheorie

Die Umwelt wird in den folgenden Ansätzen als ein Agglomerat von Umweltmedien eingeführt, welches den Produzenten ermöglicht, Abfallstoffe aus dem ökonomischen System abzugeben. Bei Produktion und Konsum von Gütern entstehen nicht verwertbare Kuppelprodukte, die Schadstoffe darstellen, wenn sie an die Umwelt abgegeben werden. Emissionen unterliegen, sobald sie in das ökologische Umsystem gelangen, diffusiven und transformativen Prozessen, deren Resultat - die Immission - die Umweltbelastung darstellt. Wieviel Emissionen das ökonomische System nach außen abgeben kann und in welchem Maß diese letztlich eine ökologisch schädliche Wirkung erzielen, bestimmt sich nach den Assimilationsleistungen der Umweltmedien, die mit dem Begriff der Assimilationskapazität zusammengefaßt werden.

Die Umwelt stellt zweitens eine Menge von natürlichen, nicht-ausschließbaren Konsumgütern dar. Wesentliches Eignungsmerkmal der Umweltgüter ist ihre Qualität. Umweltbelastung wirkt daher i.d.R. negativ auf die Konsummöglichkeiten von Umweltgütern bzw. den damit verbundenen Nutzen. In diesem Sinn kann "Umwelt" knapp werden. Im folgenden wird nur die in einem Index den allgemeinen Umweltzustand repräsentierenden Umweltqualität als Konsumgut behandelt. Sie kann dabei als solche nachgefragt werden (z.B. in Form des ungestörten Naturerlebnisses), wie auch indirekt als Determinante der Eignung der Umweltgüter für die unterschiedlichen Nutzungen von Bedeutung sein (z.B. Trinkwasserqualität).

Obwohl die Umwelt unter dem Blickwinkel ihrer Dienstleistungen in der Güterproduktion im beschriebenen Sinn als Ressource gesehen wird, ist zu beachten, daß hier ressourcenökonomische Fragestellungen nicht im Vordergrund stehen. Die Assimilationskapazität wird im folgenden als eine exogene, konstante Größe behandelt[1].

Die natürlichen Assimilationskapazitäten eines Landes können als dessen Umweltausstattung interpretiert werden. Diese stellt für einige Fragestellungen in der Außenhandelstheorie nur dann ein sinnvolles Konzept dar, wenn die damit umfaßten Umweltdienste national abgrenzbar sind, d.h. nur im Inland wirksam werden und durch die Umweltpolitik des Landes beeinflußbar sind. Im folgenden wird von der Kongruenz des Wirkungsbereichs der nationalen Umweltpolitik und der räumlichen Verfügbarkeit der Umweltgüter ausgegangen. Damit wird das Problem internationaler Umweltgüter nicht behandelt.

Die Knappheit der nationalen Umweltausstattung hängt von drei Einflüssen ab: den vorhandenen, physischen Assimilationskapazitäten eines Landes, der Inanspruchnahme der assimilativen Dienste durch Schadstoffemittenten und der Nachfrage nach Umwelt(qualität) als Konsumgut. Es wird dabei von folgenden vereinfachenden Annahmen ausgegangen:

- Es wird nur ein homogener Schadstoff betrachtet,
- dieser fällt nur in der Produktion an. Im Konsumbereich verursachte Externalitäten - dies sind vor allem die bei Konsumprozessen entstehenden Schadstoffe und die bei Überfüllung u.ä. unter Umständen auftretende Rivalität in der Nutzung öffentlicher Güter - werden nicht berücksichtigt,
- die Umweltmedien werden nicht unterschieden,
- die Umweltqualität als Resultat von Emission und Assimilation wird als eindimensional skalierbarer Index aufgefaßt.

Es wird in dieser Untersuchung den Modellansätzen von Siebert (1978, 1995), Siebert et al. (1980) und Asako (1979) gefolgt, in denen Güter mit einem originären Produktionsfaktor (Arbeit) produziert werden und Schadstoffemissionen als nicht verwertbares aber frei entsorgbares Kuppelprodukt in Abhängigkeit vom Produktionsniveau entstehen. Die Emissionen wirken sich negativ auf die Umweltqualität aus, können aber in Vermeidungsaktivitäten zumindest partiell aufgefangen werden. Sofern Umweltpolitik betrieben wird, ist dafür eine Umweltbehörde zuständig, die entweder handelbare Emissionszertifikate ausgibt oder eine Steuer auf Schad-

---

[1] Zur Behandlung der Assimilationskapazität als ressourcenökonomisches Problem vgl. Wießner (1991).

stoffemissionen erhebt. Im einzelnen werden folgende Annahmen getroffen:

Es wird von einer Zwei-Sektoren-Ökonomie (im Inland) ausgegangen, in der zwei handelbare Konsumgüter hergestellt werden. Das Gut 2 wird als Numéraire gewählt, womit das Inlandspreisverhältnis gegeben ist durch $p = \frac{\tilde{p}_1}{\tilde{p}_2}$. Für die Technologie beider Industrien gilt die Annahme der Konkavität der Produktionsfunktion[2]:

$$(2.1) \qquad x_i = f_i(l_i) \quad f_i' > 0,\ f_i'' \leq 0; \qquad i = 1,2$$

In beiden Industrien entsteht ein einheitlicher Schadstoff in proportionaler oder überlinearer Abhängigkeit von der produzierten Gütermenge, d.h.

$$(2.2) \qquad \begin{aligned} s_i^p &= h_i(x_i) \quad h_i' > 0 \\ &= h_i(f_i(l_i)) = j_i(l_i) \quad i = 1,2 \end{aligned}$$

Insofern hier ein Kuppelproduktionsprozeß zugrundeliegt, kann unter Beachtung des Grundsatzes der Masseerhaltung davon ausgegangen werden, daß die zweiten Ableitungen von (2.1) und (2.2) in Zusammenhang stehen[3]:

$$\begin{aligned} f_i'' < 0 &\Leftrightarrow h_i'' > 0, \quad i = 1,2 \\ f_i'' = 0 &\Leftrightarrow h_i'' = 0, \quad i = 1,2 \end{aligned}$$

Damit ergibt sich für die Emissionsfunktionen $j_i(l_i)$

$$j_i' = h_i' f_i' > 0,\ j_i'' = h_i'' f_i'^2 + h_i' f_i'' \gtrless 0 \qquad i = 1,2$$

2 Siebert (1978) geht von strikt konkaven Produktionsfunktionen aus. Dies ist eine nur schwer zu begründende Annahme (bspw. müßte die Assimilationsleistung der Umwelt als ein zweiter fixer Faktor herangezogen werden, was der Annahme der freien Emittierbarkeit der Schadstoffe jedoch widerspricht). Es wird im folgenden darauf hingewiesen, wann ein Resultat von der Annahme der strikten Konkavität abhängt. Vgl. Siebert (1978), 282.

3 Bei abnehmenden Erträgen in der Güterproduktion müssen bei Masseerhaltung die entstehenden Kuppelprodukte überproportional mit der Produktionshöhe zunehmen.

Es sei jedoch angenommen, daß $j_i'' \geq 0, \quad i=1,2$, was plausibel erscheint. Der Produktionsfaktor Arbeit kann von den Unternehmen alternativ in der Emissionsvermeidung eingesetzt werden:

(2.3) $$s_i^r = f_i^r(l_i^r), \quad f_i^{r\,\prime} > 0, f_i^{r\,\prime\prime} < 0; \quad i=1,2,$$

wobei s_i^r die aufgefangenen Mengen des Schadstoffs bezeichnet. So ergibt sich als Menge der Nettoemissionen einer Industrie:

(2.4) $$s_i = s_i^p - s_i^r, \quad i=1,2.$$

Die Nettoemissionen beeinträchtigen das Umweltqualitätsniveau q gemäß

(2.5) $$q = g(s_1 + s_2) \quad g' < 0, g'' \leq 0.$$[4]

Die Umweltqualität q ist eine physikalisch beschriebene Größe und hängt von der Schadstoffkonzentration in den Umweltmedien ab. Die Schadstoffe entwickeln tendenziell eine zunehmende Schädlichkeit mit steigenden Mengen. Die Funktion $g(s)$ wird durch die Assimilationsfähigkeiten der Umweltmedien bestimmt. Diese lassen ferner nur einen maximalen Schadstoffausstoß $\bar{s}^{\max}$ zu. Daher gilt als ökologische Restriktion

(2.6) $$s_1 + s_2 \leq \bar{s}^{\max}$$

Sobald die Nettoemissionen die Grenze $\bar{s}^{\max}$ überschreiten, tritt eine erhebliche Störung der allgemeinen Funktionsfähigkeit des ökologische Systems ein, die auch das ökonomische System soweit betrifft, daß die ökologische Restriktion als unbedingt einzuhaltende Nebenbedingung zu beachten ist[5]. Nicht bindend ist die Restriktion, wenn eine stärkere

---

[4] Die Darstellung beschreibt nicht das Diffusionsverhalten des Schadstoffs. Die Immission stimmt daher zwangsläufig mit den Nettoemissionen überein. Diese Annahme ist besonders für große Räume wie ganze Länder problematisch, in denen sich die meisten Schadstoffe als Oberflächenschadstoffe verhalten, d.h. räumlich in unterschiedlichen Konzentration anfallen. Eine weitere erhebliche Vereinfachung besteht darin, daß in diesem statischen Modell nicht zwischen umweltbelastenden Bestands- und Stromgrößen getrennt werden kann. Siehe dazu Abschnitt 3.4

[5] Die Funktionsweise der Ökonomie kann beispw. durch hohe Gesundheitsrisiken geschädigt werden, vgl. Pethig (1975), 104. Eine andere hier nicht näher betrachtete

Beschränkung der Nettoemissionen durch umweltpolitische Regulierung erzwungen wird.

Die Nachfragefunktionen lauten

$$c_i = d_i(p, y) \quad i = 1,2 \tag{2.7}$$

sind also Funktionen des Relativpreises und des gesamtwirtschaftlichen Einkommens[6]. Es wird angenommen, daß beide Güter nicht inferior sind, und normale negative Substitutionseffekte vorliegen. Es kann dann gezeigt werden, daß beide Nachfragefunktionen in der Nähe des Gleichgewichts fallende Funktionen ihres jeweiligen Relativpreises sind[7]. Eventuelle Steuereinnahmen des Staates werden an die Konsumenten zurückverteilt, weshalb das Volkseinkommen durch die Höhe der mit den Konsumentenpreisen bewerteten Produktionsmengen gegeben ist:

$$y = px_1 + x_2 \tag{2.8}$$

Schließlich ist die Restriktion zu beachten, daß die Gesamtmenge der zur Verfügung stehenden Arbeitsleistung limitiert und gegeben ist:

$$l_1 + l_2 + l_1^r + l_2^r = \bar{l} \tag{2.9}$$

Mit (2.1) - (2.9) sind die Produktionsmöglichkeiten der Ökonomie, die Güternachfrage und die Bestimmung der Umweltqualität beschrieben. Weitere das Modell spezifizierende Annahmen sind:

- Die Unternehmen verhalten sich als Preisnehmer auf Faktor- und Gütermärkten.
- Das Arbeitsangebot ist unelastisch, der Lohnsatz bestimmt sich als markträumender Preis.
- Die Arbeit ist im Inland vollständig mobil, international jedoch immobil.

Begründung kann darin liegen, das $\bar{s}$ die maximale Emissionsmenge darstellt, die mit einem stabilen Umweltzustand vereinbar ist. Darüber hinausgehende Schadstoffmengen würden dann die Regenerationsfähigkeit der Umweltsysteme so nachhaltig schädigen, daß die Umweltqualität im Lauf der Zeit stetig abnähme.

6 Man beachte, daß die Umweltqualität nicht zu den Argumenten der Nachfragefunktionen gehört. Die zugrundeliegende Nutzenfunktion wird in Abschnitt 2.3 näher betrachtet.

7 Vgl. Gandolfo (1994), 65f.

- Die Emissionen sind nicht grenzüberschreitend. Ebenso wird die inländische Umweltqualität nicht durch die im Ausland produzierten Schadstoffe belastet.
- Schließlich wird angenommen, daß die beiden Sektoren über gleichermaßen "produktive" Schadstoffbeseitigungstechnologien verfügen, d.h.

$$f_1^r = f_2^r .$$

Die Schadstoffvermeidung beider Sektoren kann damit bei effizienter Ressourcenallokation auch zusammengefaßt betrachtet werden mit

$$f_3(l_3) = f_3(l_1^r + l_2^r) \quad f_3' > 0, f_3'' < 0 .$$

Neben der Bedeutung der Umweltausstattung werden im folgenden auch die außenwirtschaftlichen Folgen der Umweltpolitik untersucht. Der eindeutige Zusammenhang (2.5) ermöglicht es, die Zielgröße Umweltqualität durch Steuerung der Nettoemission zu beeinflussen. Mit Umweltpolitik werden daher im folgenden regulatorische Interventionen bezeichnet, die die Produzenten veranlassen, ihre geplanten Nettoemissionen gegenüber einer laissez-faire-Situation zu vermindern. Umweltpolitik - durch eine Umweltbehörde implementiert - wird im folgenden auf zwei Weisen wirksam:

- In der Form von Steuern (sog. Preislösung): Die von der Produktion ausgehenden Schadstoffemissionen seien quantitativ meßbar. Sie werden bei der Preislösung mit einer Mengensteuern z belegt. Ziel der Preislösung kann es sein, einen in Abschnitt 2.3. geschilderten umweltökonomisch optimalen Zustand zu realisieren (Pigou-Steuer), oder einen gewissen Verschmutzungszustand kostenminimal herzustellen (Preis-Standard-Ansatz).
- Die Preislösung kann durch Umweltpolitik mit handelbaren Zertifikaten, bei der die Umweltbehörde direkt Emissionhöchstmengen $\bar{s}$ zuteilt, ersetzt werden[8] (sog. Mengenlösung). Hier bestimmt sich der Preis für das Recht, eine Schadstoffeinheit zu emittieren, endogen auf einem Markt für Zertifikate, falls diese handelbar sind. Ein Effizienzpreis bildet sich jedoch nur, wenn - wie im weiteren angenommen wird - auf dem Zertifikatemarkt vollkommener Wettbewerb herrscht.

---

8 Vgl. Weimann (1995), 226ff.

I.d.R. wird das Augenmerk verstärkt auf die Preislösung als Regulierungsform gerichtet sein. Dies erleichtert die Vergleichbarkeit der Resultate aus Hauptteil I und Hauptteil II. Emissionsbesteuerung und Emissionszertifikate sind Instrumente, die in einer Welt mit unvollständiger Informationsausstattung der Umweltbehörde unterschiedliche Vorzüge hinsichtlich beispw. der ökologischen Treffsicherheit oder der wettbewerblichen Konsequenzen besitzen. Es wird jedoch im weiteren von informationsökonomischen Problematiken abstrahiert (die Umweltbehörde sei vollständig informiert), weshalb die allokativen Ergebnisse der beiden Regulierungsformen identisch sind. Auch in Hauptteil II werden mögliche unterschiedliche Auswirkungen der beiden Internalisierungsverfahren nicht im Vordergrund stehen.

Ein Marktgleichgewicht ist dann beschrieben durch markträumende Preise **p*** und die Gleichgewichtsmengen **x***:

$$\mathbf{p}^* = (p^*, w^*, z^*), \quad p^*, w^* > 0, \ z^* \geq 0$$
$$\mathbf{x}^* = (x_i^*, c_i^*, s_i^p{}^*, s_i^r{}^*, l_i^*, l_i^r{}^*), \quad x_i^*, c_i^*, s_i^p{}^*, l_i^* > 0; \quad s_i^r{}^*, l_i^r{}^* \geq 0, \qquad i = 1,2$$

wobei bei Abgabenpolitik

(2.10) $$z^* = \bar{z}$$ [9]

bzw. bei Zertifikatepolitik

(2.11) $$\sum_i s_i^{p*} - \sum_i s_i^{r*} \leq \bar{s} \left(\leq \bar{s}^{\max}\right)$$

gilt. Solange die Ökonomie sich in einer Autarkiesituation befindet, lauten die Markträumungsbedingungen:

(2.12a) $$x_i = c_i \quad i = 1,2$$

Für den Fall, daß Handel aufgenommen wird, soll stattdessen die Bedingung des Handelsbilanzgleichgewichts gelten. D.h., für die Überschußnachfragen

(2.12b) $$m_i = c_i - x_i \quad i = 1,2$$

---

9 Die Kenntlichmachung des gesetzten Preises durch einen Querstrich entfällt im folgenden.

die das Import- oder Exportbedürfnis des Landes ausdrücken, gilt:

$$(2.13) \qquad pm_1 + m_2 = 0$$

Das Modell beinhaltet gemäß der bisherigen Darstellung nur einen Produktionsfaktor. Bruttoemissionen waren als Kuppelprodukt eingeführt worden. In einer anderen Herangehensweise kann aber unter Berücksichtigung der Absorptionsaktivitäten auch von einem Zwei-Faktoren-Modell gesprochen werden, in dem zwischen der insgesamt in Produktion und Schadstoffabsorption eingesetzten Arbeit einerseits und den *Netto*emissionen andererseits ein substitutionales Faktoreinsatzverhältnis besteht[10]. Dies bedeutet mit anderen Worten eine Interpretation der assimilativen Umweltdienste als produktiver Faktor. Diese Sichtweise (Nettoemissionsansatz) setzt jedoch einen Anreiz zur Schadstoffvermeidung voraus. Daher muß hierfür ein positiver Emissionspreis bestehen, bzw. es muß Umweltpolitik stattfinden.

Wählt man den Nettoemissionsansatz, so kann von folgender Nettoproduktionsfunktion ausgegangen werden:

$$(2.14) \qquad x_i = \tilde{f}_i\left(\tilde{l}_i, s_i\right) \quad i = 1,2$$

Die Nettoproduktionsfunktion faßt die Funktionen (2.1) - (2.3) zusammen, wobei $\tilde{l}_i$ die in der Güterherstellung und in der Schadstoffvermeidung verwendete Arbeitsleistung umfaßt. Bezüglich der Grenzproduktivitäten gilt:

$$(2.15) \qquad \frac{\partial \tilde{f}_i}{\partial s_i} > 0 \quad \Leftrightarrow \quad s_i < j_i\left(\tilde{l}_i\right)$$

Dieser Zusammenhang ist unmittelbar verständlich: Unterschreiten die Nettoemissionen den Wert der Bruttoemissionsfunktion an der Stelle $\tilde{l}_i$, so folgt wegen $l_i < \tilde{l}_i$ daß mit höheren Nettoemissionen in der Vermeidungsaktivität Arbeit freigesetzt werden würde, die zur Güterherstellung genutzt werden kann. Die positive Grenzproduktivität der Nettoemissionen resultiert also aus der Verwendungskonkurrenz der Arbeit in Produktion und Emissionsvermeidung. Graphisch läßt sich die Nettoproduktionstechnolo-

---

10 Zum Vergleich von Brutto- und Nettoemissionsansatz vgl. Siebert et al. (1980), 19-53.

gie - für den Fall eines linearen Bruttoemissionsprozesses $j_i(l_i)$ - wie folgt darstellen:

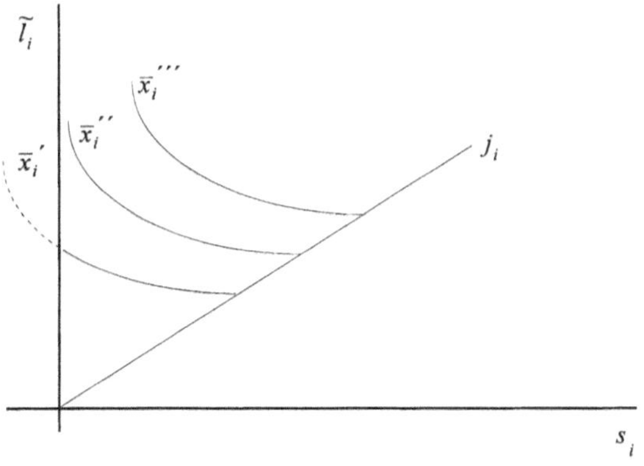

(Abb.2.1)

Die Abbildung verdeutlicht, daß eine vollständige Substitution der Nettoemissionen bei niedrigem Produktionsniveau möglich ist (negative Werte von s_i sind natürlich logisch ausgeschlossen).

Der Nettoemissionsansatz wird in Hauptteil II dieser Arbeit als produktionstheoretische Grundlage genutzt werden. In Hauptteil I hingegen unterliegt der Bruttoemissionsansatz, da dieser für die im Vordergrund stehenden strukturellen Wirkungen von Umweltbeschränkungen bzw. Umweltpolitik ein geeignetes Konzept der Emissionsintensität abzuleiten gestattet.

Die übliche Bestimmung der Faktorintensitäten der Produktionssektoren - aus einem Vergleich der eingesetzten relativen Faktormengen bei gegebenen Preisen - ist nur im Nettoemissionsansatz anwendbar. Da dieser Modellierungsansatz aber aktive Umweltpolitik bzw. positive Emissionspreise voraussetzt, ist die gängige Bestimmung relativer Faktorintensitäten für den vorliegenden Untersuchungsrahmen nicht allgemein genug, wenn auch Situationen mit umweltpolitischen laissez-faire miteinbezogen werden sollen. Es wird stattdessen hier ein alternatives, in diesem Sinn allgemeiner anwendbares Konzept der Faktorintensität eingeführt, das ebenso eine Identifizierung der Sektoren nach ihrer relativen Umweltschädlichkeit ermöglicht und sich in den terminologischen Apparat der realen Außenwirtschaftstheorie einfügt. Im Bruttoemissionsansatz wird der Sektor i im Vergleich zum Sektor j als relativ emissionsintensiv bezeichnet, wenn gilt[11]:

---

[11] Vgl. Siebert (1995), 33 und Asako (1979), 360f.

(2.16) $$h_i'[f_i'(l_i)] > h_j'[f_j'(l_j)].$$

Sektor *i* besitzt demnach eine höhere marginale Emissionsneigung. Mit der so definierten relativen Emissionsintensität ist beschrieben, wie sich die Bruttoemissionen bei der Verlagerung einer Einheit Arbeit von einem Sektor in den anderen verändern. Sie eignet sich daher insbesondere bei der Untersuchung von strukturellen Wirkungen beschränkter Assimilationskapazitäten oder von Umweltpolitik. Es wird im folgenden davon ausgegangen, daß der emissionsintensivere Sektor unabhängig von alternativen Zuständen der Ökonomie eine höhere marginale Umweltbelastung gemäß (2.14) aufweist. Für $l_i < l_j$ bedeutet das, daß der umweltschädlichere Sektor entweder nicht sehr klein sein darf oder daß die Funktion $j_j(l)$ einen hinreichend flacheren Verlauf annimmt als die Funktion $j_i(l)$. Wollte man auf diese Annahme verzichten, so wäre es möglich, daß eine Reihung der Sektoren nach ihrer Umweltfreundlichkeit vor und nach Politikmaßnahmen unterschiedlich ausfiele, da das Kriterium der marginalen Emissionsintensität von der Allokation des Faktors bzw. der Sektorstruktur der Ökonomie abhängig ist. Ohne die getroffene Annahme wäre dann keine global gültige Einschätzung möglich, welche Industrie umweltfreundlicher ist. Sie entspricht in diesem Sinne der Annahme nicht-umschlagender Faktorintensitäten des Heckscher-Ohlin-Modells. In den folgenden komparativ-statischen Analysen wird unterstellt, daß Sektor 1 die so definierte umweltschädlichere Technologie besitzt.

Ricardo erklärte seine Theorie komparativer Vorteile anhand eines arbeitswerttheoretischen Beispiels[12]. Daher waren bei ihm Preisvorteile auf Arbeitskostenvorteile zurückzuführen, die ihrerseits aus unterschiedlichen Produktivitäten des einzigen Faktors Arbeit erklärt wurden. Signale für die Aufnahme von Außenhandel sind daher Diskrepanzen in relativen Produktionskosten, d.h. komparative Kostenvorteile. In neoklassischer Sicht lassen sich in einer Situation vollständiger Konkurrenz (kurzfristige) Angebotskurven durch Grenzkostenverläufe bestimmen. Die Analyse der Kostenverläufe ermöglicht es auch hier, relative Preise aus den Determinanten Technologie und Faktorausstattung herzuleiten. Es ist aber erforderlich, statt von komparativen Kostenvorteilen von komparativen Preisvorteilen zu sprechen, da nachfrageseitige Determinanten gleichermaßen in die Bestimmung markträumender Preise eingehen. Zu den Determinanten des Autarkiegleichgewichts gehört damit ebenfalls die Präferenzstruktur der

---

[12] Vgl. Ricardo (1951), 128-149.

Konsumenten, die zudem den Bedarf an umweltpolitischer Regulierung bestimmt. In den folgenden Abschnitten wird untersucht, welche Bedeutung die Umweltausstattung und die Umweltpolitik eines Landes für das Zustandekommen von Außenhandelsbeziehungen haben. Dabei wird eine Zuordnung zu den Preisdeterminanten Faktorausstattung, Präferenzstruktur und Technologie vorgenommen und in dieser Reihenfolge die Bedeutung der "Umwelt" untersucht.

2.2 Das Zustandekommen von Handel bei unterschiedlichen Umweltausstattungen

2.2.1 Das physische Konzept der Faktorreichlichkeit

Mit der oben eingeführten Sichtweise der Umweltmedien als an der Produktion beteiligte assimilative Dienste wird deutlich, daß deren Qualität und Menge für eine Ökonomie zu den gegebenen Produktionsbedingungen gehören. Auch wenn aufgrund der aus der Sicht des einzelnen Produzenten freien und nicht-ausschließbaren Verfügbarkeit der Schadstoffassimilation ein anderer Charakter in der Güterherstellung zukommt als konventionellen rivalen Produktionsfaktoren, ist sie dennoch für ein Land als Ganzes als eine Komponente der Faktorausstattung zu sehen: Je mehr ein Land über reichliche Assimilationskapazitäten verfügt, umso mehr Spielraum besitzt es offenbar, umweltintensive Produktionsweisen unter uneingeschränkter Entsorgung der schädlichen Kuppelprodukte durchzuführen, ohne schädliche Konsequenzen hinnehmen zu müssen. Es liegt daher nah, das Heckscher-Ohlin-Theorem, das Außenhandel mit Unterschieden in der Ressourcenausstattungen der Länder begründet, auf seine Gültigkeit im Zusammenhang mit Umweltressourcen zu überprüfen, d.h. zu untersuchen, ob eine demgemäße Interpretation der Umweltausstattung als Bestandteil der allgemeinen Faktorausstattung möglich ist[13].

Allgemein lautet die Aussage des Heckscher-Ohlin-Theorems, daß ein Land dasjenige Gut exportiert, in dessen Herstellung der relativ reichlich im Land vorhandene Faktor genutzt wird. Voraussetzungen hierfür sind die internationale Immobilität der Faktoren, das Nichtauftreten von umschlagenden Faktorintensitäten[14] und die Konkavität der im In- und Ausland

---

[13] Vgl. die Herangehensweise bei Pethig (1976) und Siebert (1978).

[14] Als eine Situation ohne umschlagende Faktorintensität bezeichnet man den Fall, in dem für beliebige Faktorpreisverhältnisse ein Sektor immer den gleichen Faktor intensiv nutzt, vgl. Gandolfo (1994), 76-80, 92-94. (2.16) beinhaltet diese Annahme

identischen Produktionsfunktionen. Für die im folgenden zunächst besprochene physische Interpretation des Konzepts der Faktorreichlichkeit muß ferner angenommen werden, daß die Konsumgüter 1 und 2 in allen betrachteten Ländern im selben, konstanten Verhältnis $\bar{c} = c_1/c_2$ nachgefragt werden, um nachfrageseitige Einflüsse auszuschließen[15].

Der Zusammenhang zwischen Produktion und Umweltbelastung läßt sich im dreidimensionalen Raum mit den Achsen x_1, x_2, s darstellen:

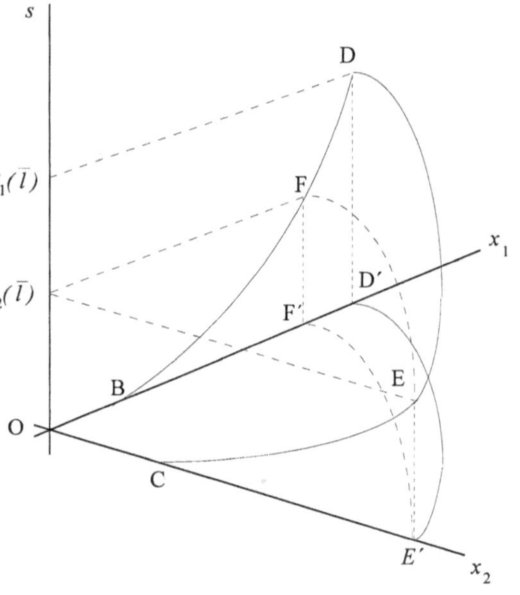

(Abb. 2.2)

Die Abbildung 2.2 beschreibt die Entstehung der Abfallstoffmengen in Abhängigkeit von den Produktionsmengen. Es ist zu beachten, daß in

in Bezug auf das marginale Faktorintensitätskriterium, vgl. Siebert et al. (1980), 23-25.

[15] Die Einführung eines konstanten Nachfrageverhältnisses, welches eine stärkere Annahme darstellt als die Unterstellung international identischer Präferenzstrukturen, macht die graphische Analyse deutlicher, vgl. Gandolfo (1994), 76f. Es läßt sich zeigen, daß beiderlei Annahmen zu qualitativ gleichen Resultaten in Bezug auf die ermittelten Handels- und Spezialisierungsrichtungen kommen. Vgl. Wießner (1991), 88.

beiden Sektoren (annahmegemäß) die gleiche Vermeidungstechnologie eingesetzt wird. Die Punkte D und E beschreiben extreme Verteilungen des Produktionsfaktors Arbeit zwischen den Sektoren: $(\bar{l},0)$ und $(0,\bar{l})$. Die Strecke DD′ ist größer als EE′, denn Sektor 1 produziert umweltintensiv. Die Kurven BD und CE sind konvex gekrümmt, da die Bruttoemissionen annahmegemäß proportional oder überproportional mit der Outputmenge zunehmen, während bei abnehmendem Ressourceneinsatz in der Schadstoffabsorption die auffangbaren Mengen überproportional abnehmen.

Die Umweltausstattung von Ländern ist für das physische Konzept relativer Faktorreichlichkeit infolge der ökologische Restriktion (2.6) von Relevanz, die eine maximal aufnehmbare Schadstoffmenge $\bar{s}^{\max}$ vorschreibt[16]. Die Produktionsmöglichkeiten der Ökonomie bestimmen sich nun nach dem Verhältnis $\bar{s}^{\max}/\bar{l}$, d.h. in Abhängigkeit von der relativen Knappheit der Assimilationskapazitäten der Umwelt. Abbildung 2.3 stellt dies dar:

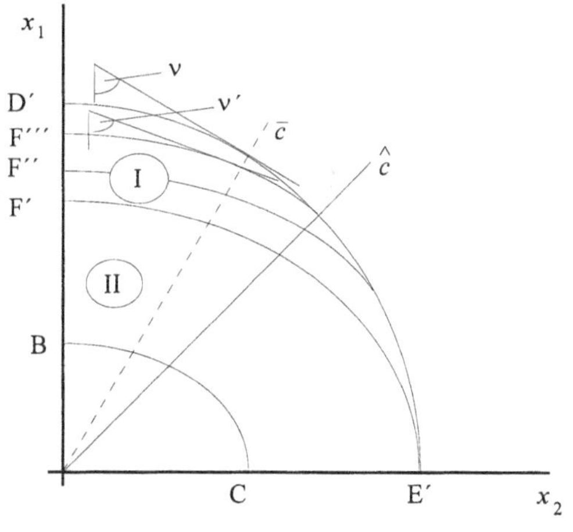

(Abb. 2.3)

Die abgebildeten Transformationskurven resultieren als Projektionen der effizient herstellbaren Gütermengen auf die x_1, x_2-Ebene für alternative, maximal verträgliche Emissionsmengen bei gegebener Faktorausstattung, wobei effiziente Allokationen nunmehr durch die Vollbeschäftigung des Produktionsfaktors und die Ausschöpfung des maximalen Nettoemissionspotentials gekennzeichnet sind. In Abbildung 2.2 ist dargestellt, daß die

16 Eine ähnliche Diskussion dieser Restriktion findet sich bei Pethig (1975).

Emissionhöchstgrenze $\bar{s}^{\max} = j_2(\bar{l})$ nur Produktionspunkte auf EF zuläßt, dies entspricht der Transformationskurve E′F′ in Abbildung 2.3[17].

Der Produktionspunkt der autarken Ökonomie liegt auf der äußersten Transformationskurve, die der Menge der zulässigen netto emittierbaren Schadstoffe noch entspricht. Die Grenzrate der Transformation (*GRT*) drückt die einer Ökonomie entstehenden Opportunitätskosten bei der Verschiebung von Arbeit von einem Sektor zum anderen in Form der marginalen Reduktion der herstellbaren Gütermenge des vom Abzug betroffenen Sektors aus. Sie beschreibt also einen relativen Effizienzvorteil eines Landes in der Herstellung der Güter und erlaubt somit, die Richtung eines effizienten internationalen Gütertauschs zu bestimmen. Im folgenden sei angenommen, daß die Autarkiepreise der *GRT* entsprechen.

Abbildung 2.3 kann zum einen verwendet werden, um darzustellen, wie sich die marginalen produktionstechnischen Effizienzvorteile einer Ökonomie bei (hypothetischer) Variation der ökologischen Restriktion verhalten, oder zum anderen, um die Produktionsmöglichkeiten zweier gleichgroßer Länder mit unterschiedlichen Assimilationskapazitäten abzubilden. Für die allgemeine - nicht auf konstanten Skalenerträgen beruhende - Bestimmung relativer Effizienzvorteile für unterschiedlich große Länder (d.h. für divergierende Arbeitsausstattung) folgt daraus, daß entweder auf die strikte Gültigkeit der Aussagen verzichtet werden muß, wenn nämlich das Krümmungsverhalten der Transformationskurven stark größenabhängig ist, oder eine einschränkende Radialitätsannahme getroffen werden muß. Diese erfordert, daß auf der äußersten denkbaren Transformationskurve eines Landes (D′E′ in Abbildung 2.3), also derjenigen für die eine Nettoemissionsrestriktion nicht wirksam ist, die *GRT* nur von der Produktionsstruktur abhängt. Zwei Länder, die keine Schadstoffabsorption betreiben, weisen dann für gegebene Mengenstrukturen identische marginale Opportunitätskosten in der Herstellung umweltintensiver Güter auf - unabhängig von ihrer relativen Größe[18].

---

[17] Die Abbildungen sind insofern nicht ganz allgemein, als die Transformationskurven auch lineare Teilstücke aufweisen können, wenn in beiden Sektoren konstante Skalenerträge vorliegen. Vgl. Pethig (1975), 108f.

[18] Es ist so z.B. der Fall ausgeschlossen, daß ein großes Land nur deswegen einen komparativen Vorteil in emissionsintensiven Gütern besitzt, weil in der umweltintensiven Herstellung eine lineare Technologie vorliegt und im umweltfreundlichen Sektor mit abnehmenden Skalenerträgen produziert wird. Für eine solche Situation wären die im folgenden aus Abbildung 2.3 abgeleiteten Resultate in Frage gestellt.

Divergierende relative Umweltkapazitäten - gemessen im Verhältnis der physisch zur Verfügung stehenden "Faktormengen" $\bar{s}^{\max}/\bar{l}$ - lassen vermuten, daß in den Ländern für gegebene Nachfragestrukturen $\bar{c}$ unterschiedliche Grenzraten der Transformation vorliegen und folglich ein Bestimmungsgrund für die Aufnahme von Außenhandel gegeben ist. Die graphischen Darstellungen weisen auf eine hierbei vorzunehmende Fallunterscheidung entsprechend der relativen Knappheit der Assimilationskapazitäten $\bar{s}^{\max}/\bar{l}$ hin:

- $j_1(\bar{l}) < \bar{s}^{\max}$, die natürliche Emissionsbeschränkung ist nicht bindend. Von der Assimilationskapazität geht kein Einfluß auf die Produktionsbedingungen aus. In diesem Fall ist die Transformationskurve der Ökonomie durch D′E′ beschrieben.
- $j_1(\bar{l}) > \bar{s}^{\max} > j_2(\bar{l})$, die Emissionsbeschränkung wirkt sich partiell auf die Form der Transformationskurve aus. Diese umfaßt - bei einer Bewegung von der Abszisse zur Ordinate - einen Abschnitt von D′E′ mit zunehmenden Nettoemissionen und einen innerhalb dieser äußeren Transformationskurve liegenden streng konkaven Bereich mit konstanten Nettoemissionen[19]. Die Produktionsmöglichkeiten sind - in Abhängigkeit von der Produktionsstruktur $\bar{c}$ - also nur *teilweise* eingeschränkt. Je kleiner $\bar{s}^{\max}$, desto größer ist $p = \mathrm{tg}\nu$ für hinreichend großes $\bar{c}$. Die Konkavität folgt aus dem Umstand, daß bei zunehmend emissionsintensiver Produktionsstruktur immer mehr Arbeit in die Schadstoffvermeidung umgelenkt werden muß, die dann nicht mehr für die Güterproduktion zur Verfügung steht.
- $j_2(\bar{l}) > \bar{s}^{\max}$, die Emissionsbeschränkung wirkt sich global, d.h. für beliebige Produktionsstruktur $\bar{c}$, als Schranke aus. Die Produktionsbedingungen liegen überall auf oder innerhalb von F′E′. Die resultierende Transformationskurve ist durchgängig streng konkav:

$$\frac{d^2 x_1}{dx_2^2} < 0. \tag{2.17}$$

Damit sind für die Bereiche I und II in Abbildung 2.3, die durch die Transformationskurve E′F′ getrennt werden, unterschiedliche Schlußfolgerungen zu ziehen. Man betrachte zunächst Bereich I:

---

19 Zur Konkavität der Transformationskurve siehe Anhang A.2.1.

- Ein Land, das seine ökologische Restriktion nicht bindend erfüllt (Transformationskurve D'E'), hat gegenüber einem Land, das in dieser Hinsicht einer Einschränkung unterliegt (F'''E'), für emissionsintensive Produktionsstrukturen (oberhalb von $\hat{c}$) einen komparativen Opportunitätskostenvorteil für das umweltintensiv zu produzierende Gut ($tg\ \nu' > tg\ \nu$).
- Sind beide Länder durch eine Begrenzung der Emissionen betroffen (F''E', F'''E'), besitzt das Land mit der relativ höheren Emissionshöchstmenge einen Preisvorteil für Gut 1, wenn das Nachfrageverhältnis hinreichend klein ist.

Beide Resultate folgen unmittelbar aus den Konkavitätseigenschaften der zu vergleichenden Transformationsfunktionen und lassen eine zum Heckscher-Ohlin-Theorem weitgehend analoge Interpretation zu: Länder mit *relativ* großer Umweltausstattung können unter den genannten Voraussetzungen einen komparative Opportunitätskostenvorteil in der Herstellung emissionsintensiver Güter besitzen. Sukzessive Verminderungen der Emissionsgrenze $\bar{s}$ verschlechtern unter den gemachten Annahmen einen komparativen Opportunitätskostenvorteil in der umweltverschmutzenden Industrie.

Bereich II: Liegen die Transformationskurven der betrachteten Länder jeweils in diesem Bereich, sind keine ähnlich eindeutigen Aussagen möglich. Die Grenzrate der Transformation variiert entlang des Ursprungsstrahls $\bar{c}$ bei sukzessiver Verringerung der Emissionshöchstmenge *nicht* in eindeutiger Weise[20]

$$(2.18) \qquad \left.\frac{dGRT}{d\bar{s}}\right|_{x_1=\bar{c}x_2} \gtrless 0$$

Eine niedrige Emissionsbeschränkung zwingt zur Reallokation des Produktionsfaktors aus den Herstellungsprozessen in die Schadstoffabsorptionstechnologien. Eine dadurch bedingte stärkere Beeinträchtigung der Produktionsmöglichkeiten des emissionintensiven Sektors wäre nur dann gegeben, wenn in diesem mehr Schadstoffe *pro Gütereinheit* anfielen, d.h. $h_1'(x) > h_2'(x)$[21]. Dies entspricht jedoch nicht der hier verwendeten Definition der Emissionintensität, die die marginale Veränderung (brutto) emittierter Schadstoffmengen bei einer sektoralen Reallokation der Arbeit her-

20 Siehe Anhang A.2.2.

21 Wießner (1991), 63-78, diskutiert die Konsequenzen alternativer Emissionstandards unter dieser Annahme.

anzieht. Im Vergleich zweier Ökonomien, für die jeweils $j_2(\bar{l}) > \bar{s}^{\max}$ gilt, muß das Land, das über eine vergleichsweise knappere Umweltausstattung verfügt, nicht höhere Opportunitätskosten der emissionsintensiven Güterproduktion aufweisen. Jedoch ist eine relative Verschlechterung der Produktionsbedingungen des umweltintensiven Sektors z.B. dann eindeutig herzuleiten, wenn die Produktion lineare Technologien verwenden kann, während in der Schadstoffabsorbtion fallende Erträge vorliegen[22].

Unterschiedliche Umweltverträglichkeitsbedingungen haben somit im allgemeinen keinen eindeutig zu bestimmenden Einfluß auf die Produktionsmöglichkeiten der Ökonomie und somit auf das durch Opportunitätskosten bestimmte Tauschverhältnis der Güter vor Aufnahme des Handels. Eine relativ große Umweltausstattung erhöht lediglich die Wahrscheinlichkeit, daß die Produktionsbedingungen einer Ökonomie durch eine Transformationskurve im Bereich I dargestellt werden, in dem Umweltausstattung und Opportunitätskostenverhältnis eindeutig miteinander korrespondieren[23].

Es liegt nun die Überlegung nah, diese Form der Untersuchung auch auf den Zusammenhang von komparativen Produktionsvorteilen und politisch gesetzten Emissionshöchstmengen auszudehnen. Aktive Umweltpolitik führt jedoch zur Institution eines Marktes für Emissionen. Die Produzenten werden bei positiven Emissionspreisen eine kostenminimierende Tech-

---

22 Siehe Anhang A.2.2.

23 Dieses Ergebnis relativiert die in der Literatur häufig zu findende uneingeschränkte Übertragung des Heckscher-Ohlin-Theorems auf den Zusammenhang von Umweltrestriktionen und Emissionen in der Produktion (vgl. z.B. Wießner (1991)). Es ist daher interessant, daß Walter (1974) ein ähnliches Resultat mit einer anderen Begründung erzielt: Dort wird der Fall behandelt, daß zwei Faktoren (Arbeit und Kapital) in der Produktion eingesetzt werden. Dabei produziere der erste Sektor kapitalintensiv, der zweite folglich arbeitsintensiv. In der Herstellung der Güter entstehen Schadstoffe, die durch Umweltschutzmaßnahmen in den Industrien verringert werden können. Das Modell ähnelt also der hier verwendeten Konzeption nach Siebert bzw. Asako. Nimmt man nun aber an, daß die Umweltschutzaktivitäten selbst einen der Faktoren intensiv nutzen, dann geht eine Veränderung der Umweltqualität mit einer asymetrischen Verschiebung der Transformationsfunktion der beiden handelbaren Güter einher. Unter der Annahme, daß Umweltschutzmaßnahmen kapitalintensiv sind, ergibt sich für Änderungen der Emissionshöchstgrenze: $|dx_1/x_1| > |dx_2/x_2|$. Die durch die Eindämmung der Emissionsmengen erforderliche Umlenkung der Produktionsfaktoren beeinträchtigt die kapitalintensive Industrie stärker. Hier ergibt sich zwar ein eindeutiger Einfluß der Umweltausstattung auf die Transformationsbedingungen und somit auf komparative Produktionsvorteile, jedoch *unabhängig* davon, welche der Industrien emissionsintensiv produziert.

nikwahl vornehmen. Andererseits reflektiert die umweltpolitische Regulierung die Präferenzstruktur des repräsentativen Individuums. Der durch Umweltpolitik in Gang gesetzte Anpassungsvorgang ist also ein interdependenter Marktprozeß bei dem die Firmen ihre Gewinne maximieren und die Konsumenten ihren Nutzen unter Berücksichtigung ihrer Budgetbeschränkungen optimieren. Es wird daher nun von der Betrachtung der reinen Produktionsmöglichkeiten zu der eines allgemeinen Marktgleichgewichts übergegangen.

2.2.2 Das ökonomische Konzept der Faktorreichlichkeit

Bisher wurde Faktorreichlichkeit im physischen Sinn interpretiert: Die exogene Variable $\bar{s}^{\max}$ beschrieb die bei gegebener Assimilationsfähigkeit höchste noch akzeptable Emissionsmenge. Faktorreichlichkeit wurde also nur insofern behandelt, als sie die zulässigen Allokationen einer Ökonomie beeinflußt. Analog zur Vorgehensweise in den Modellen der Außenhandelstheorie, die den Heckscher-Ohlin-Fall untersuchen, kann aber die relative Faktorreichlichkeit nicht nur in diesem physischen Sinn gemessen werden, sondern darüberhinaus in einem ökonomischen Sinn anhand von relativen Faktorpreisen beurteilt werden. In dieser Sichtweise drückt ein vergleichsweise niedriger Faktorpreis eine reichliche Ausstattung mit dem zugehörigen Produktionsfaktor aus. Diese Interpretation von Faktorverfügbarkeit anhand von relativen Faktorpreisen in Autarkie läßt es nun auch zu, Umweltpolitik in Form preislicher Internalisierungsstrategien in der Analyse zu berücksichtigen. Das Preisverhältnis z/w wird nun zum Indikator der Knappheit der Umweltausstattung der Ökonomie.

Die Faktorreichlichkeit eines Produktionsstandortes geht jetzt nicht nur in Form von physischen Nebenbedingungen sondern auch über Preisvariablen in das Optimierungsproblem der Produzenten ein. Es werden nun folgende Annahmen getroffen:

- Umweltpolitik führt dazu, daß die Beanspruchung der Assimilationskapazitäten nicht mehr im Rahmen der ökologischen Restriktion eine common-property-Ressource, sondern ein kostenrelevanter Faktor ist. Emissionen erhalten pro Mengeneinheit einen Preis:

$$z > 0. \tag{2.19}$$

- Das verfügbare Einkommen y umfaßt die Steuereinnahmen des Staates, der diese an die Konsumenten in allokativ neutralen Transfers zurückzahlt.
- Es wird keine Annahme hinsichtlich eines fixen Nachfrageverhältnisses $\bar{c}$ getroffen. Die physische Interpretation der Faktorproportionen ließ eine Schlußfolgerung über zulässige Produktionspunkte bei gegebenene Nachfrageverhältnissen zu. Die ökonomische Interpretation ermöglicht die Untersuchung, welche Bedeutung die Umweltausstattung eines Landes und seine Umweltschutzpolitik für das nachgelagerte Problem der Auswahl optimaler Produktionspunkte erhält.

Unter Berücksichtigung der Emissionbesteuerung maximieren die Unternehmen ihre Gewinnfunktion

(2.20) $$\pi_i = p_i x_i - w\left(l_i + l_i^r\right) - z s_i{}^{24},$$

unter den Nebenbedingungen

(2.21) $$\begin{aligned} x_i &= f_i(l_i) \\ s_i &= s_i^p - s_i^r \\ s_i^p &= h_i(f_i(l_i)) \\ s_i^r &= f_i^r\left(l_i^r\right) \end{aligned}$$

Nach Einsetzen der Nebenbedingungen in (2.20) ergeben sich als Bedingungen erster Ordnung:

(2.22a) $$w = (p_i - z h_i')f_i'$$

(2.22b) $$w = z f_i^{r\,\prime}{}^{25}$$

und daraus

(2.23) $$p = \frac{w/f_1' + z h_1'}{w/f_2' + z h_2'} = \frac{f_2' \, w + z h_1' f_1'}{f_1' \, w + z h_2' f_2'}.$$

---

[24] Mit $p_1 = p$, $p_2 = 1$.

[25] Man beachte, daß aus (2.22b) die Grenzkosten der Schadstoffvermeidung $w/f_i^{r\,\prime}$ abgeleitet werden können, die bei Kostenminimierung mit dem Preis einer Emissionseinheit übereinstimmen.

(2.23) zeigt, daß der relative Güterpreis vom Emissionssteuersatz abhängt. Es lassen sich nun die Auswirkungen der Einführung einer Emissionsbesteuerung zeigen[26]. Unter Verwendung der Faktorbeschränkung (2.9) und der vereinfachenden Annahme, daß die Sektoren über die gleiche Schadstoffvermeidungstechnologie verfügen, ergibt sich nach totaler Differentiation der Bedingungen (2.22) und einer Markträumungsbedingung aus (2.12a) als Gleichungssystem zur Bestimmung der induzierten Veränderungen der Variablen l_1, l_2, p, w[27]:

(2.24)

$$\begin{bmatrix} f_1'(1-pd_{1y}) & -d_{1y}f_2' & -(d_{1p}'+d_{1y}f_1) & 0 \\ zf_3'' & zf_3'' & 0 & 1 \\ \alpha & 0 & -f_1' & 1 \\ 0 & \beta & 0 & 1 \end{bmatrix} \times \begin{bmatrix} dl_1 \\ dl_2 \\ dp \\ dw \end{bmatrix} = \begin{bmatrix} 0 \\ dz \cdot f_3' \\ -dz \cdot h_1' f_1' \\ -dz \cdot h_2' f_2' \end{bmatrix}$$

Hieraus läßt sich berechnen, daß $dp/dz > 0$, wenn mehrere zusammen hinreichenden Bedingungen vorliegen, nämlich $h_1' f_1' > h_2' f_2'$ und

(2.25) $$f_1' d_{2Y} \beta > f_2' d_{1Y} \alpha$$ [28].

Die erste Bedingung entspricht der bereits getroffenen Annahme der relativ höheren Emissionsintensität in Sektor 1. Die zweite Bedingung ist leichter zu interpretieren, wenn man die Koeffizienten α und β als rudi-

---

26 Zur Reduktion des Gleichungssystems durch Einsetzen vgl. Siebert (1978), 285-291. Mit den 17 Gleichungen (2.1)-(2.5), (2.7)-(2.9), (2.12a) und (2.22) - man beachte, daß infolge des Walras-Gesetzes eine Markträumungsbedingung in (2.12a) redundant ist - lassen sich die insgesamt siebzehn Preis- und Mengenvariablen $x_i, d_i, l_i, l_i^r, s_i, s_i^p, s^r, q, y, p, w \; (i=1,2)$ in der geschlossenen Ökonomie bestimmen. Im nächsten Kapitel wird auf die Untersuchung der offenen Ökonomie übergegangen, für die die Gleichung (1.13) und die beiden Variablen m_1 und m_2 hinzukommen, der Relativpreis p jedoch durch den Weltmarkt entweder gegeben ist oder im Fall der großen Ökonomie durch eine Preisanpassungsregel bestimmt wird. In den folgenden komparativ-statischen Berechnungen werden entsprechend geeignete Subsysteme von Gleichungen für die jeweils zu bestimmenden Variablen verwendet.

27 $\alpha = zh_1'' f_1' - (p + zh_1') f_1'' > 0$; $\beta = zh_2'' f_2' - (1 + zh_2') f_2'' > 0$.

28 Siehe Anhang A.2.3.

mentäres Maß der Abhängigkeit der beiden produzierenden Sektoren vom Faktor Arbeit auffaßt[29]. Denn mit

$$(2.26) \qquad \frac{1}{\alpha} = \left|\frac{dl_1}{dw}\right| \text{ und } \frac{1}{\beta} = \left|\frac{dl_2}{dw}\right|$$ [30]

bedeutet $\beta > \alpha$ demnach eine vergleichsweise höhere Reagibilität der Arbeitsnachfrage im ersten Sektor bei Variation des Lohnsatzes. Diese stärkere Schwankung des Faktoreinsatzes kann als niedrigere Abhängigkeit des ersten Sektors vom Faktor Arbeit gewertet werden. Die Bedeutung von (2.26) ist demnach, daß eine zur Emissionsintensität des ersten Sektors komplementäre Arbeitsintensität des zweiten Sektors einen "Normaleffekt" der Steueranhebung bezüglich des relativen Güterpreises begünstigt. Ein Anstieg des Güterpreisverhältnisses p wird ferner wahrscheinlicher bei einer relativ hohen Grenzkonsumneigung für Gut 2: Die Emissionsbesteuerung bewirkt eine Verringerung des Arbeitseinsatzes im ersten Sektor und eine Verschiebung von der Güterproduktion in die Schadstoffabsorption

$$\frac{dl_1}{dz} < 0, \frac{dl_2}{dz} \gtrless 0, \frac{dl_1 + dl_2}{dz} < 0 \Leftrightarrow \frac{dl_3}{dz} > 0$$ [31].

Da die in der Schadstoffvermeidung eingesetzte Mehrarbeit der Güterproduktion entzogen wird, stellt dies einen das Volkseinkommen vermindernden Struktureffekt der Umweltpolitik dar[32]. Diesem Struktureffekt steht ein Umbewertungseffekt infolge des gestiegenen Preis des Gutes 1 entgegen. Ist die Herstellung von Gut 1 jedoch hinreichend umweltintensiv (so daß die Besteuerung einen starken Kosteneffekt auslöst) bzw. ist die Preiselastizität der Nachfrage nach Gut 1 hinreichend hoch (so daß mit dem Preisanstieg die Nachfrage relativ stark sinkt) so kann erwartet werden,

---

29 Vgl. Siebert (1978), 288.

30 Siehe Anhang A.2.3.

31 Siehe Anhang A.2.3.

32 Dies ist auch dann der Fall, wenn nach Umweltpolitik die Produktion in Sektor 2 zugenommen hat. Die Veränderung des Volkseinkommens ist $pf_1'dl_1 + f_2'dl_2$. Sind nun die Veränderungen der Aktivitätsniveaus der Sektoren gegenläufig (Sektor 1 schrumpft während der umweltfreundliche Sektor wächst), so ist dennoch $|dl_1| > |dl_2|$ und wegen (2.23) und $h_1'f_1' > h_2'f_2'$ auch $pf_1' > f_2'$. Siehe Anhang A.2.3.

daß das Volkseinkommen aufgrund eines starken Absatzrückganges des umweltintensiven Gutes insgesamt abnimmt[33]. Sinkt nun die Nachfrage nach Gut 2 bei fallendem Einkommen stärker als die von Gut 1 (beide Güter sind annahmegemäß nicht-inferior) wirkt das in Richtung einer relativen Verteuerung des letzteren. Eine höhere Grenzproduktivität der Arbeit in Sektor 1 hat infolge des Abzugs der Arbeit aus diesem Sektor einen vergleichsweise stärker verknappenden Effekt auf das Angebot von Gut 1. Auch dies bewirkt eine Verteuerung dieses Gutes.

Interessanterweise kann also festgestellt werden, daß die Einführung bzw. die Erhöhung von Emissionssteuern zwar in der Tendenz den komparativen Preisvorteil des umweltfreundlicheren Gutes verbessert, dies aber wegen der hierfür benötigten Bedingungen keineswegs ein eindeutiges Resultat darstellt. Es bestätigt sich daher das für das physische Kriterium der Faktorausstattung vorgefundene Ergebnis, daß natürliche Emissionsbeschränkungen im allgemeinen keinen eindeutigen Effekt auf komparative Vorteile ausüben. Da die Voraussetzungen für eine Verschlechterung des komparativen Vorteils des emissionintensiven Sektors hinreichender Art sind und zudem sich untereinander substituieren können, ist jedoch tendenziell mit einer der Intuition entsprechenden Wirkungsweise zu rechnen.

Ist die Bedingung (2.25) erfüllt, folgt eine relative Verteuerung der Emissionen im Verhältnis zur Arbeit. Aus (2.22) erhält man $z/w = 1/f_3'$. Wegen $dl_3/dz > 0$ sinkt die Grenzproduktivität in der Schadstoffvermeidung und damit steigt z/w. Das relative Preisverhältnis der Faktoren signalisiert also die durch Umweltpolitik bewirkte Verknappung der assimilativen Dienste.

In analoger Weise wirkt sich die Einführung eines Emissionsstandards aus. Durch Zertifikatehandel wird dann dasselbe Gleichgewicht wie im Fall der Umweltpolitik mit Emissionssteuer hergestellt, wenn der Zertifikatepreis die gleiche Höhe wie die Emissionsabgabe erreicht[34]. Die Unter-

---

33 Vgl. Siebert (1978), 289. Siehe Anhang A.2.3.

34 Man beachte, daß die Erhöhung des Preises für Emissionen mit einer Verminderung der Nettoemissionen einhergeht. Daraus kann ein streng monotoner Zusammenhang von z und $\bar{s}$ hergeleitet werden, wenn $h_1'f_1' > h_2'f_2'$ global gilt, d.h. wenn keine umschlagenden Emissionsneigungen vorliegen. Aufgrund der strengen Monotonie ist der Zusammenhang von Nettoemissionsmenge und dem Preis für Emissionen eindeutig. Damit führt die Vorgabe eines Emissionsstandards zu einem bestimmten Emissionspreis, von dem wiederum eineindeutig der relative Güterpreis abhängt. Wählt die Umweltbehörde den Emissionsstandard der der Abgabe z entspricht, dann

nehmen passen sich jeweils so an, daß die Höhe der Grenzkosten in der Schadstoffvermeidung dem Steuersatz bzw. dem Preis eines marginalen Emissionsrechts entspricht. Eine Verschärfung des Emissionsstandards erfordert einen höheren Faktoreinsatz in der Schadstoffvermeidung. Dies ist nur unter abnehmenden Grenzerträgen möglich, weshalb mit (2.22) gefolgert werden kann, daß der Preis eines Zertifikats relativ zum Preis des konventionellen Faktors gestiegen ist. Es ergibt sich daher auch für Zertifikatepolitik ein eindeutiger Zusammenhang zwischen dem Ausmaß des umweltpolitischen Eingriffs und der Preisrelation z/w.

Es kann resümiert werden, daß Umweltpolitik über die Veränderung der Kostenfunktionen Einfluß auf komparative Preisvorteile hat: ein nach Umweltpolitik gestiegenes Preisverhältnis z/w bedeutet - je nach dem Verhältnis der Autarkiepreise zum Weltmarktpreisverhältnis - i.d.R. eine Verringerung eines bestehenden komparativen Preisvorteils für das umweltintensive Gut bzw. eine Unterstützung eines entsprechenden Vorteils in der Produktion nicht-emissionsintensiver Güter. Dieser "Normaleffekt" wird insbesondere dann wahrscheinlicher, wenn der emissionsintensive Sektor die geringere Abhängigkeit in Bezug auf den Faktor Arbeit aufweist. Nimmt man das Verhältnis von Lohn und Emissionspreis als Indikator für relative Umweltknappheit so kommt man zumindest tendenziell zu einer dem Heckscher-Ohlin-Theorem entsprechenden Aussage über den Zusammenhang von Faktorausstattung und Handelsrichtung. Eine Einschränkung besteht jedoch für den hier gewählten Modellrahmen darin, daß der Zusammenhang von relativem Faktorpreis und relativen Güterpreis von der Größe der Ökonomie, d.h. von der zur Verfügung stehenden Arbeitskraft abhängt[35]. Für sonst gleiche Länder gilt aber, daß das vergleichsweise umweltreiche Land, in dem der relative Faktorpreis z/w niedrig ist, das umweltintensive Gut exportieren wird.

2.3 Umweltqualität und Präferenzstruktur

Der vorhergehende Abschnitt beschrieb, inwiefern die Assimilationskapazitäten der Umweltmedien eines Landes als Bestandteil der Faktorausstattung interpretiert werden können. Unterschiede in den Umweltausstattungen können dabei zu komparativen Vorteilen führen und so Handel begründen. Im folgenden wird untersucht, inwiefern international unter-

---

ergibt sich der gleiche Preisvektor wie bei Abgabenpolitik und damit die gleiche Faktorallokation. Vgl. Pethig (1975), 122.

35 Siehe Anhang A.2.1 und A.2.3.

schiedliche Präferenzen bezüglich der Umweltqualität Einfluß auf die Vorteilhaftigkeit von Außenhandel nehmen können.

Die Umweltqualität wird nun explizit als Konsumgut betrachtet[36]. Die Auswahlentscheidung der Konsumenten erstreckt sich somit neben den Gütermengen noch auf die Qualität der von ihnen nachgefragten Umweltverhältnisse. Berücksichtigt man Gleichung (2.5) so hat der Transformationsraum, innerhalb dessen eine Konsumentscheidung getroffen werden kann[37], folgendes Aussehen:

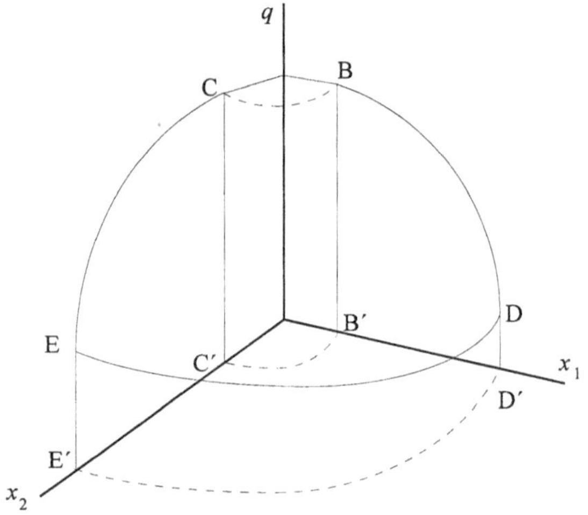

(Abb.2.4)

Die Umweltqualität ist eine Funktion der Nettoemissionsmengen. Der Zusammenhang von Nettoemissionen und Umweltqualität ist dabei durch die gegebenen Assimilationskapazitäten bestimmt. Je mehr assimilative Dienste in Anspruch genommen werden können, umso mehr dehnt sich der Transformationsraum in Richtung der x_1 - bzw. x_2 - Achse aus. Maximale Gütermengen (D′, E′) beeinträchtigen die Umweltqualität am meisten. Wird nur Gut 1 hergestellt (D) ist aufgrund der umweltintensiven Produktionsweise das Umweltqualitätsniveau vergleichsweise geringer als bei Spezialisierung auf Gut 2 (E). Eine Umschichtung der Produktion entlang der Transformationskurve DE ist daher immer mit einer Veränderung des

36 Vgl. zum folgenden Siebert (1977), 665f. und Siebert (1995), 45-59.

37 Die folgende Abbildung geht aus dem Transformationsraum in Abbildung 2.2 hervor. Eine begriffliche Unterscheidung wird hier nicht vorgenommen.

Umweltstandards verbunden. Diese Transformationslinie ist relevant, wenn die Beeinträchtigung der Umweltqualität durch die Güterproduktion nicht berücksichtigt wird (Umwelt also kein Konsumgut darstellt), denn dann werden maximale Gütermengen produziert. Soll eine bessere Umweltqualität erzielt werden, schränkt dies die Produktionsmöglichkeiten ein. Im konkaven Bereich des Transformationsraums (CBDE) besteht eine Austauschbeziehung zwischen den produzierbaren Gütermengen und der verfügbaren Umweltqualität, die das umweltökonomische Kernproblem der Verwendungskonkurrenz der Umwelt als Produktionsmittel und als Konsumgut zum Ausdruck bringt:

$$(2.27) \qquad q = g\left\{h_1(x_1) + h_2(x_2) - f_3\left[\left(\bar{l} - f_1^{-1}(x_1) - f_2^{-1}(x_2)\right)\right]\right\}$$

Hieraus folgt:

$$(2.28) \qquad \left.\frac{\partial q}{\partial x_i}\right|_{x_j = const} = g'\left(h_i' + \frac{f_3'}{f_i'}\right) < 0 \quad i \neq j .$$

Für eine Verbesserung der Umweltqualität müssen der Güterproduktion Ressourcen entzogen werden, um diese in den Vermeidungsaktivitäten einsetzen zu können. Die Transformationskurve D'E' (Projektion von DE auf die $x_1 - x_2$- Ebene) kann dann nicht mehr erreicht werden; bei minimaler Umweltbelastung erhält man die Transformationskurve von Gut 1 und Gut 2 bei B'C'. In den Punkten B und C wird jeweils die maximale Menge der Güter produziert, die ohne jede Umweltbeeinträchtigung herstellbar ist. Der Transformationsraum ist im Bereich CBDE streng konkav, was direkt aus der Konvexität des Produktionsmöglichkeitenraums in Abbildung 2.2 und der Form der Schadensfunktion folgt.

Die Umweltqualität stellt ein öffentliches Konsumgut dar. Es ist daher nicht zu erwarten, daß sich ohne Umweltpolitik ein effizientes Qualitätsniveau herstellen läßt[38]. Bei umweltpolitischem laissez-faire werden die Produzenten keine Kompensation für die Inanspruchnahme der Assmilationsdienste zahlen, bzw. keine Entschädigung für Emissionsvermeidung erhalten. Die Produktionskosten reflektieren in einer solchen Situation nicht die Beeinträchtigung der konsumptiven Umweltnutzung durch

---

[38] Die Eigenschaft des öffentlichen Gutes ist hinreichend für Marktversagen in nicht institutionell geregelten Märkten, vgl. Siebert (1995), 64f. und Samuelson (1954), 388f.

entstehende Schadstoffemissionen. Das relative Güterpreisverhältnis unterscheidet sich daher im allgemeinen von den tatsächlichen komparativen Kostenvorteilen, die die sozialen relativen Opportunitätskosten einschließlich der Nutzenminderung umfassen.

Die im vorangegangenen Abschnitt eingeführte Regulierung der Nettoemissionsentwicklung basiert auf dem Bemühen der Umweltbehörde, die umweltbezogenen Präferenzen der Konsumenten zur Geltung zu bringen. Die Bedingung für eine effizient bestimmte Umweltqualität lautet (Bowen-Lindahl-Samuelson-Bedingung[39])

$$(2.29) \qquad GRT_{q,x_2} = \sum_j GRS^j_{q,x_2}$$

wobei der Index j die einzelnen Konsumenten unterscheidet. Die Grenzrate der Transformation zwischen dem hier gewählten Numéraire und der Umweltqualität entspricht der Steigung des Transformationsraums in Abbildung 2.4 bei einem zur $x_2 - q$ – Ebene parallelen Schnitt. Hieraus leitet sich für den optimalen Emissionspreis ab:

$$(2.30) \qquad z^* = \sum_j z^{j\,*} \quad \text{mit: } z^{j\,*} = |g'(s^*)| \cdot GRS^j_{q,x_2}$$

Die Preise $z^{j\,*}$ entsprechen den personalisierten Lindahl-Preisen[40]. Das Problem der damit verbundenen Offenlegung individueller Zahlungsbereitschaften wird hier nicht vertieft und es wird im weiteren stattdessen auf die Präferenzstruktur eines einzelnen, repräsentativen Individuums Bezug genommen[41]. Die Umweltbehörde maximiert dessen Nutzenfunktion, die aufgrund der analytischen Vorteile additiv-separabler Funktionen folgende spezielle Form annehmen soll[42]:

$$(2.31) \qquad u(c_1, c_2, q) = v(c_1, c_2) + q\,.$$

---

39 Vgl. Samuelson (1954), 387-389.

40 Vgl. Laffont (1988), 41-44.

41 Trotz dieser Einschränkung auf eine Ein-Personen-Ökonomie, in der Nicht-Ausschließbarkeit und Nicht-Rivalität eines Konsumgutes keine sinnvollen Konzepte mehr sind, soll nach wie vor davon ausgegangen werden, daß eine dezentrale Marktlösung nicht möglich ist.

42 Mit dieser Spezifikation ist die Grenzrate der Substitution zwischen den Konsumgütern unabhängig vom Umweltqualitätsniveau.

Ein Pareto-effizientes Umweltqualitätsniveau wird dann durch die Bedingung

$$(2.32) \qquad GRT_{q,x_2} = GRS_{q,x_2} = \frac{1}{v_2}.$$

beschrieben. Daraus ergibt sich als first-best Preis für die Emissionen pro Mengeneinheit derjenige Steuersatz, der die Grenzvermeidungskosten und den mit dem Schattenpreis bewerteten marginalen Umweltschaden zum Ausgleich bringt:

$$(2.33) \qquad z^* = |g'(s^*)| \cdot \frac{1}{v_2} = \frac{w}{f_3'(l_3^*)}.$$

Die Inanspruchnahme der assimilativen Dienste der Umwelt in der Güterproduktion ist beschränkt durch die natürlich verträgliche Emissionshöchstmenge $\bar{s}^{\max}$. Darüberhinaus ist die Umweltknappheit aber bestimmt durch die Verwendungskonkurrenz der Umweltmedien zwischen Produktion und Konsum. Der Effizienzpreis für Emissionen bestimmt sich daher nicht nur indirekt über die Güternachfrage sondern auch durch den in der Effizienzbedingung (2.33) dargestellten Ausgleich von Grenzkosten und Grenznutzen der Emissionsvermeidung. Die Preisbildung für Umweltdienste weicht daher von der einer in bestimmmter Menge gegebenen und ausschließlich für produktive Zwecke geeigneten Ressource ab, denn das Nutzungsniveau wird endogen bestimmt.

Die Beurteilung der Faktorausstattung anhand des Preisverhältnisses z^*/w berücksichtigt im Unterschied zur rein physischen Bestimmung der Faktorausstattung diese Endogenität. Internationale Unterschiede in der Bewertung der Umwelt als Konsumgut werden daher im Preisverhältnis z^*/w zum Ausdruck kommen und bilden so neben der Technologie und der natürlichen Umweltausstattung ebenfalls eine Determinante komparativer Vorteile. Der positive Zusammenhang der Intensität der Umweltpräferenz und des Knappheitsindikators z/w ist dabei evident, ein Land mit hoher Umweltpräferenz besitzt einen komparativen Vorteil in der Produktion umweltfreundlicher Güter.

2.4 Komparative Preisvorteile infolge technologischer Effizienzvorteile

Für den Zusammenhang von verfügbaren Technologien und komparativen Vorteilen sei noch einmal auf die Produktionsmöglichkeiten einer Ökonomie - dargestellt in Abbildung 2.2 - eingegangen. Bei sonst gleichen Bedingungen hat ein Land einen komparativen Opportunitätskostenvorteil für das Gut, in dessen Herstellung es einen produktionstechnischen Vorsprung besitzt. Es läßt sich beispw. annehmen, daß sich die Produktionsfunktionen zweier Länder in einem Effizienzparameter unterscheiden, der die totale Faktorproduktivität beschreibt. Die Technologie des Inlandes ist beschrieben durch

$$(2.34a) \qquad x_i = \lambda_i f_i(l_i) \quad i = 1,2, \quad f_i' > 0, f_i'' \leq 0,$$

die des Auslandes durch

$$(2.34b) \qquad X_i = \Lambda_i F_i(L_i) \quad i = 1,2, \quad F_i' > 0, F_i'' \leq 0.$$

Wobei die zugrundeliegenden Produktionsfunktionen sich zwischen den Ländern nicht unterscheiden sollen, d.h. $f_i(l_i) = F_i(L_i)$ für $l_i = L_i$. Für $\lambda_i \neq \Lambda_i, i = 1,2$ folgen daraus Effizienzvorteile für die einzelnen Länder. Ein *absoluter Effizienzvorteil* liegt vor, wenn ein Sektor eines Landes mit gegebenem Faktoreinsatz mehr von einem Gut produzieren kann als der entsprechende ausländische Sektor, beispielsweise wenn $\lambda_1 > \Lambda_1$ und $\lambda_2 < \Lambda_2$. Falls ein Land in der Betrachtung des Verhältnisses der produzierten Mengen relativ mehr von einem Gut herzustellen in der Lage ist als das andere, liegen *relative Effizienzvorteile* vor:

$$(2.35) \qquad \frac{\lambda_1}{\lambda_2} \neq \frac{\Lambda_1}{\Lambda_2}.$$

Für das Zustandekommen komparativer Vorteile reichen relative Effizienzvorteile aus, wie sich wiederum anhand komparativer Opportunitätskosten nachweisen läßt:

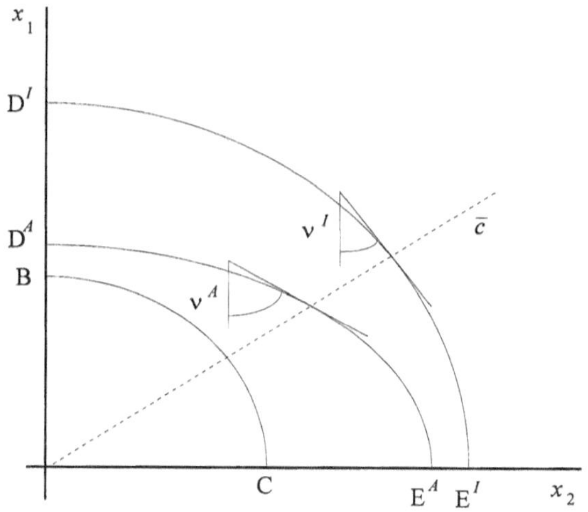

(Abb.2.5)

Abbildung 2.5 stellt die zwei Ländern möglichen Produktionspunkte für eine einheitliche, gegebene Emissionshöchstmenge dar. D^IE^I ist die Transformationskurve des Inlands, D^AE^A die des Auslands. Die Kurve BC repräsentiert den technologischen Standard, für den gilt: $\lambda_1 = \lambda_2 = \Lambda_1 = \Lambda_2 = 1$. Beide Länder müssen die gleiche Menge Arbeitskraft in der Schadstoffabsorption einsetzen, um den selben Umweltqualitätsstandard zu erreichen. Jedoch besitzt das Inland absolute Effizienzvorteile in der Güterherstellung ($BD^I > BD^A$ und $CE^I > CE^A$), die eine weiter außen liegende Transformationskurve ermöglichen. Dennoch hat das Ausland einen relativen Effizienzvorteil in der Produktion von Gut 2, weil $BD^I/CE^I > BD^A/CE^A$. Die Grenzrate der Transformation auf D^AE^A ist für jedes gegebene relative Nachfrageverhältnis kleiner als auf D^IE^I. Damit ist für ein in der Autarkiesituation der beiden Ländern gleiches gegebenes Nachfrageverhältnis zwischen den Gütern 1 und 2 ein komparativer Preisvorteil für Gut 1 im Inland begründet ($tg\nu^I < tg\nu^A \Leftrightarrow p < P$). Allgemein gilt:

(2.36) $$\frac{\lambda_1}{\lambda_2} \gtrless \frac{\Lambda_1}{\Lambda_2} \Rightarrow p \lesseqgtr P.$$

Worauf lassen sich nun relative Effizienzvorteile zurückführen? Die im eingangs zugrundegelegten Modell einer Ökonomie zur Verfügung stehende Technologie (2.1) - (2.3) beschreibt neben den für die Güterherstellung zur Verfügung stehenden Produktionsplänen auch die jeweiligen Mengen der anfallende Kuppelprodukte und die technologischen Bedingungen, unter denen die Sektoren der Schadstoffvermeidung arbeiten. Die Emissionsintensität pro Gütereinheit und die Produktivität der Vermeidungsaktivitäten bestimmen ebenso wie die Produktionsfunktionen der Güterherstellung die Form des Transformationsraums. Relative Effizienzvorteile in der Emissionsentstehung und -unterdrückung können daher ebenfalls Einfluß auf komparative Preisvorteile nehmen.

Der Grundsatz der Masseerhaltung stellt dabei in der Kuppelproduktion sicher, daß ein Effizienzvorteil in der Güterproduktion einhergeht mit einem relativ geringeren Abfallausstoß. Ein solcher Effizienzvorteil kann als inhärent saubereres Produktionsverfahren bezeichnet werden. Das heißt für den Vergleich zweier ansonsten gleicher Länder (Inland, Ausland), mit λ_{hi} als Effizienzparameter für Bruttoemissionsfunktionen[43]:

(2.37) $$\frac{\lambda_1}{\lambda_2} \gtrless \frac{\Lambda_1}{\Lambda_2} \Leftrightarrow \frac{\lambda_{h1}}{\lambda_{h2}} \lesseqgtr \frac{\Lambda_{h1}}{\Lambda_{h2}} \Rightarrow p \lesseqgtr P$$

Bezüglich möglicher Effizienzvorteile in der Schadstoffabsorption (interpretierbar als end-of-pipe Verfahrensvorteil) ist zu unterscheiden ob diese im Vergleich der einzelnen Sektoren oder im Vergleich der Länder auftreten. Ein absoluter Effizienzvorteil besteht, wenn ein Land eine allgemein höhere Produktivität in der Schadstoffvermeidung besitzt, also z.B.

(2.38) $$\lambda_r > \Lambda_r .$$

In diesem Fall führen die Effizienzunterschiede jedoch *nicht* zu einer eindeutigen Beeinflussung komparativer Vorteile der umweltfreundlichen bzw. -belastenden Industrien, da die höhere Produktivität in der Schadstoffvermeidung aufgrund der damit einsparbaren Faktormenge die Produktionsmöglichkeiten des Sektors mit der höheren Produktivität in der Güterherstellung stärker erhöht - unabhängig von dessen relativer Umweltintensität. Fallen die Effizienzvorteile in sektoral divergierenden Vermeidungstechnologien an (also $f_i^r \neq f_j^r$), verbessert dies für sonst gleiche

43 Man beachte, daß ein hohes Maß an Effizienz hier einen geringen Schadstoffausstoß bedeutet.

Länder die komparativen Vorteile der entsprechend begünstigten Industrie, z.B.

$$(2.39) \qquad \frac{\lambda_{r1}}{\lambda_{r2}} > \frac{\Lambda_{r1}}{\Lambda_{r2}} \Rightarrow p < P.$$

Allgemein läßt sich damit festhalten, daß eine vergleichsweise effizientere Kuppelproduktion bzw. eine relativ produktivere Schadstoffvermeidung den komparativen Vorteil einer Industrie verbessert - *unabhängig* davon, ob diese insgesamt als die emissionsintensive gemäß des Faktorintensitätskriteriums zu bezeichnen ist.

2.5 Zusammenfassung der Resultate

Die vorangegangenen Überlegungen haben gezeigt, daß die natürliche Umweltausstattung und die Umweltpolitik eines Landes Bestimmungsgründe für die Aufnahme und für die Richtung von Handelsbeziehungen sein können. Dabei hat die Unterscheidung in der Analyse von physischer bzw. preislicher Formulierung der Faktorreichlichkeit gezeigt, welche Determinanten vor bzw. mit Umweltpolitik die komparativen Vorteile bestimmen. Wichtige Ergänzungen dieser Determinanten stellen die Präferenzen und die technologischen Bedingungen dar.

In der Autarkielage vor Umweltpolitik kann es einen systematischen Zusammenhang zwischen relativen Preisen und der natürlichen Umweltausstattung geben, wenn die gegebene Assimilationskapazität eine Restriktion für die Schadstoffemission in der Ökonomie darstellt. Jedoch läßt der Vergleich alternativer Transformationskurven für unterschiedliche Emissionshöchstmengen nicht den eindeutigen Schluß zu, daß die Produktionsmöglichkeiten eines emissionsintensiv herzustellenden Gutes bei knapperen Assimilationskapazitäten relativ stärker eingeschränkt werden. Dies wäre nur dann möglich, wenn im emissionsintensiven Sektor auch eine höhere Schadstoffbelastung pro Outputeinheit anfiele. Demnach muß ein umweltreiches Land bei umweltpolitischem laissez-faire nicht einen komparativen Vorteil in der Herstellung umweltintensiver Güter besitzen.

Die in der Ausgangslage vor Umweltpolitik bestehenden Güterpreise signalisieren jedoch nicht die tatsächlichen komparativen Kosten, insofern sie nicht die mit der Inanspruchnahme der Umwelt verbundenen sozialen Kosten wiedergeben, die infolge der Verwendungskonkurrenz der Umwelt entstehen. Führt das Land vor Umweltpolitik das umweltschädlich produzierte Gut aus, so besitzt die Exportindustrie in dieser Situation einen *kompetitiven Vorteil*, der aber nicht mit den tatsächlichen Opportunitätskosten bzw. mit einem *komparativen Vorteil* übereinstimmt. Infolge einer Diskrepanz von kompetitiven und komparative Vorteilen wird es immer dann zu einer Fehlspezialisierung kommen, wenn das ausländische bzw. das Weltmarktpreisverhältnis zwischen diesen liegt, so daß von Inlandspreisen ein anderes Spezialisierungssignal ausgeht als vom Güterpreisverhältnis bei Internalisierung externer Effekte.

Wird das betrachtete Land hingegen umweltpolitisch aktiv, so erhalten die Assimilationsleistungen einen Preis, wodurch sich für die Produzenten die Emissionen mit Kosten verbinden. Die Umweltausstattung einer Ökonomie bestimmt das relative Güterpreisverhältnis nicht mehr nur durch die Assimilationskapazität $\bar{s}^{\max}$ sondern auch durch ihre Bedeutung für den Verlauf der Schadensfunktion $g(s)$.

Unter Beachtung der Diskussion der Bedingung (2.25) kann $dp/dz > 0$ als Normaleffekt der Umweltpolitik angesehen werden. Umweltpolitik hat dann einen eindeutigen Effekt auf die relativen Güterpreise und damit auf die komparativen Preisvorteile eines Landes[44]. Exportiert das Land das umweltintensive Gut, verschlechtert sich dieser Vorteil. Ist es hingegen auf umweltfreundliche Güter spezialisiert, kann es die Produktionsbedingungen dieser Industrie *relativ* verbessern.

Der relative Güterpreis hängt gemäß (2.23) nicht nur von den Grenzproduktivitäten des Faktors ab, sondern darüberhinaus von

- den Emissionsintensitäten der Sektoren: der relative Preis ist größer (und damit das annahmegemäß umweltintensiv herzustellende Gut teurer) je größer die Diskrepanz in der Emissionsintensität der Sektoren ist,
- von den Assimilationskapazitäten im Inland, da diese bestimmen, wie stark die Umweltqualität durch Emissionen affiziert wird (Funktion $g(s)$),
- der Bewertung der Umweltqualität durch die Konsumenten, die im Preis für Emissionen zum Ausdruck kommt, und
- den technologischen Bedingungen, die die Güterherstellung, die Emissionsentstehung und die Emissionsvermeidung betreffen. Der relative Preis eines Gutes ist umso niedriger, je "vergleichsweise umweltfreundlicher" die Technologie im entsprechenden Sektor ist.

---

44 Dieser Einfluß auf das relative Güterpreisverhältnis ist nur dann *global* eindeutig, wenn die marginalen Umweltintensitäten nicht umschlagen.

Von großer Bedeutung ist der dritte Punkt, denn es ergibt sich hieraus ein direkter Zusammenhang des Emissionspreises mit der Nachfrageseite der Ökonomie: die Produktionskosten werden nicht ausschließlich durch die quantitative Reichlicheit der Faktormengen bestimmt, sondern auch durch die gesellschaftliche Bewertung des mit der Schadstoffemission entstehenden Umweltschadens. Die Analogie zur (traditionellen) Heckscher-Ohlin-Theorie ist daher nicht vollständig, denn der Knappheitspreis der Umwelt wird nicht nur indirekt durch die Güternachfrage sondern auch direkt unter Berücksichtigung der Verwendungskonkurrenz der Umwelt in Produktion und Konsum bestimmt.

Die Verbindung zwischen relativen Kostenvorteilen und der Bewertung anhand der Präferenzen der Konsumenten hat damit eine Folge: Ein Land, das die Wettbewerbsfähigkeit seiner umweltintensiven Exportindustrie durch die Beeinflussung der Autarkiepreise mittels umweltpolitischer Passivität schonen will, hat unausweichlich eine Wohlfahrtseinbuße infolge der beeinträchtigten Umweltqualität hinzunehmen. Ist hingegen die ursprüngliche Spezialisierung dadurch gekennzeichnet, daß das umweltfreundlich produzierte Gut ausgeführt wird, tritt dieser trade-off nicht auf: Umweltpolitik verbessert die Wettbewerbsfähigkeit der Exporteure und den Umweltstandard.

Betreiben sowohl das Inland wie auch das Ausland Umweltpolitik, dann besteht in beiden ein Zusammenhang zwischen dem als Faktorpreisverhältnis interpretierbaren Relativpreis z/w und dem relativen Güterpreis. Tendenziell wird sich das Land mit der höheren Emissionsteuer auf die Herstellung des umweltfreundlichen Gutes spezialisieren, wobei die höhere Emissionssteuer Ausdruck einer höheren Umweltpräferenz, einer ungünstigeren Schadensfunktion oder auch allgemein schlechterer technologischer Bedingungen sein kann.

Anhang zu Kapitel 2

A.2.1 Herleitung der Grenzrate der Transformation, Konkavität der Transformationsfunktion:

Die *GRT* beschreibt die Steigung der Transformationskurven für eine gegebene Menge der Nettoemissionen (siehe Abb. 2.3). Aus der Ressourcenrestriktion ergibt sich unter Verwendung der Inversen der Produktionsfunktionen und infolge der vereinfachenden Annahme einer einzelnen Schadstoffabsorptionstechnologie (f_1^r und f_2^r werden zur Aktivität f_3 zusammengefaßt; diese Annahme ist zulässig, da hier nur Produktionsmöglichkeiten der Ökonomie diskutiert werden, also effiziente Faktorallokationen bei denen das Grenzprodukt in der Schadstoffunterdrückung sich angleichen muß)[45]:

$$f_1^{-1}(x_1)+f_2^{-1}(x_2)+f_3^{-1}[h_1(x_1)+h_2(x_2)-\bar{s}]=\bar{l}\,.$$

Totales Differenzieren ergibt:

$$f_1^{-1}{}'dx_1+f_2^{-1}{}'dx_2+f_3^{-1}{}'h_1'dx_1+f_3^{-1}{}'h_2'dx_2=0\,,$$

und damit

$$\frac{dx_1}{dx_2}=-\frac{f_2^{-1}{}'+h_2'/f_3'}{f_1^{-1}{}'+h_1'/f_3'}=-\frac{h_2'+f_3'/f_2'}{h_1'+f_3'/f_1'}<0\,.$$

Ist die ökologische Restriktion (2.6) nicht bindend erfüllt, ist $s^r=h_1(x_1)+h_2(x_2)-\bar{s}=0$ und damit $\frac{dx_1}{dx_2}=-\frac{f_2^{-1}{}'}{f_1^{-1}{}'}<0$.

Setzt man $f_1^{-1}{}'+h_1'/f_3'=\zeta_1, f_2^{-1}{}'+h_2'/f_3'=\zeta_2$, dann folgt

$$\begin{aligned}\frac{d^2x_1}{dx_2{}^2}=&-\frac{1}{\zeta_1^2}\left\{\zeta_1\left[f_2^{-1}{}''+\frac{1}{(f_3')^2}\left(f_3'h_2''-h_2'\frac{df_3'}{dx_2}\right)\right]\right.\\&\left.-\zeta_2\left[f_1^{-1}{}''\frac{dx_1}{dx_2}+\frac{1}{(f_3')^2}\left(f_3'h_1''\frac{dx_1}{dx_2}-h_1'\frac{df_3'}{dx_2}\right)\right]\right\}\\=&-\frac{1}{\zeta_1{}^2}\left\{\zeta_1\left[f_2^{-1}{}''+\frac{h_2''}{f_3'}\right]-\zeta_2\left[f_1^{-1}{}''\frac{dx_1}{dx_2}+\frac{h_1''}{f_3'}\frac{dx_1}{dx_2}\right]\right.\\&\left.-\zeta_1\frac{1}{(f_3')^2}h_2'\frac{df_3'}{dx_2}+\zeta_2\frac{1}{(f_3')^2}h_1'\frac{df_3'}{dx_2}\right\}\end{aligned}$$

Es ist

---

45 Einen ähnlichen Beweis der Konkavität der Transformationskurven enthält Siebert (1995), 41f.

$$\frac{d^2x_1}{dx_2^{\;2}} < 0 \quad \Leftrightarrow \quad -\zeta_1 \frac{1}{(f_3')^2} h_2' \frac{df_3'}{dx_2} + \zeta_2 \frac{1}{(f_3')^2} h_1' \frac{df_3'}{dx_2} > 0$$

$$\Leftrightarrow \quad \frac{df_3'}{dx_2}(\zeta_2 h_1' - \zeta_1 h_2') > 0$$

Mit

$$\frac{df_3'}{dx_2} = \frac{df_3'}{dl_3}\frac{dl_3}{dl_2}\frac{dl_2}{dx_2} = \frac{f_3''}{f_2'}\left(-\frac{dl_1}{dl_2} - 1\right)$$

ist

$$\text{sign}\frac{df_3'}{dx_2} = -\text{sign}\left(-\frac{dl_1}{dl_2} - 1\right)$$

Aus der Beschränkung der Nettoemissionen

$$d\overline{s} = 0 = ds_1^p + ds_2^p - ds^r$$

erhält man

$$-h_1' f_1' dl_1 = h_2' f_2' dl_2 - f_3' dl_3$$

$$-h_1' f_1' \frac{dl_1}{dl_2} = h_2' f_2' - f_3' \frac{dl_3}{dl_2}$$

$$-h_1' f_1' \frac{dl_1}{dl_2} = h_2' f_2' - f_3'\left(-\frac{dl_1}{dl_2} - 1\right)$$

$$(-h_1' f_1' - f_3')\frac{dl_1}{dl_2} = h_2' f_2' + f_3'$$

$$-\frac{dl_1}{dl_2} = \frac{h_2' f_2' + f_3'}{h_1' f_1' + f_3'}$$

$$\rightarrow \frac{df_3'}{dx_2} \gtrless 0 \quad \Leftrightarrow \quad -\frac{dl_1}{dl_2} \lesseqgtr 1 \quad \Leftrightarrow \quad h_1' f_1' \gtrless h_2' f_2'.$$

Ferner ergibt sich:

$$\operatorname{sign}(\zeta_2 h_1' - \zeta_1 h_2') = \operatorname{sign}\left(\frac{f_2^{-1\prime} + \frac{h_2'}{f_3'}}{h_2'} - \frac{f_1^{-1\prime} + \frac{h_1'}{f_3'}}{h_1'} \right)$$

$$= \operatorname{sign}\left(\frac{1}{h_2' f_2'} - \frac{1}{h_1' f_1'} \right) = \operatorname{sign}\,(h_1' f_1' - h_2' f_2').$$

Wegen $h_1' f_1' > h_2' f_2'$ liegt für $s^r > 0$ strikte Konkavität der *GRT* vor:

$$\frac{df_3'}{dx_2}(\zeta_2 h_1' - \zeta_1 h_2') > 0 \rightarrow \quad \frac{d^2 x_1}{dx_2{}^2} < 0.$$

Linearität: Für $s^r = 0$ und $f_1'' = f_2'' = 0$ ergibt sich $\frac{d^2 x_1}{dx_2{}^2} = 0.$

A.2.2 Änderung der Grenzrate der Transformation mit $d\bar{s}$:

Die Grenzrate der Transformation lautet

$$\frac{dx_1}{dx_2} = -\frac{h_2'(x_2(\bar{s})) + \frac{f_3'(l_3(\bar{s}))}{f_2'(x_2(\bar{s}))}}{h_1'(x_1(\bar{s})) + \frac{f_3'(l_3(\bar{s}))}{f_1'(x_1(\bar{s}))}}$$

Aus

$$x_1(\bar{s}) = h_1^{-1}\left(\bar{s} - h_2(x_2) + f_3\left(\bar{l} - f_1^{-1}(x_1) - f_2^{-1}(x_2)\right)\right)$$

und $x_1 / \bar{c} = x_2$ erhält man

$$\frac{dx_1}{d\bar{s}} = h_1^{-1\prime}\left(1 - \frac{h_2'}{\bar{c}}\frac{dx_1}{d\bar{s}}\right) + f_3'\left(-f_1^{-1\prime}\frac{dx_1}{d\bar{s}} - \frac{f_2^{-1}}{\bar{c}}\frac{dx_1}{d\bar{s}}\right)$$

bzw. nach Umstellung

$$\frac{dx_1}{d\bar{s}} = \frac{h_1^{-1\prime}}{1 + h_2'/\bar{c}h_1' + f_3'/f_1' + f_3'/\bar{c}f_2'} > 0 .$$

Analog erhält man $\frac{dx_2}{d\bar{s}} > 0$. Aus

$$l_i(x_i) = f_i^{-1}(x_i), \quad i = 1,2$$

folgt

$$\frac{dl_i}{d\bar{s}} = f_i^{-1\prime} \frac{dx_i}{d\bar{s}} > 0, \quad i = 1,2 .$$

Man erhält danach mit

$$l_3(\bar{s}) = \bar{l} - f_1^{-1}(x_1) - f_2^{-1}(x_2)$$

schließlich noch

$$\frac{dl_3}{d\bar{s}} = -f_1^{-1\prime} \frac{dx_1}{d\bar{s}} - f_2^{-1\prime} \frac{dx_2}{d\bar{s}} < 0 .$$

Mit diesen Angaben und für den hier betrachteten Fall mit $x_1 / x_2 = \bar{c}$, ergibt sich

$$\left. \frac{d(dx_1/dx_2)}{d\bar{s}} \right|_{x_1 = \bar{c}x_2} \gtrless 0$$

Die Grenzrate der Transformation ist für gegebene Nachfrageverhältnisse nicht konstant bei Variation des Nettoemissionspotentials. Zwischen *GRT* und $\bar{s}$ besteht ferner im allgemeinen kein monotoner Zusammenhang.

Nimmt man das in A.2.1. hergeleitete Verhältnis

$$\left| \frac{dl_1}{dl_2} \right| = \frac{h_2' f_2' + f_3'}{h_1' f_1' + f_3'}$$

so ist die *GRT* bei wirksamer Nettoemissionsbeschränkung

$$\frac{dx_1}{dx_2} = \frac{f_1'(l_1)}{f_2'(l_2)} \cdot \frac{dl_1}{dl_2} = \frac{f_1'(l_1)}{f_2'(l_2)} \cdot \frac{h_2' f_2' + f_3'}{h_1' f_1' + f_3'}$$

Bei verringertem Emissionsstandard nimmt f_3' ab und dadurch sinkt die *GRT* für konstante Skalenerträge in den Produktionstechnologien ($f_i'' = 0,\ h_i'' = 0$) absolut, d.h. der komparative Effizienzvorteil in der umweltintensiven Produktion verringert sich. Liegen hingegen keine konstanten Skalenerträge vor, ist erkennbar, daß die abnehmende Grenzproduktivität in der Schadstoffvermeidung ($f_3'' < 0$) nicht mehr hinreichend für die absolute Abnahme der *GRT* ist.

A.2.3 Komparativ-statische Effekte einer Emissionssteuererhöhung[46]:

Es ist:

$$\Delta = f_1'(1 - pd_{1y})f_1'(\beta - zf_3'') - d_{1y} f_2' f_1' z f_3'' -$$
$$(d_{1p} + d_{1y} f_1)[\alpha\beta - (\alpha + \beta) z f_3''] > 0$$

($d_{1p} + d_{1y} f_1 < 0$ stellt den reinen Substitutionseffekt dar)

$$\Delta_3 = f_1'(1 - pd_{1y})dz[-zf_3''(h_1' f_1' - h_2' f_2') + \beta(h_1' f_1' + f_3')] - d_{1y} f_2' dz$$
$$[zf_3''(h_1' f_1' - h_2' f_2') + \alpha(h_2' f_2' + f_3')]$$

$$\Delta_3 > 0 \quad \Leftrightarrow \quad f_1' d_{2Y} \beta > f_2' d_{1y} \alpha \quad \text{und} \quad h_1' f_1' - h_2' f_2' > 0$$

(beachte, daß $1 - pd_{1Y} = d_{2Y}$). Damit ergibt sich $dp/dz = \Delta_3/\Delta > 0$ für genannte Bedingung. Ferner ist

$$\Delta_1 = d_{1y} f_2' \{-dzf_1'(h_2' f_2' + f_3')\} - (d_{1p} + d_{1y} f_1)$$
$$\{-dz \cdot zf_3''(h_1' f_1' - h_2' f_2') - dz \cdot \beta(h_1' f_1' + f_3')\} \gtrless 0$$
$$\Delta_2 = d_{2y} f_1' \{-dzf_1'(h_2' f_2' + f_3')\} - (d_{1p} + d_{1y} f_1)$$

---

46 Vgl. Siebert (1978), 284-290. Zusätzlich zu den hier genannten komparativ-statischen Effekten unterscheidet Siebert die Schadstoffvermeidungsaktivitäten sektorweise.

$$\{-dz \cdot zf_3''(h_1'f_1'-h_2'f_2') - dz \cdot \alpha(h_2'f_2'+f_3')\} \gtrless 0$$

$$\begin{aligned}\Delta_1 + \Delta_2 &= (d_{1y}f_2' + d_{2y}f_1')\{-dz\, f_1'(h_2'f_2' + f_3')\}\\ &\quad + dz(d_{1p} + d_{1y}f_1)\{\beta(h_1'f_1' + f_3') + \alpha(h_1'f_1' + f_3')\}\\ &< 0 \quad \Leftrightarrow \quad \beta > \alpha\end{aligned}$$

daraus folgt $(dl_1 + dl_2)/dz = \Delta_1 + \Delta_2/\Delta < 0$, bzw. $dl_3/dz > 0$. Beachte, daß die Resultate quantitativ von der Größe der Ökonomie abhängen, insofern die Produktionstechnologie, die Emissionsentstehung und die Produktionsvermeidung im allgemeinen nicht lineare Zusammenhänge darstellen und ferner die Nachfragestruktur nicht homothetisch zu sein braucht.

α und β stellen Maße für die Abhängigkeit der Sektoren von der Arbeit dar. Dies läßt sich folgendermaßen zeigen:

$$\frac{dl_1}{dw} = \frac{1}{[p - zh_1']f_1'' - zh_1''f_1'^2} = -\frac{1}{\alpha}$$

$$\frac{dl_2}{dw} = \frac{1}{[1 - zh_2']f_2'' - zh_2''f_2'^2} = -\frac{1}{\beta}$$

$$\rightarrow \left|\frac{dl_1}{dw}\right| > \left|\frac{dl_2}{dw}\right| \Leftrightarrow \beta > \alpha$$

Insofern der erste Sektor annahmegemäß der emissionsintensive ist, ist $\beta > \alpha$ als eine komplementäre Bedingung für Arbeitsintensität im zweiten Sektor interpretierbar.

Die zusammen hinreichenden Bedingungen für ein fallendes Volkseinkommen infolge Umweltpolitik sind[47]

$$h_1'f_1' > h_2'f_2' \text{ und } -\eta_{1p} > \frac{1}{1 - \frac{f_2'}{pf_1'}}.$$

[47] Zur Herleitung vgl. Siebert (1978), 286.

Kapitel 3

Analyse der offenen Volkswirtschaft

In der Untersuchung der Faktoren, die Einfluß auf die relativen Güterpreise nehmen, war im vorangegangenen Kapitel von der letztlich hypothetischen Situation der Autarkie ausgegangen worden. Diese diente zur Herausarbeitung der Kausalbeziehungen zwischen Umweltqualität bzw. Umweltpolitik und komparativen Preisvorteilen. Im folgenden soll die Untersuchung auf geöffnete Ökonomien ausgedehnt werden. Dabei wird zunächst betrachtet, welche Auswirkungen sich aus der Aufnahme von Handel unter Beachtung der Umweltqualität ergeben und danach gezeigt, welche Effekte umweltpolitische Maßnahmen in einer offenen Ökonomie auf die Handelsbeziehungen haben.

3.1 Auswirkungen des internationalen Handels

3.1.1. Spezialisierung und Umweltqualität

Der Außenhandel ermöglicht, daß die inländische Güternachfrage nicht mehr mit dem inländischen Angebot übereinstimmen muß. Es können Konsumgüterbündel außerhalb der Produktionsmöglichkeiten der Ökonomie gewählt werden, was die Grundvoraussetzung für eine Besserstellung durch Außenhandel darstellt[1]. Die Produktionsstruktur paßt sich an die Weltmarktpreise an. Komparative Preisvorteile signalisieren dabei die Richtung, in die ein Land sich bei Teilnahme am internationalen Handel spezialisiert. Die traditionelle Außenhandelstheorie zeigt auf, daß im Vergleich zum Autarkiegleichgewicht der Exportsektor expandiert und der

---

[1] Vgl. Samuelson (1962).

importkonkurrierende Sektor schrumpft. Die Veränderung der Sektorstruktur bedingt damit eine (zumindest tendenzielle) Mehr- oder Minderbelastung der Umwelt in Abhängigkeit davon, welcher der beiden Sektoren der emissionsintensive ist. Der strukturelle Anpassungsprozeß und die Veränderung der Schadstoffemission unterscheiden sich aber je nachdem, ob und in welcher Form Umweltpolitik stattfindet.

Es lassen sich drei Fälle betrachten, wobei angenommen wird, daß die Exportindustrie schadstoffintensiv produziere (ist dies hingegen der importkonkurrierende Sektor erhält man analoge Effekte mit umgekehrten Vorzeichen).

1. Die Ökonomie ist umweltpolitisch passiv, Schadstoffvermeidung findet nicht statt: Hier steigt die totale Emissionstätigkeit der Ökonomie an. Dies folgt unmittelbar aus der Umschichtung des Produktionsfaktors zwischen den Sektoren und der Definition der Emissionsintensität der Sektoren. Die Umweltqualität verschlechtert sich.
2. Es findet Umweltpolitik mit einem konstanten Emissionsstandard statt: Die Reallokation kann keine Veränderung der Umweltqualität hervorrufen, jedoch unterscheidet sich die Ressourcenverteilung im Vergleich zum vorangegangenen Fall. Neben der Umschichtung zwischen den Sektoren, die eine höhere Bruttoemission erzeugt, findet nun auch eine Verschiebung zugunsten der Schadstoffvermeidung statt, um die Nettoemissionen konstant zu belassen. Aufgrund der in die Vermeidungsaktivität umzulenkenden Faktormengen fällt die Expansion des Exportsektors quantitativ geringer aus, die gehandelten Mengen sind geringer als in Fall 1, damit ist auch die Wohlfahrtssteigerung durch die Erweiterung der Konsummöglichkeiten kleiner.
3. Die Umweltbehörde erhebt eine Emissionssteuer. Hier ist weiterhin zu unterscheiden, ob die Emissionsabgabe mit der Öffnung der Ökonomie neu festgesetzt wird oder nicht. Wird sie nicht simultan angepaßt, geht die Expansion des umweltintensiven Sektors mit einer höheren Schadstoffbelastung einher, die Umweltqualität wird beeinträchtigt. Der konstante Emissionspreis veranlaßt die Unternehmen nicht, die Schadstoffvermeidungsaktivitäten auf das Niveau auszudehnen, daß sich bei einem gegebenen Emissionsstandard bzw. Konstanz der ursprünglichen Nettogesamtemissionen einstellen würde. Die Spezialisierung erfolgt in einem Ausmaß, das zwischen dem bei umweltpolitischen laissez-faire und dem bei gegebenem, unveränderten Emissionsstandard liegt. Gegenüber Fall 2 ist die Erweiterung der Konsummöglichkeiten größer. Paßt die Umweltbehörde mit der zunehmenden Spezialisierung jedoch die Höhe der Emissionsabgabe an, schränkt sie die Spezialisierungsmöglichkeiten ein. Dieser Fall wird in Ab-

schnitt 3.1.2 näher untersucht. Wählt sie den Steuersatz, der bei Mengensteuerung (und konstanten Gesamtnettoemissionen) dem Preis eines Zertifikats nach Öffnung der Ökonomie entspricht, sind Preis- und Mengenpolitik äquivalent.

Der Umstand, ob Umweltpolitik in Autarkie stattfindet, bzw. in welcher Form, hat also Auswirkungen auf den relativen Öffnungsgrad bzw. auf die Handelsorientierung der Ökonomie. Umweltpolitik bewirkt eine geringere Spezialisierung falls das umweltintensiv hergestellte Gut exportiert wird (und eine stärkere Spezialisierung falls das umweltfreundliche Gut exportiert wird). Das Ausmaß der Spezialisierung wird gedämpft (erhöht), da die Abweichung des Inlandspreises vor Handel vom Weltmarktpreisverhältnis kleiner (größer) ausfällt als im Fall eines umweltpolitischen laissez-faire[2]. Da die mit der Integration in den internationalen Handel erzielbaren Vorteile mit der Abweichung dieser Preisverhältnisse positiv korreliert sind, schmälert (vergrößert) umweltpolitische Aktivität die üblichen Vorteile aus Handel[3].

Die Fälle 1. und 3. zeigen, daß die durch Außenhandel erzielbaren Wohlfahrtsvorteile, die durch größere Konsummöglichkeiten eingeräumt werden, ergänzt werden müssen um Umweltqualitätseffekte. Die Wohlfahrtseffekte, die mit der Öffnung der Ökonomie einhergehen, umfassen nicht nur den Tausch- und den Spezialisierungsgewinn infolge neu gewählter Konsum- und Produktionspunkte[4], sondern auch die mit der Veränderung der Produktionsstruktur verbundene potentielle Verschärfung oder Abmilderung der externen Effekte. Die Bewertung zunehmender Umweltbelastung hängt grundsätzlich davon ab, ob das ursprüngliche Emissionsniveau Pareto-optimal ist. Bei zu strenger Umweltpolitik können infolge von Spezialisierung zunehmende Nettoemissionen positiv beurteilt werden, da mit einer verringerten Diskrepanz von (vergleichsweise kleinem) Grenzschaden und (hohem) Grenzaufwand im Sinne einer Annäherung an die first-best-Bedingung ein Effizienzgewinn erzielt wird. Es wird

---

2 Zur Bedeutung dieser Diskrepanz vgl. Samuelson (1962).

3 Siehe hierzu die ausführliche Behandlung in Abschnitt 3.2.

4 Der Tauschgewinn besteht in der Möglichkeit, einen Konsumpunkt auf der durch das Weltmarktpreisverhältnis gekennzeichneten Einkommensgeraden durch den alten Produktionspunkt außerhalb der Produktionsmöglichkeiten zu wählen (dies setzt die Gültigkeit des Axiom der offenbarten Präferenzen auf aggregierter Ebene voraus). Der Spezialisierungsgewinn bezeichnet den zusätzliche Vorteil, der infolge der Anpassung der Produktionsmengen an die Weltmarktpreise aus der Verschiebung der Einkommensgeraden zustandekommt.

im folgenden aber davon ausgegangen, daß der relevante Fall dadurch gekennzeichnet ist, daß die Emissionsnorm bzw. der Emissionsteuersatz - wenn nicht first-best - so dann suboptimal aufgrund einer zu permissiven Umweltpolitik sind.

Dabei zeigten die einfachen Überlegungen, daß bei einer Spezialisierung auf das umweltintensiv herzustellende Gut - und nicht vollständiger Internalisierung - die Umweltqualitätseffekte negativ sind. A priori läßt sich nicht ausschließen, daß der adverse Umweltqualitätseffekt die üblichen Vorteile aus Handel sogar überwiegt[5]. Damit resultiert für den Exporteur schadstoffintensiv gefertigter Güter eine ambivalente Wohlfahrtswirkung aus der Öffnung zum Außenhandel. Demgegenüber ist der Wohlfahrtsgesamteffekt eindeutig positiv, wenn ein Land bei internationalem Handel relativ umweltfreundliche Güter exportiert, wobei die Vorteile aus Handel ergänzt werden um einen Umweltqualitätsgewinn[6].

Unter Berücksichtigung der durch Handel hervorgerufenen Auswirkungen auf die Produktionsstruktur und Umweltqualität zeigt sich, daß der unter 2.5 genannte potentielle trade-off zwischen erwünschten und unerwünschten Effekten der Umweltpolitik bei Aufnahme von Handel evident wird, falls ein Land einen emissionsintensiven Exportsektor besitzt. Diese ambivalente Einschätzung der Handelseffekte ist jedoch mit der Wahl des umweltpolitischen Instruments beeinflußbar: unveränderte Emissionsstandards verhindern eine potentielle Degradation der Umweltqualität infolge Spezialisierung. Dies ist im allgemeinen jedoch nicht die beste Umweltpolitik, wenn Umweltqualität und Güterkonsum substitutional sind. Dann ist eine flexible Anpassung erforderlich, bei der Umweltqualitätsverluste den nutzenmaximalen Bedingungen entsprechend zugelassen werden. Umweltpolitik mit Emissionssteuern hat gegenüber einer Regulierung in Form von Mengenstandards die aus dieser Sicht vorteilhaft einzuschätzende Eigenschaft, bei Öffnung zum Außenhandel Umweltqualitätsänderungen (ggf. Verbesserungen!) zuzulassen[7].

---

5 Vgl. Siebert (1977), 661.

6 Vgl. Siebert (1977), 660f., Pethig (1976), 165f., Asako (1979), 360f.

7 Dem wird entgegengehalten, daß Umweltpolitik in Form von Zertifikaten eine endogene Marktpreisänderung ermögliche, während geeignete Emissionssteueranpassungen die Umweltbehörde überfordern. Vgl. Wießner (1991), 97f. Dieses Argument mißachtet aber, daß mit der Öffnung zum Handel i.d.R. eine Veränderung der angestrebten Umweltqualität, d.h. der Nettoemissionen, einhergeht.

3.1.2. Veränderung der optimalen Umweltpolitik nach Öffnung zum Außenhandel

Insofern die Vorteile aus Handel demnach von der Form und Restriktivität der Umweltpolitik abhängen, ist zu fragen, welche Umweltpolitik diese Wohlfahrtsgewinne maximiert. Es ist im Hinblick auf die strukturelle Anpassung und die potentiellen Vorteile aus Handel zu vermuten, daß eine die Nettoemissionen grundsätzlich variabel gestaltende Umweltpolitik optimal ist für die Öffnung der Ökonomie. Um diese Flexibilität abzubilden, konzentriert sich die Untersuchung im folgenden auf Steuerpolitik, wobei die Umweltbehörde mit der Anpassung an den internationalen Handel eine Neufestsetzung des Emissionspreises unternimmt.

Es soll zunächst untersucht werden, in welche Richtung eine solche Anpassung des gewählten Steuersatzes geht. Es wird davon ausgegangen, daß die Umweltbehörde den effizienten Steuersatz auch bei Außenhandel kennt und implementiert. Die Öffnung der Ökonomie sei abgebildet durch eine Anpassung der inländischen Preise an die Weltmarktpreise, wobei der Fall $dp > 0$ untersucht wird, d.h. - die Öffnung zum Außenhandel bewirkt ja eine relative Verteuerung des Exportgutes - das umweltintensiv produzierte Gut wird aufgrund eines komparativen Preisvorteils exportiert. Erfolgt eine Anpassung derart, daß die Umweltbehörde eine Erhöhung der Emissionsbesteuerung wählt, bewirkt die Aufnahme von Handel einen dem Stolper-Samuelson-Theorem entsprechenden Effekt. Dieses sagt aus, daß der Faktor, der zur Herstellung eines teurer gewordenen Produktes intensiv genutzt wird, ebenfalls teurer wird[8].

Zur Ermittlung der komparativ-statischen Effekte der Öffnung der Ökonomie wird ein Gleichungssystem herangezogen, das die Bedingungen der optimalen Faktornachfrage (2.22) enthält sowie eine weitere Gleichung, die die Gleichheit von Emissionspreis und bewertetem marginalen Umweltschaden fordert[9]:

$$-\frac{1}{v_2} g' = z \tag{3.1}$$

---

[8] Dies ist eine etwas allgemeinere Formulierung des ursprünglichen Theorems, das sich auf die Verteilungswirkung eines Importzolls bezog. Vgl. Stolper und Samuelson (1941).

[9] Es wird an dieser Stelle das Ergebnis aus Abschnitt 3.3 vorweggenommen, daß in der kleinen Ökonomie bei internationaler Faktorimmobilität die Optimalitätsbedingung der Umweltpolitik sich nicht von der der geschlossenenen Ökonomie in Abschnitt 2.3 unterscheidet.

Die vier Gleichungen werden total differenziert, wobei in (3.1) die Handelsbilanzbedingung (2.13) eingesetzt wird[10]. Es resultiert das folgende Gleichungssystem

$$(3.2) \qquad \begin{bmatrix} \bar{\alpha} & \bar{\beta} & 1 & 0 \\ zf_3'' & zf_3'' & -f_3' & 1 \\ \alpha & 0 & j_1' & 1 \\ 0 & \beta & j_2' & 1 \end{bmatrix} \times \begin{bmatrix} dl_1 \\ dl_2 \\ dz \\ dw \end{bmatrix} = \begin{bmatrix} \phi \\ 0 \\ f_1'dp \\ 0 \end{bmatrix}$$

Für die durch den Handel hervorgerufene Veränderung des wohlfahrtsoptimalen Emissionspreises ergibt sich bei $j_1' > j_2'$

$$\frac{dz}{dp} > 0.$$

Es läßt sich also ein Stolper-Samuelson-Effekt der Öffnung der Ökonomie bezüglich des optimal gesetzten Emissionspreises nachweisen[11]. Damit bewirkt Außenhandel eine tendenzielle Angleichung der Emissionspreise in den beteiligten Ländern. Desweiteren hat die Aufnahme von Handel die Auswirkungen:

$$\frac{dl_1}{dp} \gtrless 0, \frac{dl_2}{dp} < 0, \frac{dl_1 + dl_2}{dp} \gtrless 0, \frac{dw}{dp} \gtrless 0$$

Der eindeutige Effekt in Bezug auf den Preis für Emissionen zeigt sich nicht in der dem Stolper-Samuelson-Theorem entsprechenden umgekehrten Richtung bei der Entlohnung der Arbeit. Eine weitere Ambivalenz ergibt sich bei der Beschäftigungshöhe im ersten Sektor und in der gesamten produktiven Verwendung der Arbeit. Zur Bestimmung des Vorzeichens dieser Effekte ist das Modell nicht hinreichend spezifiziert. Diese a priori uneindeutigen Veränderungen beruhen auf der bestehenden Verwendungskonkurrenz der Umweltmedien zwischen Produktions- und Konsumseite

---

10

$\bar{\alpha} = g''(j_1' + f_3') + g' p f_1'(-v_{21}d_{1y} - v_{22}d_{2y}) < 0,$

$\bar{\beta} = g''(j_2' + f_3') + g' f_2'(-v_{21}d_{1y} - v_{22}d_{2y}) < 0$

$\phi = g'\varpi(v_{21} - v_{22}p)dp > 0$ mit $\varpi = d_{1p} + d_{1y}f_1$ (Substitutionseffekt).

11 Siehe Anhang A.3.1.

der Ökonomie. Während der Außenhandel einen Tauschgewinn und eine Einkommenssteigerung ermöglicht, geht mit der veränderten Sektorstruktur eine höhere Inanspruchnahme der Assimilationsleistungen einher. Die sich im Unterschied zu den konsumierbaren Gütermengen verringernde konsumptive Nutzbarkeit der Umwelt begründet den Anstieg des Preises für Emissionen. Der reduzierte Arbeitseinsatz in der Güterherstellung (steigendes Grenzprodukt) und die Umschichtung in einer aufgrund des höheren Emissionssteuersatzes rentabler gewordenen Vermeidungsindustrie ermöglichen jedoch einen potentiellen Lohnanstieg.

In konventionellen außenwirtschaftstheoretischen Modellen besteht die Wirkungsbeziehung, daß sich der Produktionsfaktor, der für die Produktion des Gutes intensiv genutzt wird, dessen Preis gestiegen ist, selbst auch verteuert, während der andere Faktorpreis sinkt. Ein zum Stolper-Samuelson-Theorem analoges Resultat läßt sich hier nur bezüglich des Emissionspreises feststellen. Die verteilungspolitischen Opportunitätskosten einer sich an die Bedingungen des Außenhandels anpassenden Umweltpolitik sind daher nicht notwendigerweise positiv in dem Sinne, daß eine Rivalität in der Entlohnung der Faktoren vorliegt. Die reduzierte Analogie zeigt aber immerhin auf, daß Handel zu einer Annäherung in Emissionspreisen führt, sofern sich Umweltbehörden um effiziente Lösungen bemühen.

3.1.3 Emissionspreisausgleich

Eine wesentliche Implikation des Heckscher-Ohlin-Theorems ist die bei international identischen Technologien sich einstellende Angleichung der Relativpreise der Produktionsfaktoren in den am Handel beteiligten Ländern. Diese folgt unmittelbar aus einem eineindeutigen Zusammenhang von Weltmarktpreis und Faktorpreisen, der unter den Annahmen substitutionalen Faktoreinsatzes und international identischer Produktionsfunktionen herleitbar ist. Bei nicht-umschlagenden Faktorintensitäten ist dieser Zusammenhang zudem monoton, mit der relativen Verteuerung eines Gutes geht dann ein Anstieg des Preises des in dessen Herstellung intensiv genutzten Faktors einher.

Nachdem gezeigt werden konnte, daß in einem Land mit einem komparativen Vorteil in der Herstellung emissionsintensiver Güter infolge Öffnung zum Außenhandel eine restriktivere Umweltpolitik tendenziell empfehlenswert erscheint (im umgekehrten Fall eine Verbilligung der Emissionen möglich ist), stellt sich die Frage, ob die durch den internationalen Handel hervorgerufene Annäherung der Emissionspreise vollständig ist, ob also das Faktorpreisausgleichstheorem auf die Preise für Schadstoffemissionen ausdehnbar ist.

Ein potentieller Ausgleich der relativen Faktorpreise ist für die hier behandelte Thematik von Bedeutung, weil die Angleichung der Preise für Emissionen als eine Harmonisierung der nationalen Umweltpolitiken interpretierbare wäre. Freihandel würde eine international identische Schadstoffbesteuerung hervorbringen, wobei eine Abweichung von dieser einheitlichen Preissetzung als Bruch mit dem Freihandelsprinzip interpretiert werden könnte.

Zunächst ist offensichtlich, daß bei Abgabenpolitik der in Mengeneinheiten des Numéraires ausgedrückte Emissionspreis nicht endogen ist und sich damit international nur ausgleichen kann, wenn der Anpassungsprozeß bei Außenhandel die umweltpolitischen Entscheidungsträger der beteiligten Länder veranlaßt, gleichzeitig mit der Öffnung der Ökonomie eine Anpassung des Steuersatzes vorzunehmen. Da das Faktorpreisausgleichstheorem für das Preisverhältnis der Produktionsfaktoren formuliert ist, ist zu prüfen wie sich z/w bei Aufnahme von Außenhandel verhält. Kann es sein, daß sich der Faktorpreisausgleich zwischen Ländern mit unterschiedlichen Umweltbelastungen einstellt? Eine einfache Überlegung zeigt, daß das Faktorpreisausgleichstheorem im betrachteten Modell im allgemeinen nicht gültig ist.

Es sei angenommen, daß zwei Länder, die sich in ihrer absoluten Faktorausstattung und in den technologischen Bedingungen gleichen, lediglich durch den von der Umweltpolitik verfolgten Umweltbelastungsstandard unterschieden werden - und daher gemäß Abschnitt 2.2.2 überhaupt ein Motiv besitzen, miteinander zu handeln. Es kann nun gezeigt werden, daß dies zum Ausgleich der relativen Faktorpreise in beiden Ländern in Widerspruch steht. Zunächst sei

$$\frac{z}{w} = \frac{Z}{W}. \tag{3.3}$$

Aus (3.3) folgt mit $z = f_3'w$

$$f_3' = F_3' \quad \text{bzw.} \quad l_3 = L_3.$$

Wegen $\bar{l} = \bar{L}$ erhält man für die in der Produktion eingesetzte Faktorausstattung

(3.4) $$l_1 + l_2 = L_1 + L_2.$$

Wenn nun z.B. $s < S$ gilt, dann folgt:

(3.5) $$\frac{l_1}{l_2} < \frac{L_1}{L_2}.$$

Die Produzenten im In- und Ausland passen sich gemäß (2.23) an das Weltmarktpreisverhältnis an:

$$p = \frac{\frac{1}{f_1'(l_1)} + \frac{z}{w} h_1'(x_1)}{\frac{1}{f_2'(l_2)} + \frac{z}{w} h_2'(x_2)} = \frac{\frac{1}{F_1'(L_1)} + \frac{Z}{W} H_1'(X_1)}{\frac{1}{F_2'(L_2)} + \frac{Z}{W} H_2'(X_2)} = P.$$

Für $f_1'' = F_1'' < 0$, $h_1'' = H_1'' > 0$ ist dies aber nur mit $l_1 = L_1$ und $l_2 = L_2$ möglich[12]. Dies widerspricht unter den getroffenen Annahmen der notwendigerweise unterschiedlichen Sektorstruktur der Länder. Dieses Beispiel zeigt, daß für zwei bezüglich Faktorausstattung und Technologie identische Länder bei gegenseitigem Handel kein relativer Faktorpreisausgleich vorliegen kann, wenn unterschiedliche Umweltqualitätsstandards angestrebt werden. Das Land mit der geringeren Nettoemissionsbelastung weist ein größeres relatives Faktorpreisverhältnis z/w auf.

Dennoch bewirkt die Aufnahme von Außenhandel eine Tendenz zur Angleichung ursprünglich divergierender Emissionspreise z, denn im Land mit dem umweltintensiven Exportsektor wird eine Verschärfung der Umweltpolitik zu erwarten sein, während im Land des umweltfreundlichen Exportsektors der Emissionspreis sinken kann. Ist es denkbar, daß diese Angleichung so vollständig ist, daß der in Numéraireeinheiten gemessene Preis für Emissionen international gleich ist? Es ist hier also nicht nach dem relativen, sondern nach einem absoluten Faktorpreisausgleich gefragt. In der den Ausgleich von Preis und Grenzkosten für Gut 1 zum Ausdruck bringenden Gleichung

---

12 Diese Argumentation setzt also an abnehmenden Skalenerträgen in der Güterproduktion an. Anders gesagt: eine notwendige Bedingung für relativen Faktorpreisausgleich wären konstante Skalenerträge.

$$p = \frac{w}{f_1'} + z h_1' \tag{3.6}$$

müßten dann die Preise p und z international gleich sein. In einem Land mit höherem Umweltstandard wäre aber - wie gesehen - w relativ niedriger als in anderen Ländern. Um dennoch die Gleichung zu erfüllen, müßte gerade in diesem Land die Grenzproduktivität in der Herstellung des umweltintensiven Gutes niedriger, d.h. der erste Sektor größer sein als anderswo. Dies steht im Widerspruch zu dem Resultat, daß die Spezialisierung auf das Gut 1 mit einem niedrigen Faktorpreisverhältnis z/w einhergeht.

Ein internationaler Ausgleich des Faktorpreisverhältnisses ist daher in diesem Modellansatz nicht allgemein herzuleiten. Dies hat zur Folge, daß die in den absoluten Preisen z bzw. im Faktorpreisverhältnis z/w zum Ausdruck kommende Strenge der Umweltpolitik nicht durch Freihandel nivelliert wird, bzw., daß freier internationaler Handel auch mit Unterschieden in diesen Preisen vereinbar ist. Die Harmonisierung von Emissionspreisen ist damit nicht aus dem Wunsch nach unbehinderten Handel (oder: nach einem "level playing field" in einer häufig gebrauchten Diktion[13]) ableitbar.

Diesen Umstand würdigt auch das GATT, das insbesondere die unterschiedliche Einkommenslage der Länder als Ursache divergierender Umweltpräferenzen hervorhebt:

> "The existence of less strict environmental standards (...) is not a sufficient basis for claiming that the environmental standards are "too low" or that the country is manipulating its environmental standards in order to improve the competitiveness of its producers. To substantiate such a claim, it would be necessary at the very least to demonstrate that the standards are even lower than would be expected on the basis of such factors as the level of per capita income and the characteristics of the physical environment." GATT (1992) (zitiert nach Barrett (1992), 325)

3.1.4 Handelspolitik

In Abschnitt 3.1.1 war gezeigt worden, daß im Fall einer Spezialisierung auf emissionsintensive Produktionsverfahren ein ambivalenter Wohlfahrtseffekt mit der Öffnung zum Außenhandel einhergeht. Dieses Resultat be-

---

13 Vgl. Bhagwati (1993), 36ff.

stätigt zunächst die von Freihandelskritikern geäußerte Befürchtung, daß Außenhandel ein "Verstärker" von Externalitäten seien kann[14]. Der internationale Handel hat infolge der durch die Spezialisierungsprozesse ausgelösten strukturellen Anpassungen immer dann einen unmittelbaren Einfluß auf die umweltökonomische Situation eines Landes, wenn in den Sektoren unterschiedlich bruttoemissionsintensive Produktionsverfahren zur Anwendung kommen. Es ist daher zu fragen, ob es vor diesem Hintergrund nicht eine umweltökonomische Begründung für den Einsatz des handelspolitischen Instrumentariums gibt.

Stellvertretend für die Vielzahl denkbarer handelspolitischer Eingriffe sei eine Exportsteuer (bzw. ein Importzoll) auf Gut 1 untersucht[15]. Für ein kleines Land bestimmt sich das inländische Preisverhältnis dann gemäß:

$$(3.7) \qquad p = P - t, \quad t > 0$$

Die Handelsbilanzbedingung (die für Weltmarktpreise erfüllt sein muß) läßt sich umformen zu:

$$(3.8) \qquad dc_1 = \frac{1}{P}\left(Pdx_1 + dx_2 - dc_2\right).$$

Setzt man diese Bedingung in das totale Differential der Nutzenfunktion ein, erhält man nach Division durch v_2 und unter Verwendung von $v_1/v_2 = p$

$$(3.9) \qquad \frac{du}{v_2} = p\frac{1}{P}\left(Pdx_1 + dx_2 - dc_2\right) + dc_2 + \frac{1}{v_2}dq = 0.$$

Mit

$$(3.10) \qquad dq = \frac{g'}{z}\left(pdx_1 + dx_2\right)$$ [16]

ergibt sich nach Einsetzen von (3.7) und Umformen[17]:

---

14 Vgl. Ekins et al. (1994), 4.

15 Beachte, daß eine Exportsteuer und ein Importzoll identische Auswirkungen haben, vgl. Lerner (1936).

16 Siehe Anhang A.3.5.

$$\text{(3.11)} \qquad \frac{du}{v_2} = \left(1 + \frac{1}{v_2}\frac{g'}{z}\right)(pdx_1 + dx_2) - tdm_1 = 0.$$

Ein Wohlfahrtsmaximum ist demnach erreicht, wenn $z = 1/v_2 \cdot g'$ und $t = 0$. Das bedeutet: *Solange die Umweltbehörde für eine vollständige Internalisierung Sorge trägt, liegt kein ökologisch begründbarer Bedarf an Handelspolitik vor.*

Dieses Ergebnis bestätigt die Theorie des optimalen wirtschaftspolitischen Eingreifens. Die Verwendungskonkurrenz der Umwelt stellt ein binnenwirtschaftliches Problem dar, dessen Lösung am besten durch das direkt darauf zielende Instrument der Emissionsbesteuerung erfolgen sollte.

3.2 Auswirkungen der Umweltpolitik bei internationalem Handel

In Kapitel 2 wurden umweltpolitische Eingriffe in einer geschlossenen Ökonomie besprochen, um die Bedeutung dieser Maßnahmen für die Entstehung komparativer Preisvorteile herauszufinden. Es muß daher die Analyse um die Effekte der Umweltpolitik in einer offenen Ökonomie ergänzt werden. Ferner wird nun untersucht werden, unter welchen Voraussetzungen sich die Bedingung optimaler Umweltpolitik von der einer geschlossenen Ökonomie unterscheidet (Abschnitt 3.3). Grundsätzlich ist im folgenden der Fall des kleinen Landes, das keinen Einfluß auf die Weltmarktpreise nehmen kann, vom Fall des großen Landes, das "Marktmacht" besitzt, zu unterscheiden.

3.2.1 Umweltpolitik in der kleinen offenen Ökonomie

Um die außenwirtschaftlichen Auswirkungen einer Emissionssteuererhöhung bzw. einer Verschärfung des Emissionsstandards zu berechnen, kann auf das Gleichungssystem (2.24) zurückgegriffen werden. Im Unterschied zur Analyse der autarken Ökonomie wird statt der Gleichgewichtsbedingung für den Markt des Gutes 1 die Bestimmungsgleichung für die Importnachfrage nach Gut 1 (2.12b) eingesetzt, sowie das totale Differential

---

[17] Siehe Anhang A.3.2.

der Handelsbilanzbedingung des kleinen Landes (d.h. mit $dp = 0$) hinzugefügt[18]. Aus

$$(3.12)\quad \begin{bmatrix} 1 & 0 & d_{2y}f_1' & -d_{1y}'f_2' & 0 \\ 0 & 0 & zf_3'' & zf_3'' & 1 \\ 0 & 0 & \alpha & 0 & 1 \\ 0 & 0 & 0 & \beta & 1 \\ p & 1 & 0 & 0 & 0 \end{bmatrix} \times \begin{bmatrix} dm_1 \\ dm_2 \\ dl_1 \\ dl_2 \\ dw \end{bmatrix} = \begin{bmatrix} 0 \\ dz f_3' \\ -dzh_1'f_1' \\ -dzh_2'f_2' \\ 0 \end{bmatrix}$$

erhält man dann

$$\frac{dm_1}{dz} > 0 \quad \Leftrightarrow \quad \beta f_1'd_{2Y}'h_1'f_1' > \alpha f_2'd_{1Y}'h_2'f_2'.$$

Hinreichende Bedingung für die Ausdehnung der Importnachfrage ($m_1 > 0$) bzw. die Verringerung des Exportangebots ($m_1 < 0$) des umweltintensiven Gutes ist wiederum, daß die Emissionsintensität des ersten Sektors nicht überkompensiert wird durch einen hohen marginalen Produktivitätsvorteil in der Herstellung des umweltfreundlichen Gutes oder eine hohe (relative) Grenzkonsumneigung für das erste Gut. Ebenso ist $\beta > \alpha$ erforderlich.

Dementsprechend ergibt sich $dm_2/dz < 0$. Die Importnachfragefunktion für das umweltfreundlich produzierte zweite Gut verhält sich invers zur Emissionspreisänderung, d.h., daß - je nach Ausgangslage - dessen Exporte steigen bzw. die Importnachfrage zurückgeht.

Damit erfolgt ein von der Spezialisierung abhängender Einfluß der Umweltpolitik auf die relative Handelsverflechtung der Ökonomie. Exportiert ein Land das emissionsintensiv hergestellte Gut, verringert sich mengenmäßig sein internationaler Handel. Ein Land, das sich auf umweltfreundliche Produktionsweisen spezialisiert, kann seine Handelstätigkeit mit umweltpolitischen Maßnahmen steigern.

Ferner ergibt sich - analog zum Fall der geschlossenen Ökonomie -

$$\frac{dl_3}{dz} > 0,$$

---

18 Vgl. Siebert (1977), 662f.

was besagt, daß mit der Verteuerung der Umweltdienste - unabhängig davon, ob die Exportindustrie umweltintensiv produziert oder nicht, bzw. davon, ob ein bestehender komparativer Vorteil der Ökonomie verringert oder gestärkt wird - eine Verschiebung des Arbeitseinsatzes von der Güterproduktion zur Schadstoffvermeidung hervorgerufen wird. Die Umweltqualität verbessert sich, da die Nettoemissionen in jedem Fall sinken. Da die kleine Ökonomie die Weltmarktpreise nicht beeinflussen kann, sinkt das Volkseinkommen aufgrund dieses Struktureffektes, ohne daß zusätzliche Annahmen erforderlich sind[19].

Während dl_1/dz immer negativ ist, ist das Vorzeichen von dl_2/dz nicht eindeutig[20]. Es liegt keine Analogie zum Rybczynski-Theorem vor, das - die Verschärfung des Umweltstandards als eine Verringerung der verfügbaren Umweltdienste interpretierend - allgemein eine Ausdehnung des umweltfreundlichen Sektors prognostizieren würde. Das Rybczynski-Theorem ist hier nicht anwendbar, da zum einen Umweltpolitik das Faktorpreisverhältnis ändert und somit das Faktoreinsatzverhältnis sich in beiden Sektoren zugunsten der Arbeit verschiebt[21]. Zum anderen wird auch im umweltfreundlichen Sektor eine Umschichtung der Arbeit in die Schadstoffabsorption vorgenommen werden, so daß der Produktion dort eventuell Ressourcen entzogen werden müssen.

Mit den berechneten Veränderungen der Importnachfragefunktionen ergibt sich hieraus - in Anlehnung an die Klassifikation der Handelseffekte wirtschaftlichen Wachstums[22] - eine stark handelsorientierte Auswirkung der Umweltpolitik für den Fall, daß das umweltfreundliche Gut exportiert wird, da die gehandelten Mengen zunehmen, während das Einkommen sinkt. Liegt hingegen eine Spezialisierung für Gut 1 vor, ist ein negativ handelsorientierter Produktionseffekt dann zu erwarten, wenn tatsächlich eine Strukturänderung zuungunsten des ersten Sektors eintritt. Der Extremfall negativ handelsorientierter Auswirkung wäre durch die Umkehrung der Handelsrichtung eines Landes beschrieben.

Die Totalanalyse zeigt, daß der durch Umweltpolitik hervorgebrachte Kosteneffekt - der Anstieg der Grenzkosten und damit der Stückkosten

---

19 Siehe Abschnitt 2.2.2.

20 Siehe Anhang A.3.3.

21 Man beachte, daß das Rybczynski-Theorem für konstante Faktoreinsatzverhältnisse formuliert ist. Ändern sich hingegen die Faktoreinsatzverhältnisse, sind keine allgemeinen Aussagen über Produktionszu- oder abnahmen bei variierter Faktorausstattung mehr möglich. Vgl. Rybczynski (1955), 336ff.

22 Vgl. Gandolfo (1994), 173-176.

fällt in der umweltintensiven Produktion relativ größer aus - nur eine tendenzielle Wirkung für den Außenhandel besitzt, die in ihrer tatsächlichen Auswirkung nur in Verbindung mit den Einkommenseffekten erfaßt werden kann. So geht auch für ein auf umweltfreundliche Produktion spezialisiertes Land trotz Handelsausweitung Umweltpolitik immer mit einem Einkommensverlust einher. Die Wirkungsanalyse zeigt aber, daß für den Exporteur umweltfreundlicher Güter trotz sinkenden Einkommens die Gewinne aus Handel zu steigern sind.

3.2.2. Umweltpolitik in der großen offenen Ökonomie

Im Fall der großen Volkswirtschaft haben die umweltpolitischen Eingriffe möglicherweise Auswirkungen auf die Weltmarktpreise. Eine solche Situation läßt sich als Marktunvollkommenheit in dem Sinne interpretieren, daß dem Inland (genauer: der Gesamtheit der inländischen Wirtschaftssubjekte, vertreten durch die Regierung) Marktmacht zukommt. Die Veränderungen der inländischen Importnachfragefunktionen bewirken nun ein Ungleichgewicht auf den Weltgütermärkten zu alten Preisen. Die Handeleffekte von Umweltpolitik ergeben sich dann erst nach Anpassung an ein neues Außenhandelsgleichgewicht, das nur unter Berücksichtigung der preisabhängigen Tauschwünsche des Auslandes bestimmt werden kann. Einen einfachen graphischen Analyseansatz für diesen Fall stellen die marshallianischen Tauschkurven dar[23].

Die Situation des großen Landes ist dadurch gekennzeichnet, daß sich das Land einer gekrümmten Tauschkurve des Auslands gegenübersieht. Das Außenhandelsgleichgewicht ist durch den Schnittpunkt der Tauschkurven bestimmt. Das große Land kann nun durch geeignete Manipulation seiner eigenen Tauschkurve das Außenhandelsgleichgewicht entlang der

---

[23] Die Tauschkurven stellen (im zwei-Güter-Fall) innerhalb eines durch die beiden Importnachfragemengen $m_1(p)$ und $m_2(p)$ aufgespannten Diagramms alle Kombinationen der Überschußnachfragen eines Landes dar. Alternative Relativpreise sind durch Ursprungsstrahlen darstellbar. Die Tauschkurven repräsentieren die Tauschwünsche der aggregierten Ökonomie. Die Bedingung des Handelsbilanzausgleichs ist jederzeit erfüllt: Die Nicht-Negativität der Firmengewinne (konkave Produktionsfunktionen) und das unelastische Arbeitsangebot sorgen für die jederzeitige Räumung des Arbeitsmarkts. Daher muß die Summe der bewerteten Überschußnachfragen auf den anderen Märkten, nämlich den Gütermärkten, Null sein. Dies ist gleichbedeutend mit dem Ausgleich der Handelsbilanz. Liegen in allen Sektoren konkave Produktionsfunktionen vor, verläuft die Tauschkurve eine Ökonomie konkav zur Achse des Importgutes, vgl. Siebert (1994), 132ff.

ausländischen Tauschkurve verschieben. Es ist nun zu untersuchen, wie eine Ausgangslage ohne Umweltpolitik, die durch gegenläufig gekrümmte Tauschkurven beschrieben sei, durch Umweltpolitik des großen Landes verändert wird.

Aus den Resultaten der vorangegangenen Untersuchungen sind zwei Einflüsse der Umweltpolitik auf die Tauschkurve der Ökonomie des großen Landes herleitbar. Erstens ist bekannt, daß der Relativpreis in Autarkie unter der Annahme (2.25) mit dem Preis für Emissionen steigt. Dies bedeutet eine größere Steigung der Tauschkurve im Ursprung des m_1, m_2-Diagramms (siehe Abbildung 3.1):

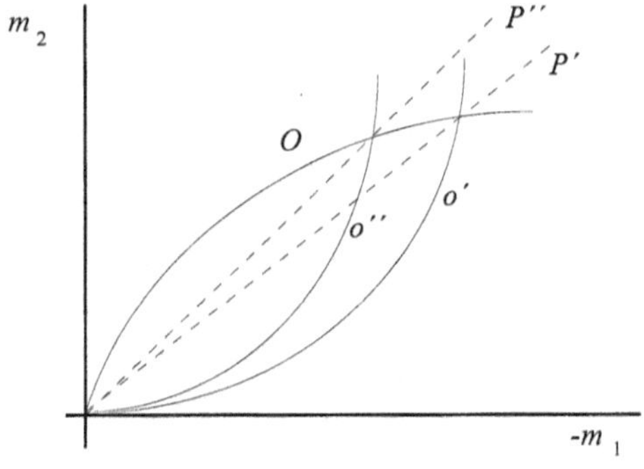

(Abb.3.1)

Zweitens galt $dm_1/dz > 0$, $dm_2/dz < 0$ bei konstanten Preisen. Dies impliziert für den Fall, daß das umweltschädlichere Gut 1 exportiert wird ($m_1 < 0$), ein Verringerung des Handelsvolumens. Damit ist der Schnittpunkt der neuen Tauschkurve des großen Landes mit der alten Preisgeraden links unterhalb des ursprünglichen Außenhandelsgleichgewichts. Die beiden Zusammenhänge implizieren, wie in Abbildung 3.1 dargestellt, eine Verlagerung der Tauschkurve nach links nach Umweltpolitik.

Die Verlagerung der Tauschkurve ($o' \rightarrow o''$) führt zu einem neuen, gestiegenen Weltmarktpreisverhältnis $P'' > P'$[24]. Die Umweltpolitik des großen Landes bewirkt eine Erhöhung der Produktionskosten des emissionsintensiven Gutes im Inland. Dies führt zu einer Verringerung des Exportangebots dieses Gutes. Auf dem Weltmarkt entsteht zu den bisherigen Preisen eine Überschußnachfrage nach Gut 1, woraufhin dessen Relativ-

24 Für eine formale Herleitung der komparativ-statischen Effekte siehe Anhang A.3.4.

preis steigt. Da dieses das exportierte Gut ist, haben sich die terms of trade des umweltpolitisch aktiven großen Landes verbessert. Das Handelsvolumen hat sich gegenüber der Ausgangslage zwar verringert (sowohl in Import- wie in Exportmengen) ist aber größer als im Fall konstanter Weltmarktpreise. Für den Fall, daß das umweltfreundlich produzierbare Gut exportiert wird, stellt sich eine Verschlechterung des Austauschverhältnisses ein und das Handelsvolumen steigt[25].

Im Vergleich zur Situation des kleinen Landes zeigt diese simple graphische Analyse, daß Umweltpolitik hier qualitativ die gleichen Auswirkungen auf das Handelsvolumen hervorruft. Die variablen Weltmarktpreise bewirken jedoch, daß die Veränderungen der gehandelten Mengen quantitativ geringer ausfallen. Hinzu kommt ein je nach Ausgangslage günstiger oder ungünstiger terms of trade-Effekt.

3.3 Optimale Umweltpolitik in der offenen Ökonomie

Aus der Optimalzolltheorie ist bekannt, daß ein Land bei einer Verbesserung seiner terms of trade auch bei Reduzierung des Handelsvolumens und abnehmender Spezialisierung einen Nettowohlfahrtsgewinn durch eine Zolleinführung erzielen kann. Umweltpolitik hat im Fall des großen, emissionsintensive Güter exportierenden Landes denselben qualitativen terms of trade-Effekt wie ein Zoll auf das importierte Gut. Im Unterschied zum Zoll, der die Produktionsstruktur des Inlands zugunsten der importsubstituierenden Industrie verändert, beeinflußt die Umweltpolitik die sektorale Struktur der Ökonomie zu Lasten der umweltintensiven Produktionsmethoden. Im betrachteten Fall ($m_1 < 0$) gehen von der Emissionsbesteuerung hinsichtlich der handelspolitischen Vorteilhaftigkeit zwei gegenläufige Effekte aus - zum einen die Verringerung des komparativen Vorteils der Exportindustrie, zum anderen die Verbesserung des Austauschverhältnisses im Handel - aber es ist zu prüfen, ob gegenüber der Ausgangslage eine Wohlfahrtsverbesserung möglich ist, d.h. ob der terms of trade-Effekt überwiegt. Kann es sinnvoll sein, eine aus umweltökonomischer Sicht suboptimale Emissionssteuer zu wählen, um einen maximalen Nettowohlfahrtsgewinn zu erzielen?

Die Umweltbehörde maximiere die Nutzenfunktion (2.31) durch geeignete Wahl des Emissionspreises. Unter Berücksichtigung der Bedingung einer ausgeglichenen Handelsbilanz, die im Fall des großen Landes

---

[25] Dies setzt voraus, daß die Tauschkurven sich nicht "zurückbiegen". Vgl. Siebert (1994), 132ff.

$$dc_1 = \frac{1}{p}\left[pdx_1 + dx_2 - dc_2 + dp(x_1 - c_1)\right]$$

lautet, erhält man nach totaler Differentiation als Optimalbedingung:

$$\text{(3.13)} \quad \frac{d(u/v_2)}{dz} = \frac{di}{dz} = p\frac{dx_1}{dz} + \frac{dx_2}{dz} + (x_1 - c_1)\frac{dp}{dz} + \frac{1}{v_2}\frac{dq}{dz} = 0.$$

Die in realen Größen gemessene Nutzenänderung zerlegt sich in einen Produktionseffekt, einen terms of trade-Effekt und einen Umweltqualitätseffekt. Mit (3.10) erhält man

$$\text{(3.14)} \quad \begin{aligned} z &= -\frac{1}{v_2}g' \cdot \frac{p\frac{dx_1}{dz} + \frac{dx_2}{dz}}{p\frac{dx_1}{dz} + \frac{dx_2}{dz} + \frac{dp}{dz}(x_1 - c_1)}. \\ &= -\frac{1}{v_2}g' \cdot \chi \end{aligned}$$

Die Bedingung (3.14) enthält die Optimalbedingung der geschlossenen Ökonomie (ausgedrückt in Einheiten des Numéraires) multipliziert mit dem Koeffizienten χ. Eine Abweichung des optimalen Emissionspreises der offenen Ökonomie liegt vor, wenn $\chi \neq 1$. Es können daher drei Fälle unterschieden werden:

1. $\chi > 1$. Wegen $p\,dx_1/dz + dx_2/dz < 0$ (der Produktionseffekt einer restriktiveren Umweltregulierung ist negativ) ist dies der Fall für $dp/dz > 0$ und $x_1 - d_1 > 0$ (der terms of trade-Effekt kommt dem Exportgut zugute), d.h. wenn das Inland groß ist und das umweltintensive Gut exportiert[26].
2. $\chi = 1$. Das Land ist klein, es kann die Weltmarktpreise nicht beeinflussen, daher $dp/dz = 0$.
3. $\chi < 1$. Das Inland ist groß und exportiert das emissionsarm hergestellte Gut.

Die Optimalitätsbedingung (3.14) zeigt auf, daß für ein großes Land immer ein Anreiz besteht, *die Emissionssteuer nicht in der Höhe des marginalen Umweltschadens zu wählen*, d.h. nicht die umweltökonomisch op-

---

[26] Die Optimalitätsbedingung (3.13) impliziert, daß der Nenner von χ negativ ist. Daher ist das Vorzeichen von χ immer positiv.

timale Politik zu verfolgen. Dabei ist die Richtung der Abweichung interessant: Ein Land, das das umweltintensive Gut exportiert, wird ein umweltökonomisch zu hohen Emissionspreis anstreben. Der terms of trade-Effekt überwiegt also die Verschlechterung des eigenen komparativen Vorteils. Ist der komparative Vorteil auf eine relativ hohe Assimilationskapazität zurückzuführen, bedeutet dies, *daß ein umweltreiches großes Land einen Anreiz hat, eine zu restriktive Umweltpolitik durchzuführen.* Für umweltarme Länder läßt sich entsprechend auf das Gegenteil schließen.

Da also die Umweltpolitik eines großen Landes das Außenhandelsgleichgewicht in qualitativer Hinsicht auf die gleiche Weise verändert wie ein Optimalzoll, ist noch ein weitere Auswirkung anzuschließen: Die mit einer Beeinflussung des Austauschverhältnis einhergehenden potentiellen Nettowohlfahrtsgewinne sind einseitig. *Das Ausland erfährt einen gegenteiligen Effekt.*

3.4 Schadstoffakkumulation und permanente komparative Vorteile

Die bisherige Analyse war rein statisch. Sie vernachlässigte damit mögliche, sich über mehrere Perioden erstreckende Auswirkungen der Inanspruchnahme der Umweltmedien als Schadstoffrezipienten. Dies wird deutlich in der Formulierung der Schadensfunktion: In einer rein statischen Perspektive hängt die Umweltqualität nur von den emittierten Schadstoffmengen ab. Damit kann deren Akkumulation nicht berücksichtigt werden. Eine sinnvolle Modifikation besteht also in der Aufnahme des *Bestandes* bzw. der *Immission* an umweltschädlichen Substanzen als erklärende Variable der Schadensfunktion. Die Nettoemissionen einer Periode sind daher eine den Bestand verändernde Stromgröße und stellen so eine Verbindung der gegenwärtigen mit künftigen Perioden dar. Diese Verbundenheit in der Zeit erfordert den Einsatz eines dynamischen Analyseansatzes.

Im folgenden wird ein dynamisches Allokationsmodell zugrundegelegt, das auf das bisher genutzte statische Modell unmittelbar aufbaut. Es wird darin die dynamisch optimale Umweltpolitik bestimmt und untersucht, welche Implikationen sich bezüglich struktureller Anpassung im Zeitablauf aus der Berücksichtigung des akkumulierenden Verhaltens von Schadstoffen ergeben können[27].

---

[27] Der Modellansatz entspricht dem in Asako (1979).

Die Umweltbehörde orientiere sich nun an der intertemporalen Wohlfahrtsfunktion

$$(3.15) \qquad \bar{u} = \int_0^\infty e^{-r\sigma} u[c_1(\sigma), c_2(\sigma), q(\sigma)] d\sigma$$

mit zeitunabhängiger Periodennutzenfunktion $u(\cdot)$. Das dynamische Problem wird vervollständigt durch die Bewegungsgleichung der Zustandvariablen

$$(3.16) \qquad \dot{s} = \sum_i s_i^p - \sum_i s_i^r - \bar{s}^a .$$

Die Veränderung des Schadstoffbestands entspricht der um die assimilierte Schadstoffmenge reduzierten Nettoemission einer Periode. Dabei wird eine durch die Immission nicht affizierte konstante Assimilationskapazität $\bar{s}^a$ angenommen. Ferner besteht die Anfangsbedingung

$$(3.17) \qquad s(0) = \bar{s} .$$

Desweiteren seien das Arbeitsangebot und die Technologie in der Zeit unverändert. Das Land sei klein, so daß von $dp = 0$ ausgegangen werden kann.

Das Kontrollproblem erfordert die Maximierung der Wohlfahrtsfunktion unter Berücksichtigung der Bewegungsgleichung (3.16) und der Anfangsbedingung (3.17) sowie der weiteren Nebenbedingungen hinsichtlich Technologie, verfügbarer Arbeit und Handelsbilanzausgleich[28]. Es genügt an dieser Stelle jedoch die zugehörige Hamilton-Funktion (in undiskontierter Form)

$$(3.18) \qquad H = u(c_1, c_2, q) + \mu_s \left(\sum_i s_i^p - \sum_i s_i^r - \bar{s}^a \right),$$

28 Das Kontrollproblem ist zwar wie ein Planungsproblem formuliert, unterscheidet sich aber nicht vom statischen Fall, insofern die Allokationen in den einzelnen Perioden als Marktgleichgewichte erreicht werden - nach Festlegung eines Emissionspreises oder -standards (pro Periode) durch die Umweltbehörde.

um die aus dem Maximum-Prinzip resultierende Bewegungsgleichung der Ko-Zustandsvariablen (des Schattenpreises der Emissionen) zu erhalten[29]:

$$\text{(3.19)} \qquad \dot{\mu}_s = r\mu_s - u_q g'$$

Die Bewegungsgleichung (3.19) bestimmt die Veränderung der optimalen Umweltpolitik in der Zeit. Es ist

$$\text{(3.20)} \qquad |\dot{\mu}_s| \gtrless 0 \Leftrightarrow |\mu_s| \gtrless -\frac{u_q g'}{r}.$$

Der Absolutwert des Schattenpreises steigt, wenn die in ihm zum Ausdruck kommende Minderung der Wohlfahrt durch zusätzliche Emissionen den "kapitalisierten" Wert der marginalen Umweltschädigung in einer Periode übersteigt. μ_s stellt als Schattenpreis des intertemporalen Optimierungsproblems die über alle zukünftigen Perioden berechnete Wohlfahrtsminderung einer marginalen Emissionsmenge dar. Auf der rechten Seite von (3.20) steht hingegen der Kapitalwert des in der jeweiligen Periode anfallenden Grenzschadens. In diesen Kapitalwert geht nicht die mit der Akkumulation der Schadstoffe verbundene zunehmende Umweltschädigung in künftigen Perioden ein. Ist dieser geringer als $|\mu_s|$ muß also eine restriktivere Umweltpolitik eingeschlagen werden. Die Optimalitätsbedingung macht somit schon erkennbar, daß die Ökonomie langfristig einen durch eine konstante Immision und einen gleichbleibenden Umweltsteuersatz gekennzeichneten stationären Zustand anstreben wird.

Dies kann anhand eines Phasendiagramms veranschaulicht werden[30]. Ein konstanter Schadstoffbestand liegt offensichtlich vor, wenn ein Emissionspreis gefunden wurde, bei dem die Nettoemissionen exakt der pro Periode assimilierbaren Menge $\bar{s}^a$ entsprechen. Die bereits untersuchten Allokationseffekte von Emissionspreisänderungen zeigen, daß dies nur für einen Preis der Fall sein kann, daher ist der Lokus, für den $\dot{s} = 0$ gilt, eine Horizontale im $|\mu_s|, s$ - Diagramm. $|\dot{\mu}_s| = 0 \Leftrightarrow |\mu_s| = -u_q g'/r$ hingegen ist eine monoton steigende Funktion in s, wegen

[29] Beachte, daß alle anderen Bedingungen erster Ordnung rein statischer Natur sind und somit keine Information für das intertemporale Problem beinhalten. Sie unterscheiden sich nicht von den Nebenbedingungen eines statischen Optimierungsansatzes.

[30] Vgl. zum folgenden Siebert (1995), 237-241.

$$\frac{d|\mu_s|}{ds} = -\frac{\left(g'^2 u_{qq} + u_q g''\right)}{r} > 0 .$$

Abbildung 3.2 zeigt nun die optimalen Anpassungspfade an den stationären Zustand auf:

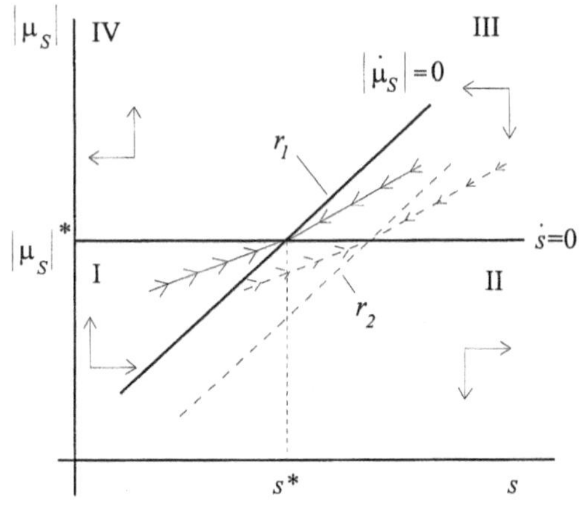

(Abb.3.2)

In den vier entstehenden Regionen sind mit den Pfeilen die aus den kanonischen Gleichungen des Optimierungsproblems (3.16) und (3.19) resultierenden Bewegungsrichtungen der Zustands- und Ko-Zustandsvariablen für nicht mit dem stationären Zustand zusammenfallende Ausgangssituationen eingezeichnet. Es kann davon ausgegangen werden, daß die wohlfahrtsoptimalen Pfade in den eingezeichneten Annäherungen an den stationären Zustand aus den Regionen I und III bestehen[31].

Die dynamische Betrachtungsweise führt zunächst zu einer Bestätigung der statischen Analyse. Der Emissionspreis im stationären Zustand ist umso geringer, je größer die natürlichen Assimilationskapazitäten einer Ökonomie sind. Denn $\dot{s} = 0$ liegt tiefer für höheres $\bar{s}^a$. Damit verbessert sich

31 Eine sinnvoll formulierte Wohlfahrtsfunktion läßt nur innere Lösungen zu, d.h. $c_1 > 0, c_2 > 0$, womit ein Pfad in Region IV (hier tendiert die Ökonomie zu einem Zustand ohne Umweltverschmutzung) ausgeschlossen wird, bzw. $q \geq q^{\min}$, was bei geeigneter Wahl von $q^{\min}$ einen Pfad in Region II (hier verschlechtert sich die Umweltqualität kontinuierlich) verhindert. $q^{\min}$ stellt ein absolut minimale noch tolerierbare Umweltqualität dar.

ein komparativer Vorteil für umweltintensive Güter mit relativ günstigeren Umweltausstattung.

Jedoch sind zwei wichtige zusätzliche Resultate zu nennen. Erstens muß die Umweltpolitik eine Anpassung an den stationären Zustand ermöglichen, wenn $s(0) \neq s^*$. Das bedeutet, daß in einer Ausgangslage, in der ein komparativer Vorteil für umweltschädliche Produkte infolge einer hohen gegebenen Umweltqualität vorliegt ($s(0) < s^*$), der zunächst niedrige Emissionspreis aufgrund der folgenden Schadstoffakkumulation angehoben werden muß. Denn in der Ausgangslage wird sich die Ökonomie auf umweltschädliche Güter spezialisieren, womit ein Reallokationsprozeß ausgelöst wird, der zu zunehmenden Nettoemissionen pro Periode führt. Die Umweltpolitik muß dann so gestaltet werden, daß die Nettoemissionen auf das mit den stationären Zustand vereinbare Niveau steigen und dort dann verharren. Der anfängliche komparative Vorteil wird unter Berücksichtigung der akkumulierenden Eigenschaft der Schadstoffe verringert, die gehandelten Gütermengen werden abnehmen. Besteht hingegen trotz der hohen anfänglichen Umweltqualität ein komparativer Vorteil für umweltfreundliche Güter, führt die Verteuerung der Emissionen infolge einer Verstärkung desselben zu einer Ausdehnung des Außenhandels. Analoges - mit umgekehrten Ergebnissen - läßt sich für eine Ausgangssituation mit $s(0) > s^*$ folgern.

Zweitens berücksichtigt die dynamische Analyse die Zeitpräferenz. (3.20) zeigt einen invers proportionalen Zusammenhang von Emissionspreis und Zeitpräferenzrate auf. Alternative Zeitpräfenzraten lassen sich durch verschiedene $|\dot{\mu}_s| = 0$- Kurven darstellen. Je stärker die Wohlfahrt in zukünftigen Perioden abdiskontiert wird, desto tiefer liegt die entsprechende Kurve, womit ein höherer Schadstoffbestand im stationären Zustand einhergeht. Aus Abbildung 3.2 wird unmittelbar erkennbar, daß eine höhere Zeitpräferenz ($r_2 > r_1$), für jede Anfangsbedingung $s(0)$ einen niedrigeren Emissionspreis impliziert. Eine höhere Gegenwartsvorliebe führt so unter sonst gleichen Bedingungen während des Anpassungsprozesses zu einer etwas permissiveren Umweltpolitik, womit unter dem Blickwinkel komparativer Vorteile das umweltschädliche Gut begünstigt wird.

Als Resultat der dynamischen Analyse empfiehlt sich *eine Unterscheidung von permanenten und nicht dauerhaften komparativen Vorteilen.* Ein permanenter komparativer Vorteil besteht, wenn ein Land im stationären Zustand ein Gut relativ günstiger produzieren kann. In der intertemporalen Betrachtung begünstigen reichhaltige Assimilationskapazitäten die emissionsintensiven Produktionsverfahren, weil sie in jeder Periode eine vergleichsweise höhere Nettoemission zulassen ohne die Immission zu beeinträchtigen. Vor dem Erreichen des stationären Zustandes ist jedoch der mit dem Emissionspreis varriierende relative Güterpreis als Indikator komparativer Vorteile zeitabhängig. Je nach Anfangsbedingung und Spezialisierung kann sich ein komparativer Vorteil in der beschriebenen Art und Weise vergrößern oder verringern, womit ein Umschlagen der komparativen Vorteile nicht ausgeschlossen werden kann.

3.5 Internationale Faktormobilität

Die außenwirtschaftlichen Beziehungen der Länder sind nicht allein durch den internationalen Güterhandel beschrieben. Zwischen den Ökonomien kann es ebenfalls zu Faktorwanderungen kommen. Im folgenden Abschnitt wird daher untersucht, welche Wechselwirkungen zwischen einzelstaatlicher Umweltpolitik und internationalen Faktorbewegungen auftreten und welche Einflüsse für den hier untersuchten thematischen Zusammenhang verbunden sind.

International mobile Faktoren werden an den Orten alloziiert, die ihnen die geeignetsten Produktions- und Entlohnungsbedingungen bieten. Die Produktionsverhältnisse werden dabei maßgeblich durch Qualität und Verfügbarkeit der nicht mobilen Faktoren geprägt. Umweltpolitik bestimmt die Möglichkeiten der Inanspruchnahme nicht mobiler Umweltmedien als Schadstoffrezipienten und wird damit zu einer Determinante internationaler Faktorbewegungen. Diese ihrerseits lösen Struktur- und Kapazitätseffekte in der Güterherstellung aus, welche Einfluß nehmen auf die Emissionsentstehung, womit eine Rückwirkung auf die Zielgröße der Umweltpolitik verbunden ist. Die Wechselwirkungen zwischen Umweltpolitik bzw. Umweltqualität einerseits sowie außenwirtschaftlichen Prozessen andererseits komplizieren sich also erheblich.

Für die Untersuchung wird im folgenden von Situationen ausgegangen, in denen Faktorbewegungen zunächst zur Ruhe gekommen sind. Dies ist der Fall, wenn in Konsequenz von vorangegangenen Faktorbewegungen international der Faktorpreis ausgeglichen ist. Um einen vollständigen Faktorpreisausgleich zu ermöglichen, sei eine weitgehende Integration der untersuchten Ökonomien angenommen, die freien Güter- und Faktorverkehr zuläßt.

Es ist zu beachten, daß im hier zugrundeliegenden Modell der vollständige Ausgleich des Lohnsatzes *nur* durch die Mobilität der Arbeit zwischen Ländern hervorgebracht wird. Denn es ist gezeigt worden (Abschnitt 3.1.3), daß der internationale Güterhandel kein vollständiges Substitut der Faktorwanderung darstellt und weder einen relativen noch absoluten Faktorpreisausgleich begründet. In Umkehrung dieser Fragestellung kann nun untersucht werden, inwiefern eine Harmonisierung der Emissionspreise durch international mobile Arbeit begründet bzw. erzwungen wird.

Betrachtet man die aus der Gewinnoptimierung abgeleiteten Bedingungen für Faktorpreisausgleich, läßt sich ersehen, daß eine Harmonisierung keineswegs eine Konsequenz der Faktormobilität darstellt:

$$
\begin{aligned}
pf_1' - zh_1'f_1' &= pF_1' - ZH_1'F_1' \\
f_2' - zh_2'f_2' &= F_2' - ZH_2'F_2' \\
zf_3' &= ZF_3'
\end{aligned}
\tag{3.21}
$$

Bei identischen Technologien würde nur bei $l_1 = L_1$, $l_2 = L_2$ und $l_3 = L_3$ ein Ausgleich der Emissionspreise zwingend folgen. Weichen die in den jeweiligen Industrien eingesetzten Arbeitsmengen aufgrund unterschiedlicher Sektorstruktur und -größen jedoch voneinander ab, ist $z \neq Z$ die Regel. Es wird so auch unmittelbar erkennbar, daß eine Harmonisierung der Umweltpolitiken die mit der internationalen Arbeitsteilung ermöglichte Spezialisierung der Länder einschränken und somit die Spezialisierungsgewinne des Handels reduzieren würde.

Bei der Untersuchung ist weiterhin die Unterscheidung von großen und kleinen Ländern zu beachten. Die Situation des großen Landes ist dabei durch den Umstand gekennzeichnet, daß seine Akteure in ihrer Gesamtheit mit ihren Entscheidungen sowohl die Güterpreisbildung als auch die Faktorpreisbildung beeinflussen. Aus Sicht des kleinen Landes sind hingegen alle Preise unveränderlich gegeben.

Im Fall des kleinen Landes gelten nun folgende Bedingungen:

$$
\begin{aligned}
pf_1' - zj_1' &= \overline{w} \\
f_2' - zj_2' &= \overline{w} \\
zf_3' &= \overline{w}
\end{aligned}
\tag{3.22}
$$

und

$$
\begin{aligned}
p &= \overline{p} \\
l_1 + l_2 + l_3 &= \overline{l} + \Delta l
\end{aligned}
\tag{3.23}
$$

d.h. der relative Güterpreis ist durch den Weltmarkt bestimmt, die Wertgrenzprodukte des Arbeitseinsatzes in den drei Sektoren entsprechen jeweils dem globalen Lohnsatz und das der Ökonomie zur Verfügung stehende Arbeitsangebot bestimmt sich durch die ursprüngliche Ausstattung zuzüglich des Wanderungssaldos Δl.

Es kann nun das Gleichungssystem (3.12) herangezogen werden, wobei statt der Veränderung des Lohnsatzes die durch Emissionspreisvariation ausgelöste Zu- bzw. Abwanderung von Arbeitskräften erklärt werden soll. Das dahingehend modifizierte System sieht wie folgt aus:

$$(3.24)\quad \begin{bmatrix} 1 & 0 & d_{2y}f_1' & -d_{1y}f_2' & 0 \\ 0 & 0 & zf_3'' & zf_3'' & -zf_3'' \\ 0 & 0 & \alpha & 0 & 0 \\ 0 & 0 & 0 & \beta & 0 \\ p & 1 & 0 & 0 & 0 \end{bmatrix} \times \begin{bmatrix} dm_1 \\ dm_2 \\ dl_1 \\ dl_2 \\ d\Delta l \end{bmatrix} = \begin{bmatrix} 0 \\ f_3'dz \\ -j_1'dz \\ -j_2'dz \\ 0 \end{bmatrix}$$

Die komparativ-statischen Effekte der Emissionssteuererhöhung haben die folgenden Vorzeichen[32]

$$\frac{dm_1}{dz} > 0,\ \frac{dm_2}{dz} < 0,\ \frac{dl_1}{dz} < 0,\ \frac{dl_2}{dz} < 0,\ \frac{dl_3}{dz} > 0$$

wobei für die Bestimmung der Veränderungen in den Importnachfragen wiederum $\beta f_1' d_{2Y}' h_1' f_1' > \alpha f_2' d_{1Y}' h_2' f_2'$ angenommen wird. Umweltpolitik wirkt sich also auf die Komponenten der Handelsbilanz in qualitativ gleicher Weise aus wie im Fall international immobiler Arbeit. Im Unterschied zu jenem Fall ist der sektorelle Struktureffekt hier aber auch für den umweltfreundlicheren Sektor nachteilhaft: Die produzierenden Sektoren schrumpfen, während der "Umweltschutzsektor" eindeutig wächst. Infolge dieser Struktureffekte erzielt die Umweltpolitik ihr primäres Ziel einer Nettoemissionabsenkung. In einer kleinen Ökonomie führt eine umweltpolitische Intervention zu einer Verkleinerung aller produzierender Sektoren da der induzierte Kosteneffekt nicht durch Lohnsenkungen ausgeglichen werden kann.

Die Veränderung des Wanderungssaldos ist

$$d\Delta l = \frac{1}{\Delta} \cdot dz\left[-\left(\beta h_1' f_1' z f_3'' + \alpha f_2' h_2' z f_3''\right) - f_3'\alpha\beta\right] \gtrless 0$$

---

32 Siehe Anhang A.3.6.

Wegen $\Delta < 0$ ist der Wanderungssaldo positiv, wenn $f_3'' \approx 0$ und $f_3' >> 0$. Das bedeutet, daß die Ökonomie trotz erhöhter Kostenbelastungen durch strengere Umweltpolitik die in ihr gebundene Arbeitskraft ausdehnen kann, wenn die Grenzproduktivität der Arbeit im sich ausdehnenden Schadstoffvermeidungssektor hinreichend hoch ist und durch die strukturelle Anpassung nicht wesentlich absinkt. Auf diese Weise kann in der Produktion freigesetzte Arbeit immer noch zum Weltmarktlohnsatz bezahlt werden und sogar weitere ins Inland strömen. Die Wahrscheinlichkeit eines solchen Falls ist beispielsweise dann groß, wenn das Aktivitätsniveau der Schadstoffunterdrückung vor der Änderung der Umweltpolitik eher klein war.

Obwohl das Modell nur in der abstrakten Form von Schadstoffvermeidungsaktivitäten etwas annähernd ähnliches zu einem Umweltschutzsektor abbildet, ist erkennbar, daß mit einem solchen in Verbindung mit aktiver Umweltpolitik Beschäftigungsmöglichkeiten geschaffen werden können, die einer Freisetzung in industriellen Bereichen entgegenwirken (wobei dieses Modell nur zum Vergleich der jeweiligen Mengen an gebundener Arbeitskraft in unterschiedlichen Vollbeschäftigungsgleichgewichten dienen kann).

Es soll nun die Untersuchung auf den Fall einer großen Ökonomie ausgedehnt werden. Im Unterschied zu den bisherige Untersuchungen sei mit der Bezeichnung "große Ökonomie" nun auch ein Einfluß auf das Weltlohnniveau verbunden. In Ergänzung der Bedingungen (3.22), wobei w nicht mehr exogen gegeben ist, werden nun indirekt auch die ausländischen Struktureffekte anhand von

$$(3.25)\qquad \begin{aligned} pF_1' - ZH_1'F_1' &= w \\ F_2 - ZH_2'F_2' &= w \end{aligned}$$

betrachtet. Der Lohnsatz ist variabel. Schließlich wird das Gleichungssystem (3.24) durch eine Preisanpassungsregel ergänzt[33]

$$(3.26)\qquad p = \delta(m_1),\ \delta' > 0.$$

Der relative Weltmarktpreis des emissionsintensiv produzierten Gutes steigt immer dann, wenn im Inland die zugehörige Importnachfrage steigt bzw. das Exportangebot sinkt (Normalreaktion bzw. Dominanz der Sub-

[33] Siehe Anhang A.3.4.

stitutionseffekte)[34]. Die Veränderung der Umweltpolitik in der so modifizierten Ausgangslage bringt als Resultate hervor[35]:

$$\frac{dm_1}{dz} > 0, \frac{dm_2}{dz} < 0 \Leftrightarrow m_1 > 0 \vee \frac{dp}{dm_1}\frac{m_1}{p} < 1,$$

$$\frac{dl_1}{dz} < 0, \frac{dl_2}{dz} \gtrless 0 \left(\frac{dl_2}{dz} < 0 \Leftrightarrow \frac{j_2'}{j_1'}\alpha > zf_3''\right), \frac{dl_3}{dz} > 0$$

Infolge strengerer Umweltpolitik ändern sich die gehandelten Mengen sowie die Beschäftigung in den Sektoren weitgehend in zu erwartender Weise. Im Gegensatz zur kleinen Ökonomie ist es einem großen Land jedoch möglich, auch bei geringerem Exportangebot an umweltintensiven Gütern seine Importnachfrage auszudehnen, falls die Wertsumme der Exporte sich infolge einer elastischen Preisanpassung ($1/\eta_{m,p} < 1$) steigert. Ferner ist das Vorzeichen von dl_2/dz a priori unbestimmt; es ist negativ (d.h. Sektor 2 schrumpft) wenn eine hinreichend große relative marginale Emissionsintensität in der Produktion des Gutes 2 vorliegt. Die ausländische Güterproduktion zieht hingegen dann Arbeitskräfte an, wenn der inländische Umweltschutzsektor eine hinreichend geringe Grenzproduktivität aufweist. Hierbei ist eine Produktionsausdehnung in der ausländischen emissionsintensiven Industrie wahrscheinlicher als im umweltfreundlicheren Sektor:

$$\frac{dL_1}{dz} \gtrless 0 \left(\frac{dL_1}{dz} > 0 \Rightarrow f_3' \approx 0\right), \frac{dL_2}{dz} \gtrless 0, \frac{dL_1 + dL_2}{dz} > 0$$

Ein positiver Wanderungssaldo ist im Vergleich zum Fall der kleinen Ökonomie unwahrscheinlicher und ist bei hinreichend geringer Grenzproduktivität in der Schadstoffvermeidung negativ. Umweltpolitik erzielt jedoch einen eindeutigen terms of trade-Effekt

$$\frac{dp}{dz} > 0,$$

---

34 Wenn es eine eindeutige Zuordnung des Gütertauschangebots des Inlands zum relativen Weltmarktpreis gibt, ist es infolge des Handelsbilanzausgleichs möglich, den Weltmarktpreis als eine Funktion lediglich einer inländischen Importnachfrage darzustellen, vgl. Markusen (1975), 18.

35 Siehe Anhang A.3.6.

der einem umweltintensive Güter exportierenden Land zugute kommt. Der Lohnsatz wird schließlich positiv beeinflußt, wenn erneut die Grenzproduktivität des Umweltschutzsektors hoch ist und durch die Strukturanpassung nicht stark sinkt:

$$\frac{dw}{dz} > 0 \quad \Rightarrow \quad f_3' >> 0 \wedge f_3'' \approx 0 .$$

Im Unterschied zum kleinen Land sind die Auswirkungen einer Emissionspreiserhöhung auf Angebot und Nachfrage des umweltfreundlichen Gutes also nicht mehr eindeutig. Die striktere Umweltpolitik muß nicht zu einem Produktionsrückgang in allen Sektoren führen und die (positive) Importnachfrage nach umweltfreundlichen Gütern kann zunehmen. Obwohl die Komplexität der Ausdrücke eine quantitative Abschätzung nicht erlaubt, erscheint es ferner möglich, daß der Lohnsatz steigt und gleichzeitig der Wanderungssaldo sich absolut verringert. Dies bedeutet, daß im Fall der Spezialisierung auf umweltintensive Güter die Opportunitätskosten erhöhter Umweltstandards, die in der Reduktion der Vorteile aus Handel bestehen, in großen Ökonomien geringer sind als in kleinen.

Mit der vollständigen Herleitung der komparativ-statischen Effekte ist nun eine Wohlfahrtsanalyse möglich. Wie in den vorangegangenen Abschnitten maximiere die Umweltbehörde eine gesellschaftliche Wohlfahrtsfunktion $u = u(c_1, c_2, q)$. Sie agiert dabei wiederum nach der Nash-Verhaltensannahme, d.h. sie geht von einer unveränderten ausländischen Umweltpolitik aus. Die Nebenbedingungen umfassen nun aber einen Leistungsbilanzausgleich, der die Deckung der in der Dienstleistungsbilanz gebuchten Zahlungen für bezogenen Faktorleistungen erfordert. Die Summe aus Handelsbilanzsaldo und Dienstleistungsbilanzsaldo muß Null sein:

$$pm_1 + m_2 + w\Delta l = 0 . \tag{3.27}$$

Es ist zu beachten, daß diese Bedingung aus der Konvention folgt, das im Inland entstandene Erwerbseinkommen ausländischer Arbeitskräfte zum ausländischen Volkseinkommen zu rechnen[36].

[36] Vgl. Ruffin (1984), 250. Die Konvention unterstellt also, daß es sich bei Faktorwanderung sozusagen nur um Grenzgänger handelt und die Einkommenszurechnung nach dem Inländer-Konzept wie in der Praxis erfolgt.

Infolge dieser Modifikation der Leistungsbilanzbedingung ergibt sich eine Veränderung in der Optimalitätsbedingung der Umweltpolitik in der offenen Ökonomie:

$$(3.28)\quad z=-\frac{1}{v_2}g'\cdot\frac{p\frac{dx_1}{dz}+\frac{dx_2}{dz}-w\frac{d\Delta l}{dz}}{p\frac{dx_1}{dz}+\frac{dx_2}{dz}-w\frac{d\Delta l}{dz}+\frac{dp}{dz}(x_1-c_1)-\frac{dw}{dz}\Delta l}$$

Sowohl der Produktionseffekt als auch der terms of trade-Effekt werden nun ergänzt um Auswirkungen der Umweltpolitik auf die Dienstleistungsbilanz. Die internationale Faktormobilität beeinflußt die Anreizsituation des großen Landes. Für eine Abweichung von der Pigou-Steuer ist nun die Voraussetzung durch

$$(3.29)\qquad \frac{dp}{dz}(x_1-c_1)-\frac{dw}{dz}\Delta l \gtrless 0$$

gegeben. Der terms of trade-Effekt ist im Fall des Landes, das umweltintensive Güter exportiert, nach wie vor positiv. Dieser erste Anreiz für eine strategisch überhöhte Emissionssteuer wird bei Faktormobilität verringert, wenn

- das Land Migranten aufnimmt ($\Delta l > 0$) und bei hoher Produktivität in der Schadstoffunterdrückung das globale Lohnniveau steigt. In diesem Fall wirken die höheren, an ausländische Arbeitskräfte zu zahlenden Löhne kostensteigernd und reduzieren die Vorteile aus Verbesserung des internationalen Austauschverhältnisses;
- die Bevölkerung des Inlands Arbeitseinkommen im Ausland erzielt ($\Delta l < 0$) und das internationale Lohnniveau infolge Umweltpolitik sinkt.

Das Interesse an strategischer Beeinflussung des inländischen Emissionspreises erhöht sich bei international sinkenden Löhnen und Arbeitsimport. Während das Arbeitsangebot gegeben und preisunelastisch ist, übt also Umweltpolitik auf dem integrierten internationalen Arbeitsmarkt einen Preisänderungseffekt aus. Je nach Richtung der internationalen Migration hat ein Land Interesse an einer Veränderung der Lohnzahlung der inframarginalen Arbeitseinheiten. Ist es Exporteur von Arbeit, strebt es eine Verteuerung der Arbeit an, ist es Importeur kommt ihm eine Lohnsenkung zu gute. So wie Umweltpolitik die Zollpolitik eines Landes mit Monopol- bzw. Monopsonstellung auf Gütermärkten simulieren kann, ist sie ebenfalls ein (teilweises) Substitut für Faktorverkehrsbesteuerung[37]. Es finden sich daher die aus diesem Untersuchungsgebiet bekannten (zum Teil a priori ambivalenten) Besteuerungsanreize in der Form von Abweichungen von der umweltökonomischen Optimierungsbedingung vor[38].

3.6 Grenzüberschreitende Emissionen

Eine weitere Verallgemeinerung des Untersuchungsrahmens ergibt sich, wenn die in Abschnitt 2.1 eingeführte Annahme der räumlichen Kongruenz des Externalitätenproblems und der nationalen Regulierungskompetenz aufgehoben wird. Sobald im Inland emittierte Schadstoffe in mobilen Umweltmedien über die Landesgrenzen hinausgetragen werden (Advektion), liegt ein internationales Externalitätenproblem vor, das zweierlei Kategorien zugeordnet werden kann: Entweder handelt es sich um ein globales Umweltproblem, bei dem die Qualität eines international verfügbaren Umweltgutes den Charakter eines *internationalen öffentlichen Gutes* besitzt, oder es liegt eine *lokale grenzüberschreitende Externalität* vor, die die durch das länderübergreifende Ökosystem verbundenen Länder in möglicherweise unterschiedlicher Weise beeinträchtigt. In letzterem Fall zeigen die Schadstoffe ein inhomogenes räumliches Diffusionsverhalten auf. Da der Inhalt dieser Arbeit sich von den Problemen internationaler Umweltpolitik (deren Kern internationale öffentliche Umweltgüter darstellen) abgrenzt, wird nur das Problem lokaler grenzüberschreitender Emissionen betrachtet. Es sollen dabei die folgenden Fragestellungen behandelt werden: Wie unterscheiden sich kooperative und nicht-kooperative Regulierungslösungen in ihren allokativen Auswirkungen? Welches allokationspolitische Kriterium besteht für einen effizienten Einsatz wirtschaftspolitischer Instrumente, bzw. bleibt die Separierbarkeit von umweltökonomischer Effizienz und Außenhandel bestehen?

Das allokationspolitische Problem grenzüberschreitender Externalitäten ist in der umweltökonomischen Theorie für den Fall geschlossener Ökonomien ausführlich bearbeitet worden. Typischerweise wird in der Literatur eine Vorgehensweise zur Darstellung des Problems gewählt, die die mit einer Umweltregulierung einhergehenden Kosten bzw. deren Nutzen in aggregierten, gegebenen Funktionen darstellen[39]. Für den vorliegenden

[37] Vgl. Rauscher (1991b), 319ff. bzw. Van Long und Siebert (1991), 304ff.

[38] Zu den Vorteilen einer Einschränkung der Faktorbewegungen vgl. Ruffin (1984), 249-254.

[39] Vgl. z.B. Kuhl (1987), 33-35.

Fall ist diese Methode unpassend. Denn mit einer preislichen Bewertung der Nettoemissionen ergeben sich gemäß der unterschiedlichen Emissionsintensitäten der Sektoren Struktureffekte der Regulierung: es ändern sich relative Preise, die Sektorgrößen und gegebenenfalls auch die Produktionsmengen im Ausland. Diese strukturellen Änderungen haben aber Rückwirkungen auf die verwendeten Kosten- und Nutzenfunktionen. Es ist dies nichts anderes als das grundsätzliche Informationsproblem eines jeden Internalisierungverfahrens: die regulierende Behörde muß Kosten- und Nutzenfunktionen nicht nur in der Ausgangslage, sondern im Bezug auf das angestrebte Optimum kennen und daher alle Effekte eines Regulierungsverfahrens selbst prognostizieren können.

Grenzüberschreitende Emissionen sind für die von einer Emissionsbesteuerung ausgehenden Struktureffekte in einer offenen Ökonomie von besonderer Bedeutung. Der (Netto-)"Export" von Schadstoffen infolge grenzüberschreitenden Diffusionsverhaltens wirkt sich wie eine Substitut der Schadstoffvermeidung aus. Folglich verringert sich das Interesse des Inlands an Emissionsvermeidung. Der geringere Anreiz zu Umweltregulierung wirkt in der offenen Ökonomie wie eine Verbesserung des komparativen Vorteils des emissionsintensiven Sektors. Bei kooperativer Umweltpolitik zweier nicht durch Außenhandel verbundenen Ökonomien - in der private Vermeidungskosten mit allen, also auch im Ausland anfallenden, Umweltqualitätsgewinnen marginal zur Übereinstimmung gebracht werden[40] - werden die Opportunitätskosten der Umweltregulierung berücksichtigt, so daß sie im Vergleich mit der nicht-kooperativen Lösung in dem Land, das (netto) Schadstoffe abgibt, steigen und in dem Land, das sie (netto) aufnimmt, sinken. Handelt es sich hingegen um offenen Ökonomien, stellt sich die Frage, ob die Regierungen nur die ökologischen Opportunitätskosten oder auch Änderungen im durch die komparativen Vorteile bestimmten Außenhandelsgefüge beachten sollten. Ist es aufgrund des Zusammenhangs von Advektionsverhalten und komparativen Kosten vorteilhaft, im kooperativen Gleichgewicht von einer vollständigen Internalisierung abzuweichen? Hierfür ist es erforderlich, die Rückkopplung zwischen Umweltregulierung und Handelsstruktur detaillierter abzubilden, als es mit aggregierten Schadensfunktionen möglich ist. Es wird daher im folgenden analysiert werden, wie die Länder ihren Nutzen unter Berücksichtigung der Transformationsmöglichkeiten und der Handelsbilanzbedingung maximieren.

---

40 Vgl. Siebert (1995), 192f.

Die zweite bedeutsame Auswirkung grenzüberschreitenden Diffusionsverhaltens ist in der potentiellen Veränderung der Schadstoffimporte infolge inländischer Umweltpolitik zu sehen. Die oben genannten Struktureffekte können, sobald das Inland durch seine Größe Einfluß auf das Weltmarktgleichgewicht nimmt, Anpassungen im Ausland verursachen, die mit Veränderungen der ausländischen Nettoemissionen - und damit auch der importierten Schadstoffe - einhergehen. Dies ist als eine Opportunitätskostenkomponente inländischer Umweltpolitik zu beachten, unabhängig davon, ob diese kooperativ oder nicht ausgerichtet ist.

Im folgenden wird von einer Situation ausgegangen, in der zwei Länder wechselseitig Schadstoffe über ihre Staatsgrenzen abgeben. Das internationale Umweltproblem wird durch Diffusionskoeffizienten technologisch beschrieben: Inländische Schadstoffe diffundieren gemäß des konstanten Koeffizienten e ins Ausland, von den ausländischen Nettoemissionen erhöht ein konstanter Anteil E die inländische Immission. Die Umweltzustandsfunktionen nehmen damit folgende Form an:

$$(3.30) \qquad q = g[(1-e)s + ES], \; Q = G[es + (1-E)S)]$$

Ferner wird von der räumlichen Kongruenz des Externalitätenproblems und der Handelsverflechtung ausgegangen: die beiden Länder betreiben ausschließlich untereinander Außenhandel ($m_i = -M_i$, $i = 1,2$). Eine kooperative Lösung ist allgemein beschrieben durch

$$(3.31) \qquad di + dI = 0 .$$

Die durch Politikmaßnahmen ausgelösten Nutzenänderungen in beiden Ländern werden infolge der Division durch den Grenznutzen des als Numeraire dienenden zweiten Gutes in dessen realen Einheiten gemessen und sind so zu einer gemeinsamen Zielfunktion addierbar.

Analog zu (3.13), und unter Verwendung von (3.10) (allerdings hier unter Berücksichtigung des grenzüberschreitenden Diffusionsverhaltens), ist

(3.32)

$$dI = pdX_1 + dX_2 + m_1 dp + \frac{G'}{V_2}\left[\frac{e}{z} pdx_1 + dx_2 + \frac{(1-E)}{Z} pdX_1 + dX_2\right]$$

weshalb die Bedingung (3.31) auch geschrieben werden kann als

(3.33)

$$di + dI = pdx_1 + dx_2 - m_1 dp + \frac{g'}{v_2}\left[\frac{1-e}{z}(pdx_1 + dx_2) + \frac{E}{Z}(pdX_1 + dX_2)\right]$$

$$+ pdX_1 + dX_2 + m_1 dp + \frac{G'}{V_2}\left[\frac{e}{z}(pdx_1 + dx_2) + \frac{1-E}{Z}(pdX_1 + dX_2)\right]$$

$$= \left[1 + \frac{g'}{v_2}\frac{1-e}{z} + \frac{G'}{V_2}\frac{e}{z}\right](pdx_1 + dx_2)$$

$$+ \left[1 + \frac{g'}{v_2}\frac{E}{Z} + \frac{G'}{V_2}\frac{1-E}{Z}\right](pdX_1 + dX_2)$$

$$= 0$$

Für die kooperativ bestimmten Steuersätze ergibt sich somit

$$(3.34) \qquad \breve{z} = \frac{g'}{v_2}(1-e) + \frac{G'}{V_2}e, \breve{Z} = \frac{g'}{v_2}E + \frac{G'}{V_2}(1-E).$$

Der Emissionspreis eines Landes entspricht den in In- und Ausland hervorgerufenen marginalen Umweltschäden, d.h. *die kooperative Lösung entspricht dem Resultat für den Fall geschlossener Ökonomien.* Der Umstand, daß die Umweltpolitik in außenwirtschaftlich verflochtenen Mehrsektorenökonomien stattfindet und die komparativen Vorteile durch grenzüberschreitende Emissionen wechselseitig beeinträchtigt werden, bewirkt keine Abweichung von dieser Regel. Auch das Optimalzollargument spielt keine Rolle: das gegenläufige Interesse der Länder an einer Beeinflussung der terms of trade hebt sich auf. Schließlich sieht die kooperative Lösung im allgemeinen unterschiedliche nationale Emissionspreise vor, besteht also nicht in einer international ausgeglichenen Bewertung der Nettoemissionen.

Das Ergebnis ist leicht zu interpretieren: die Existenz grenzüberschreitender Umweltbelastung ändert nichts an der Pareto-Optimalität eines durch wahre komparative Vorteile gelenkten Außenhandels. "Echte" komparativen Vorteile kommen durch eine vollständige Internalisierung im Sinne der Einberechnung potentieller ausländischer Umweltschäden in die inländische Umweltregulierung zum Ausdruck. Alle für eine "effiziente Lösung" notwendige Information ist bei vollständiger Internalisierung in den Preisen enthalten und das Marktgleichgewicht mit Außenhandel stellt ein Pareto-Optimum sicher. Es ist jedoch auf die diesbezüglichen bekannten Einschränkungen hinzuweisen: Insbesondere ist eine optimale kooperative Umweltregulierung potentiell erst durch Seitenzahlungen anreizkompatibel[41].

Dieses Resultat ist nun mit der nicht-kooperativen Vorgehensweise zu konfrontieren. Hier maximiert das Inland seinen Nutzen unter Berücksichtigung seiner Produktionsmöglichkeiten und der Handelsbilanzbedingung. Wie in Abschnitt 3.1.4 erwägt das Land zudem neben dem Gebrauch des umweltpolitischen Instrumentariums den Einsatz von Zollpolitik (hier: Exportsteuer bzw. Importzoll auf das umweltintensive Gut 1). Die eventuelle Veränderung der ausländischen Nettoemissionen infolge inländischer Umweltpolitik werde abgebildet durch

(3.35) $$S = \vartheta(m_1),\ \vartheta' \geq 0 .$$

Die Funktion $\vartheta(m_1)$ faßt folgende Wirkungskette zusammen: eine durch Veränderungen der inländischen Umweltpolitik hervorgerufene Variation der inländischen Importnachfrage nach umweltintensiven Gütern bewirkt im Fall des großen Landes eine Änderung des relativen Weltmarktpreises. Es kommt ein neues Außenhandelsgleichgewicht zustande, die ausländische Produktionsstruktur paßt sich an. Es wird angenommen, daß eine Verteuerung des emissionsintensiven Gutes zu einem Anstieg des ausländischen Nettoemissionsniveaus führt ($\vartheta' > 0$). Für das kleine Land gilt dementsprechend $\vartheta' = 0$.

Die Nutzenoptimierungsbedingung ist zunächst

(3.36)
$$\begin{aligned} di &= (P-t)\frac{1}{P}\left[Pdx_1 + dx_2 - dc_2 + dP(-m_1)\right] + dc_2 \\ &+ \frac{1}{v_2}\frac{g'}{z}\{(1-e)[(P-t)dx_1 + dx_2]\} + \frac{g'}{v_2}E\vartheta' dm_1 = 0 \end{aligned}$$

Nach Umformen ergibt sich[42]

(3.37)
$$di = \left[1 + \frac{1}{v_2}\frac{g'}{z}(1-e)\right](pdx_1 + dx_2) - m_1 dP - tdm_1 + \frac{g'}{v_2}E\vartheta' dm_1 = 0,$$

41 Vgl. Kuhl (1987), 51-56.

42 Siehe Anhang A.3.7.

woraus sich die optimalen Werte der Politikparameter ergeben:

$$(3.38) \qquad z^* = \frac{g'}{v_2}(1-e), \quad t^* = \frac{g'}{v_2}E\vartheta' - m_1\delta'$$

mit $\delta' = \frac{dp}{dm_1}$, $\delta' > 0$ gemäß (3.26). Für das einzelne Land erhält man folgende Politikempfehlung bei individuell-rationalem Verhalten: Die Umweltbehörde berücksichtigt das Externalitätenproblem nur soweit es im Inland wirksam wird, und darüber hinaus gibt es für das große Land einen Anreiz, Handelspolitik einzusetzen. Dieser Anreiz zerfällt in zwei Komponenten. Das schon bekannte Optimalzollargument spricht dafür, die terms of trade zugunsten des exportierten Gutes zu verbessern; ob eine Exportsteuer oder ein Importzoll erhoben wird, hängt dabei von der Spezialisierung des Inlands (Vorzeichen von m_1) ab. Daneben liegt aber zweitens eine dem Vorzeichen nach eindeutige, nämliche negative, Komponente vor. Diese geht auf die Veränderung der importierten Schadstoffe zurück: eine Exportsubvention verringert den "Reimport" von Umweltverschmutzung nach strukturell bedingter Verringerung der eigenen Immission.[43] Interessanterweise ist es die Handelspolitik, die diese strukturelle Rückkoppelung zu berücksichtigen hat und nicht die Umweltpolitik. Diese richtet sich auch für ein großes Land nach dem Pigou-Kriterium (in Bezug auf inländische Externalitäten).

Sowohl kooperative als auch nicht-kooperative Lösung zeigen auf, daß grenzüberschreitende Emissionen in einem Modellrahmen mit vollkommenem Wettbewerb trotz des Zusammenhangs von Advektionsverhalten der Schadstoffe und komparativer Vorteile für die optimale Umweltpolitik keine Abweichungen von der traditionellen Pigou-Regel begründen. Die Lösungen unterscheiden sich in ihren Optimalitätsbedingungen hinsichtlich des Emissionspreises lediglich im vom Entscheidungsträger wahrgenommenen Umfang des Externalitätenproblems. Bei nicht koordiniertem Verhalten der einzelstaatlichen Umweltbehörden besteht jedoch ein umweltökonomischer Anreiz für den Einsatz des handelspolitischen Instrumentariums - sofern ein Land groß genug ist, um Preiseffekte auf dem Weltmarkt zu erzeugen. Ein Zoll, der die inländische Importnachfrage nach umweltintensiv herzustellenden Produkten (absolut) senkt, verringert die importierte Schadstoffbelastung. In diesem Sinn ist Handelspolitik umweltpolitisch zu rechtfertigen. Es ist jedoch darauf hinzuweisen, daß ein

---

43 Vgl. Markusen (1975), 19ff. und Rauscher (1991a), 27f.

einzelstaatliches Vorgehen mittels eines kombinierten Einsatzes von Umwelt- und Zollpolitik - aufgrund der *byproduct distortion* der Handelspolitik - niemals first-best gemäß (1.1) ist: Dies leistet nur die kooperative Herangehensweise, in der Handelspolitik keine Rolle zukommt[44].

Dieser Argumentation bedient sich auch die Europäische Kommission[45]:

> "Countries have the souveign right to design and implement their own environmental policies through the measures they consider appropriate to protect their domestic environment. ... However, all countries have a responsability to contribute to the solution of international environmental problems. The most effective way of dealing with such problems is through international and multilateral agreements, not by unilateral trade measures."

3.7 Zusammenfassung der Resultate

In der Untersuchung der offenen Volkswirtschaft wurde zunächst getrennt zwischen den Umwelteffekten des internationalen Güterhandels und den Auswirkungen der Umweltpolitik auf die Außenhandelsbeziehungen. Bei ersteren wurde festgestellt, daß die konventionellen Tausch- und Spezialisierungsgewinne durch Umweltqualitätseffekte zu ergänzen sind. Die Öffnung zum Außenhandel kann bei Spezialisierung auf emissionsintensive Produktionsweisen insgesamt wohlfahrtsverringernd sein. Es wurde auch erkennbar, daß Umweltpolitik sich flexibel an Veränderungen der Handelsbeziehungen anzupassen hat, damit Nettoemissionsmengen sich nutzenoptimal verändern können. Für diese Anpassungsverhalten kann eine Analogie zum Stolper-Samuelson-Theorem festgestellt werden: der optimale Emissionspreis steigt oder fällt, je nach dem, ob der Güterpreis des emissionsintensiven Gutes steigt oder fällt. Für den zweiten Faktorpreis, den Lohnsatz, muß eine solche Beziehung nicht gelten. Obwohl die Aufnahme von Außenhandel also eine Angleichung der Emissionspreise bewirkt, ist jedoch im allgemeinen weder ein relativer noch ein absoluter Faktorpreisausgleich ableitbar. Schließlich ist der Einsatz konventioneller handelseinschränkender Maßnahmen nicht erforderlich, solange das ökologische Problem preislich vollständig internalisiert wird.

Die Untersuchung von Umweltpolitik in einer kleinen offenen Ökonomie ergab, daß der in Kapitel 2 beschriebene produktionstechnische trade-

---

44 Vgl. Rauscher (1991a), 28.

45 Vgl. Europäische Kommission (1996), 1f.

off zwischen Güterherstellung und Umweltqualität sich nicht auf einen allgemeinen rivalen Zusammenhang von Umweltqualitätsverbesserung und Handelsgewinnen übertragen läßt. Der Emissionspreis determiniert die komparativen Vorteile und damit die Handelsorientierung. Obwohl das verfügbare Einkommen sinkt, wird je nach Spezialisierung in der internationalen Arbeitsteilung die Handelsorientierung steigen bzw. fallen. Der Einfluß von Umweltpolitik auf das Handelsvolumen nimmt ab, wenn das umweltpolitisch aktive Land groß ist. Der je nach Spezialisierung günstige oder ungünstige Einfluß auf bestehende komparative Vorteile wird durch einen nach- bzw. vorteilhaften terms of trade-Effekt in seiner Wohlfahrtswirkung abgemildert. Demnach kann eine suboptimale Internalisierung auch als Substitut von Optimalzöllen eingesetzt werden: Für ein großes Land besteht auch bei vollkommenem Wettbewerb ein handelspolitischer Anreiz, vom Pigou-Kriterium abzuweichen. Wie in der Optimalzolltheorie bedeutet eine absichtsvolle Verbesserung der terms of trade des einen Landes einen Wohlfahrtsverlust für den Handelspartner. Vom supranationalen Standpunkt ist diese Beeinflussung also irrational.

Eine dynamische Formulierung des Modells, in der die Umweltqualität durch den akkumulierten Bestand an Schadstoffen bestimmt wird, zeigt, daß die Ergebnisse für einen steady state mit denen der statischen Analyse übereinstimmen. Für Anpassungsprozesse sind die komparativen Vorteile jedoch nur temporär aussagekräftig.

Dehnt man die Betrachtung der außenwirtschaftlichen Verflechtung aus, indem Arbeit als international mobiler Produktionsfaktor zugelassen wird, werden die vorher genannten Resultate nicht unerheblich modifiziert. Umweltpolitik als Verknappung der common property-Assimilationsleistungen kann nun nicht mehr - gemäß einer Analogie zum Rybczynski-Theorem - zu einer Ausdehnung der umweltfreundlichen Industrie führen, wenn das umweltpolitisch aktive Land klein ist. Die bei Arbeitswanderung anfallenden Einkommenstransfers stellen neben den terms of trade ein weiteres Motiv für wohlfahrtssteigernde suboptimale Internalisierung in einem großen Land dar.

Erhält das umweltökonomische Problem selbst eine internationale Dimension durch grenzüberschreitendes Diffusionsverhalten, so stellt sich zunächst die Frage, ob das für geschlossene Ökonomien herleitbare first-best-Kriterium (kooperativer) Emissionsregulierung erhalten bleibt. Dies konnte bestätigt werden. Aus der Sicht des einzelnen, großen Landes ist jedoch der simultane Einsatz von Umwelt- und Handelspolitik rational, wobei der Protektionismus eine ökologische Motivation erhält, da die

Handelseinschränkung sich gegen den Schadstoffimport aus dem Ausland richtet.

Anhang zu Kapitel 3

A.3.1 Stolper-Samuelson-Effekt

Die Herleitung der Zeilen 2 - 4 in GLS (3.2) entspricht Abschnitt 2.2. Zeile 1 ergibt sich aus dem Differential der Optimalitätsbedingung (3.1) bezüglich l_1, l_2, c_1 und c_2. Darin läßt sich gemäß der Bedingung der ausgeglichenen Handelsbilanz

$$dc_2 = pf_1'dl_1 + f_2'dl_2 - pdc_1 + dp(x_1 - c_1)$$

die Variable c_2 durch die anderen substituieren. Man beachte, daß $x_1 - c_1 = 0$ im Falle einer Öffnung der Ökonomie. Im folgenden gelte die Annahme $|v_{22}d_{2y}| > |v_{21}d_{1y}|$, was bedeutet, daß der Grenznutzen des Numéraires durch den "Eigeneffekt" stärker variiert wird.

$$\Delta = (\overline{\alpha} - \overline{\beta})zf_3''(j_1' - j_2') - \overline{\alpha}\beta(j_1' + f_3') - \overline{\beta}\alpha(j_2' + f_3') + \alpha\beta - zf_3'' > 0$$

$$\Delta_1 = \phi\left[zf_3''(j_1' - j_2') - \beta(j_1' + f_3')\right] + f_1'dp\left[-\overline{\beta}(j_2' + f_3') + \beta - zf_3''\right] \gtrless 0$$

$$\Delta_2 = -\phi\left[zf_3''(j_1' - j_2') + \alpha(j_2' + f_3')\right] + f_1'dp\left[\overline{\alpha}(j_2' + f_3') + zf_3''\right] < 0$$

$$\Delta_1 + \Delta_2 = f_1'dp(j_2' + f_3')(\overline{\alpha} - \overline{\beta}) + \phi\left[-\alpha(j_2' + f_3') - \beta(j_1' + f_3')\right] + f_1'dp\beta \gtrless 0$$

$$\Delta_3 = (\overline{\alpha} - \overline{\beta})zf_3''f_1'dp - \overline{\alpha}\beta f_1'dp > 0$$

$$\Delta_4 = zf_3''f_1'j_2'dp(\overline{\beta} - \overline{\alpha}) - \overline{\alpha}f_3'\beta f_1'dp - zf_3''\beta(f_1'dp - j_1'\phi) + \alpha\phi(zf_3''j_2' + \beta f_3') \gtrless 0$$

Damit ergibt sich:

$$dl_1 = \frac{\Delta_1}{\Delta} \gtrless 0,\ dl_2 = \frac{\Delta_2}{\Delta} < 0,\ dl_1 + dl_2 = \frac{\Delta_1 + \Delta_2}{\Delta} \gtrless 0,$$
$$dz = \frac{\Delta_3}{\Delta} > 0,\ dw = \frac{\Delta_4}{\Delta} \gtrless 0$$

A.3.2 Handelspolitik:

Die Bedingung für Nutzenmaximierung lautet

$$\frac{du}{v_2} = \frac{v_1}{v_2} dc_1 + dc_2 + \frac{1}{v_2} dq = 0$$

Unter Verwendung der Bedingung des Handelsbilanzausgleichs ergibt sich dann wie gesehen (3.9). Die weiteren Umformungsschritte sind

$$\begin{aligned}
\frac{du}{v_2} &= p\frac{1}{P}(Pdx_1 + dx_2 - dc_2) + dc_2 + \frac{1}{v_2} dq \\
&= Pdx_1 + dx_2 - \frac{t}{P}(Pdx_1 + dx_2 - dc_2) + \frac{1}{v_2}\frac{g'}{z}(pdx_1 + dx_2) \\
&= \left(1 + \frac{1}{v_2}\frac{g'}{z}\right)(Pdx_1 + dx_2) - \frac{t}{P}(Pdx_1 + dx_2 - dc_2) - \frac{1}{v_2}\frac{g'}{z} tdx_1 \\
&= \left(1 + \frac{1}{v_2}\frac{g'}{z}\right)(Pdx_1 + dx_2 - tdx_1) - tdm_1 = 0.
\end{aligned}$$

A.3.3 Umweltpolitik in der kleinen offenen Ökonomie[46]

$$\begin{aligned}
&\Delta = -\alpha\beta + (\alpha + \beta) z f_3'' < 0 \\
&\Delta_1 = d_{2y} f_1' [z f_3''(h_1' f_1' - h_2' f_2') dz - \beta z (h_1' f_1' + f_3')] \\
&\qquad + d_{1y} f_2' [z f_3''(h_1' f_1' - h_2' f_2') dz + \alpha z (h_2' f_2' + f_3')] \\
&\qquad < 0 \quad \Leftrightarrow \quad \beta d_{2y} f_1' > \alpha d_{1y} f_2' \\
&\Delta_2 = -p\Delta_1 \\
&\Delta_3 = -z f_3''(h_1' f_1' - h_2' f_2') + \beta (h_1' f_1' + f_3') > 0 \\
&\Delta_4 = z f_3''(h_1' f_1' - h_2' f_2') + \alpha (h_2' f_2' + f_3') \gtrless 0 \\
&\Delta_3 + \Delta_4 = \beta (h_1' f_1' + f_3') + \alpha (h_2' f_2' + f_3') > 0
\end{aligned}$$

---

46 Vgl. Siebert (1977), 662-664.

Damit ergibt sich:

$$dm_1 = \Delta_1/\Delta > 0,\ dm_2 = \Delta_2/\Delta < 0\ dl_1 = \Delta_3/\Delta < 0;\ dl_2 = \Delta_4/\Delta \gtrless 0$$

$$dl_3 = -(\Delta_3 + \Delta_4)/\Delta > 0\,.$$

A.3.4 Umweltpolitik der großen offenen Ökonomie

Die Bedingung $dp = 0$ wird nun aufgehoben. Das Gleichungssystem (3.12) wird ergänzt um eine Preisanpassungsregel, die die Marktmacht des Inlandes zum Ausdruck bringt:

$$p = \delta(m_1)$$

mit $\delta' > 0$. Es ergibt sich das Gleichungssystem

$$\begin{bmatrix} 1 & 0 & -(d_{1p} + d_{1y}x_1) & d_{2y}f_1' & -d_{1y}f_2' & 0 \\ 0 & 0 & 0 & zf_3'' & zf_3'' & 1 \\ 0 & 0 & -f_1' & \alpha & 0 & 1 \\ 0 & 0 & 0 & 0 & \beta & 1 \\ -\delta' & 0 & 1 & 0 & 0 & 0 \\ p & 1 & m_1 & 0 & 0 & 0 \end{bmatrix} \times \begin{bmatrix} dm_1 \\ dm_2 \\ dp \\ dl_1 \\ dl_2 \\ dw \end{bmatrix} = \begin{bmatrix} 0 \\ dz f_3' \\ -dzh_1' f_1' \\ -dzh_2' f_2' \\ 0 \\ 0 \end{bmatrix}$$

damit ergibt sich:

$$\Delta = [-\alpha\beta + (\alpha + \beta)zf_3''] + \\ \delta'\left\{(d_{1p} + d_{1y}x_1)[\alpha\beta - (\alpha + \beta)zf_3''] + f_1'\left[zf_3''(d_{2y}f_1' + d_{1y}f_2') - \beta d_{2y}f_1'\right]\right\} < 0$$

$$\Delta_1 = dz\{(j_1' - j_2')[zf_3''(d_{2y}f_1' + d_{1y}f_2')] + \alpha j_2' f_2' d_{1y} - \beta j_1' f_1' d_{2y}\} \\ < 0 \Leftrightarrow \beta d_{2y}f_1' > \alpha d_{1y}f_2'$$

$$\Delta_3 = -\delta'[(d_{1y}f_2' + d_{2y}f_1')zf_3''(j_2' - j_1') - \alpha d_{1y}f_2'\beta(j_2' + f_3') + \beta d_{2y}f_1'(j_1' + f_3)] \\ < 0 \Leftrightarrow \beta d_{2y}f_1' > \alpha d_{1y}f_2'$$

$$\Delta_2 = -m_1\frac{\Delta_3}{\Delta} - p\frac{\Delta_1}{\Delta} \Rightarrow dm_2 < 0 \Leftrightarrow \frac{1}{\eta_{m,p}} < 1$$

und somit $dm_1 = \Delta_1/\Delta > 0$, $dm_2 = \Delta_2/\Delta < 0$ sowie $dp = \Delta_3/\Delta > 0$.

A.3.5 Herleitung von dq/dz:

$$q = g \cdot \{h_1[f_1(l_1)] + h_2[f_2(l_2)] - f_3(\bar{l} - l_1 - l_2)\}$$
$$dq = g'[(h_1'f_1' + f_3')dl_1 + (h_2'f_2' + f_3')dl_2]$$
$$= \frac{g'}{z}[(h_1'f_1'z + f_3'z)dl_1 + (h_2'f_2'z + f_3'z)dl_2]$$
$$= \frac{g'}{z}\left[\left(\frac{h_1'f_1'z + w}{f_1'}\right)dx_1 + \left(\frac{h_2'f_2'z + w}{f_2'}\right)dx_2\right]$$
$$= \frac{g'}{z}(pdx_1 + dx_2) \quad \text{bzw.} \quad \frac{dq}{dz} = \frac{g'}{z}\left(p\frac{dx_1}{dz} + \frac{dx_2}{dz}\right)$$

A.3.6 Umweltpolitik bei internationaler Faktormobilität

Für die Analyse der kleinen Ökonomie $dp = dw = 0$ eignet sich Gleichungssystem (3.24). Hieraus ergibt sich

$$\Delta = zf_3''\alpha\beta < 0$$

$$\Delta_1 = zf_3''(\beta j_1'd_{2y}f_1' - \alpha j_2'd_{1y}f_2')dz < 0 \Leftrightarrow \beta j_1'd_{2y}f'_1 > \alpha j_2'd_{1y}f_2'$$

$$\Delta_2 = -pzf_3''(\beta j_1'd_{2y}f_1' - \alpha j_2'd_{1y}f_2')dz > 0 \Leftrightarrow \beta j_1'd_{2y}f_1' > \alpha j_2'd_{1y}f_2'$$

$$\Delta_3 = -zf_3''j_1'\beta dz > 0$$

$$\Delta_4 = -zf_3''j_2'\alpha dz > 0$$

$$\Delta_5 = -(f_3'\alpha\beta + zf_3''j_1'\beta + zf_3''j_2'\alpha)dz \gtrless 0$$

und damit $dm_1 \frac{\Delta_1}{\Delta} > 0,\ dm_2 = \frac{\Delta_2}{\Delta} < 0,\ dl_1 = \frac{\Delta_3}{\Delta} < 0,\ dl_2 = \frac{\Delta_4}{\Delta} < 0$ sowie $d\Delta l = \frac{\Delta_5}{\Delta} \gtrless 0$, aber $f_3'' \approx 0 \wedge f_3' >> 0 \rightarrow d\Delta l > 0$. Schließlich ist

$$d\Delta l - dl_1 - dl_2 = -f_3'\alpha\beta dz < 0 \rightarrow dl_3 = \frac{-f_3'\alpha\beta dz}{\Delta} > 0$$

Im Fall der großen Ökonomie muß das Gleichungssystem erweitert werden. Hinzu kommen die totalen Differentiale der Gleichungen (3.25) und (3.26). In Matrixschreibweise erhält man so

$$\begin{bmatrix} 1 & 0 & d_{2y}f_1' & -d_{1y}f_2' & 0 & 0 & 0 & \varpi & 0 \\ p & 1 & 0 & 0 & 0 & 0 & 0 & m_1 & 0 \\ -\delta' & 0 & 0 & 0 & 0 & 0 & 0 & 1 & 0 \\ 0 & 0 & \alpha & 0 & 0 & 0 & 0 & -f_1' & 1 \\ 0 & 0 & 0 & \beta & 0 & 0 & 0 & 0 & 1 \\ 0 & 0 & zf_3'' & zf_3'' & 0 & 0 & -zf_3'' & 0 & 1 \\ 0 & 0 & 0 & 0 & A & 0 & 0 & -F_1' & 1 \\ 0 & 0 & 0 & 0 & 0 & B & 0 & 0 & 1 \\ 0 & 0 & 0 & 0 & ZF_3'' & ZF_3'' & ZF_3'' & 0 & 1 \end{bmatrix} \times \begin{bmatrix} dm_1 \\ dm_2 \\ dl_1 \\ dl_2 \\ dL_1 \\ dL_2 \\ d\Delta l \\ dp \\ dw \end{bmatrix} = \begin{bmatrix} 0 \\ 0 \\ 0 \\ -j_1'dz \\ -j_2'dz \\ f_3' \\ 0 \\ 0 \\ 0 \end{bmatrix}$$

Es ergeben sich hieraus die folgenden Vorzeichen[47]:

$$\Delta < 0,\ \Delta_1 < 0 \Leftrightarrow j_1' > j_2' \wedge d_{2y}\beta > d_{1y}\alpha,\ \ \Delta_2 > 0 \Leftrightarrow m_1 > 1 \vee \frac{1}{\eta_{m,p}} < 1$$

$$\Delta_3 > 0 \Leftrightarrow j_1' > j_2',\ \Delta_4 > 0 \Leftrightarrow \frac{j_2'}{j_1'}\alpha > zf_3'',$$

$$\Delta_5 \gtrless 0\ \ (\Delta_5 < 0 \Leftrightarrow f_3' \approx 0),\ \ \Delta_6 \gtrless 0,\ \ \ \Delta_5 + \Delta_6 < 0 \Leftrightarrow f_3' \approx 0,$$

$$\Delta_7 > 0 \Leftrightarrow f_3' \approx 0,\ \ \ \Delta_8 < 0 \Leftrightarrow d_{2y}j_1'\beta > d_{1y}j_2'\alpha\ ,$$

$$\Delta_9 \gtrless 0(\Delta_9 < 0 \Rightarrow f_3' >> 0 \wedge f_3'' \approx 0).$$

47 Die aus dem Gleichungssystem ermittelten und in der Cramerschen Regel verwendeten Determinanten - für deren PC-gestützte Ermittlung ich Meinrad Rohner danke - sind sehr lang und unübersichtlich, so daß auf eine Wiedergabe verzichtet wird.

Mit diesen Vorzeichen folgen die in Abschnitt 3.5 genannten komparativ-statischen Effekte.

A.3.7 Grenzüberschreitende Emissionen: Herleitung von (3.37):

$$\frac{du}{v_2} = (P-t)\frac{1}{P}\left[Pdx_1 + dx_2 - dc_2 + dP(-m_1)\right] + dc_2$$

$$+\frac{1}{v_2}\frac{g'}{z}\{(1-e)[(P-t)dx_1 + dx_2]\} + \frac{g'}{v_2}E\vartheta' dm_1$$

$$= Pdx_1 + dx_2 - m_1 dP - \frac{t}{P}\left[Pdx_1 + dx_2 - dc_2 - m_1 dP\right]$$

$$+\frac{1}{v_2}\frac{g'}{z}\{(1-e)[(P-t)dx_1 + dx_2]\} + \frac{g'}{v_2}E\vartheta' dm_1$$

$$= \left[1+\frac{1}{v_2}\frac{g'}{z}(1-e)\right](Pdx_1 + dx_2) - m_1 dP - \frac{t}{P}\left[Pdx_1 + dx_2 - dc_2 - m_1 dP\right]$$

$$-\frac{1}{v_2}\frac{g'}{z}(1-e)tdx_1 + \frac{g'}{v_2}E\vartheta' dm_1$$

$$= \left[1+\frac{1}{v_2}\frac{g'}{z}(1-e)\right](Pdx_1 + dx_2) - \left[1+\frac{1}{v_2}\frac{g'}{z}(1-e)\right]tdx_1 - m_1 dP$$

$$-\frac{t}{P}\left[dx_2 - dc_2 - m_1 dP\right] + \frac{g'}{v_2}E\vartheta' dm_1$$

$$= \left[1+\frac{1}{v_2}\frac{g'}{z}(1-e)\right](pdx_1 + dx_2) - m_1 dP - tdm_1 + \frac{g'}{v_2}E\vartheta' dm_1$$

Kapitel 4

Grundmodelle der strategischen Umweltpolitik

4.1 Ansatzpunkte für Handelspolitik in der neuen Außenwirtschaftstheorie

Die Literatur zur neuen Außenwirtschaftstheorie entstand durch die Anwendung industrieökonomischer Modellansätze auf internationale Märkte. Es sind hierbei zwei Modelltypen hervorzuheben, mit denen sowohl neuartige positive Erklärung des Außenhandels als auch neue Beurteilungen über dessen Wohlfahrtseffekte gewonnen wurden.

Zum einen wurde die Marktstruktur der monopolistischen Konkurrenz angewandt. Mit ihrer Hilfe war es möglich, firmeninterne zunehmende Skalenerträge zu modellieren und aufzuzeigen, daß zunehmende Skalenerträge in Verbindung mit konsumentenseitiger Vorliebe für Produktvielfalt gegenseitigen Handel in ähnlichen, substitutionalen Gütern begründen[1]. Da es kostengünstig ist, eine Gütervariante ausschließlich in einem Land herzustellen, findet Spezialisierung produktweise und nicht sektorweise statt. Länder können dann einen Warenaustausch innerhalb gleichartiger Sektoren betreiben. Der so beschriebene intra-industrielle Handel - also der Austausch von ähnlichen Gütern (gegebenenfalls auch zwischen ähnlichen Ländern) - ist wohlfahrtsfördernd, da die Realisation der Skalenerträge Kostensenkungen erlaubt, während das in einem Land verfügbare Güterangebot in der Sortimensbreite zunimmt.

Die zweite wichtige Modellgruppe basiert auf der Marktstruktur eines internationalen Oligopols. In diesem Rahmen läßt sich intra-industrieller Handel auch in vollständig homogenen Güter aufgrund des nicht-koopera-

1 Vgl. Krugman (1979), Krugman (1980).

tiven Verhaltens oligopolistischer Konkurrenten erklären[2]. Ein positiver Wohlfahrtseffekt verbindet sich mit dieser Form des Außenhandels dann, wenn er die Marktmacht inländischer Anbieter verringert, effizienzmindernd wirken sich jedoch die mit der gegenseitigen Belieferung von identischen Gütern verbundenen Transportkosten aus. Während die monopolistische Konkurrenz in der Chamberlinschen Tangentiallösung eine Beschreibung eines Gleichgewichts der langen Frist darstellt, werden in den oligopolistischen Modellen internationalen Handels häufig die Situationen des eingeschränkten Marktzutritts betrachtet. Zunehmende Skalenerträge bzw. Fixkostenblöcke können Marktzutrittsbarrieren schaffen, müssen aber nicht die Ursache der unvollständigen Konkurrenz sein. In dieser Marktform, die als empririsch relevant für internationale Märkte erachtet wird (typische Beispiele sind Automobilindustrie, Luftfahrtindustrie, Mineralölindustrie, pharmazeutische, gentechnologische und andere chemische Industrie[3]), fallen positive Unternehmensgewinne an, die zum Objekt strategischer Regierungsentscheidungen werden können. Die Auswahl der Marktform des internationalen Oligopols als Grundlage für eine Theorie der strategischen Handelspolitik ergibt sich ferner aus dem Umstand, daß sie es erlaubt, in einfacher Weise unterschiedliche Formen strategischer Interdependenz zu modellieren (von einer detaillierten Abbildung dieser Art der Interaktion wird aufgrund der größeren Teilnehmerzahl bei monopolistischer Konkurrenz eher abgesehen). Es wird letzlich besonders gut der Gestaltungseinfluß der Regierungen auf ein strategisches Umfeld erkennbar.

Eine wichtige Implikation oligopolistischer Marktstrukturen ist die im allgemeinen auftretende Diskrepanz von Preisen und (sozialen) Grenzkosten. Die Einbettung der zunächst nur partialanalytischen Betrachtungen einzelner Märkte und einzelner Industrien in ein allgemeines Modell zeigt auf, daß die auf Skalenerträge, Produktdifferenzierung und reziprokes Dumping zurückgehende Erklärung intra-industriellen Handels das Prinzip der komparativen Vorteile nicht ersetzt, sondern ergänzt[4]. Es läßt sich in totalanalytischen Modellen, in denen einzelne Sektoren durch unvollständige Konkurrenz gekennzeichnet sind, aufzeigen, daß die sektorelle Spezialisierung der handelnden Länder dem Prinzip komparativer Preisvorteile folgt. Auch wenn ein Land bei intra-industriellem Handel simultan Impor-

---

2 Vgl. Brander (1981), Brander und Krugman (1983)

3 Vgl. Walz (1992), 4, bzw. Ulph, A. (1994), 123-128.

4 Vgl. Helpman und Krugman (1985), 85-95.

teur und Exporteur einer Warengruppe sein kann, so wird es hier i.d.R. per saldo eine Nettoimportnachfrage aufweisen, der eine (Netto-)Importnachfrage mit umgekehrten Vorzeichen in anderen Warengruppen zu entsprechen hat. Diese Vorzeichen werden zunächst bestimmt von den Determinanten komparativer Vorteile: den technologischen Daten (Technologie und Faktorausstattung) und den Präferenzen der Konsumenten. Vor diesem Hintergrund erscheint aber das Auseinanderfallen von Preisen und Grenzkosten als eine potentielle Ursache der Verfälschung der (wahren) komparativen Vorteile. Damit stellt sich die Frage nach Eignung von Umwelt- und Handelspolitik zur Korrektur der durch Unternehmenskonzentration hervorgerufenen Veränderungen in der Struktur des internationalen Güterhandels.

In Kapitel 4 steht zunächst der erstgenannte Ansatzpunkt - positive Firmengewinne - als Motiv für umweltpolitische Intervention im Vordergrund. Das zweite Problem - durch Konzentration hervorgerufene Beeinflussungen der Handelsströme und die Gefahr der Fehlspezialisierung - muß in einem allgemeinen Gleichgewichtsmodell mit unvollständiger Konkurrenz betrachtet werden, was den Rahmen dieser Arbeit überschreitet. Die Skizze eines solchen Modells findet sich am Anfang des folgenden Kapitels, in dem intra-industrieller Handel eingeführt werden wird. Dort werden auch die wichtigsten wohlfahrtstheoretischen Implikationen der Umwelt- und Handelspolitik in diesem Zusammenhang behandelt.

4.2 Strategische Umweltpolitik im internationalen Cournot-Oligopol

Die Theorie der strategischen Handelspolitik zeigt auf, daß es im allgemeinen nicht mehr sinnvoll ist, nur solche staatlichen Maßnahmen, die an der Landesgrenze wirksam werden, zum handelspolitischen Instrumentarium zu zählen. Vielmehr können außenwirtschaftliche Zielsetzungen auch durch binnenwirtschaftliche Maßnahmen erreicht werden, womit deutlich wird, daß diese - wenn zu diesem Zweck absichtsvoll eingesetzt - zu einem erweiterten handelspolitischen Instrumentarium zu zählen sind. In diesem Kapitel wird ein Grundmodell handelspolitisch motivierter strategischer Umweltpolitik entwickelt, daß die grundsätzliche Wirksamkeit der Umweltpolitik zum Zweck der Rentenumlenkung auf internationalen oligopolistischen Märkten aufzeigt.

In der einfachsten geeigneten Modellstruktur werden drei Länder betrachtet, von denen eines nur als Importeur fungiert. In den beiden anderen Ländern (im folgenden Inland und Ausland) befindet sich jeweils ein Anbieter des oligopolistisch angebotenen, homogenen Gutes. Beide Unternehmen exportieren in das Drittland, in den jeweiligen Heimatländern wird das Gut nicht konsumiert. Der Markt sei nicht bestreitbar, wobei die Ursache hierfür nicht näher spezifiziert wird, sie könnte beispielsweise in sunk costs der Kapazitätsbereitstellung liegen oder auch institutioneller Art (Marktzutrittsregulierung) sein. Zugrundegelegt wird eine zweistufige Spielstruktur: Auf der zweiten Stufe wird ein Nash-Gleichgewicht in im einzelnen noch zu beschreibenden unterschiedlichen Strategien für das Dyopol angenommen; auf der ersten Stufe agieren die Regierungen (bzw. die Umweltbehörden) des In- und Auslands miteinander, hier werden kooperative und nicht-kooperative Gleichgewichtslösungen betrachtet.

Es wird zunächst die zweite Stufe betrachtet: Gemäß des Nettoemissionsansatzes optimieren die Anbieter ihr Verhalten durch simultane Bestimmung ihrer Ausbringungen und des Faktoreinsatzverhältnisses. Im folgenden werden allerdings nicht die Nettoemissionen selbst, sondern die zu ihnen komplementäre Größe der vermiedenen Schadstoffmengen als Entscheidungsvariable herangezogen[5]. Der Firmengewinn entspricht der Differenz von Erlös und Kosten[6]:

$$(4.1) \qquad \pi = p(x+X)x - wf^{-1}(x) - wf_r^{-1}(s^r) - z(h(x) - s^r).$$

$p(x+X)$ ist die inverse Nachfragefunktion im Drittland, $f^{-1}(\cdot)$ und $f^{r-1}(\cdot)$ stellen den benötigten Arbeitseinsatz in der Güterproduktion und in der Schadstoffvermeidung dar. Die Kosten zerfallen in die Lohnkosten und die Steuerausgaben, verkürzt läßt sich schreiben:

(4.2)
$$\pi = px - \gamma(x, s^r) - z \cdot [h(x) - s^r], \quad \gamma_x > 0, \gamma_{s^r} > 0, \gamma_{xs^r} > 0, \gamma_{s^r x} = 0$$

Die Unternehmung maximiert ihren Gewinn durch Auswahl der Aktivitätsniveaus in Produktion und Schadstoffvermeidung:

$$(4.3) \qquad \pi_x = p + p'x - \gamma_x - zh' = 0$$

---

5 Dies hat den Vorteil, daß der Einfluß der Produktionshöhe auf die Steuerzahlungen abgebildet werden kann. Siehe die folgenden Darstellungen der Kostenfunktion.

6 Die Beschreibung der Gewinnfunktion und der Gewinnmaximierungsbedingungen beschränkt sich im folgenden auf ein (das inländische) Unternehmen. In analoger Weise ist der ausländische Konkurrent darstellbar.

(4.4) $$\pi_{s^r} = -\gamma_{s^r} + z = 0.$$

Die Gewinnoptimierungsbedingung (4.4) zeigt, daß aufgrund des in der Partialanalyse exogen gegebenen Lohnsatzes die Menge der Schadstoffvermeidung vom Emissionspreis bestimmt wird[7].

(4.5) $$s^r = s^r(z), \quad s_z^r > 0$$

Hierbei ist zu beachten, daß die Unternehmen die Entscheidung über die zu vermeidenden Emissionen nur unter dem Blickwinkel der Kostenminimierung fällen. Strategische Erwägungen, insbesondere die Berücksichtigung des Zusammenhangs von Dyopolgleichgewicht und Grenzkosten (deren Höhe auch durch die Schadstoffvermeidung bestimmt ist, $\gamma_{x,s^r} > 0$) finden an dieser Stelle nicht statt[8]. Letztlich ist die hier gewählte Darstellung mit einer variablen Abatement -Technologie nur etwas allgemeiner als die in der Literatur übliche mit fixen Emissionskoeffizienten[9], die als Spezialfall enthalten ist. Das Nettoemissionsniveau - eine innere Lösung sei angenommen - wird durch die Ausbringung bestimmt, indem von den Bruttoemissionen die durch z determinierte, vermiedene Schadstoffmenge abgezogen wird. Damit ist eine weitgehende Vergleichbarkeit mit dem Cournot-Oligopol a là Brander und Spencer möglich. Es wird im folgenden nur die Gewinnmaximierungsbedingung bezüglich der Ausbringung explizit betrachtet.

Auf der ersten Stufe kommen die Regierungen der beiden exportierenden Länder zum Zug. Die Umweltbehörden maximieren durch Auswahl der Emissionssteuersätze die nationalen Wohlfahrtsfunktionen. Die Wohlfahrtsfunktionen leiten sich aus den Nutzenfunktionen des als repräsentativ angesehenen Konsumenten her. Es sei folgende funktionale Form einer Nutzenfunktion angenommen:

(4.6) $$u(x,n,q) = v(x,n) + q$$

n bezeichne den Konsum eines unter vollständig kompetitiven Bedingungen (konstante Skalenerträge, Grenzkostenpreise) angebotenen Numérairegutes. Die Budgetbeschränkung lautet:

---

7 Siehe (2.19b). Dies folgt auch aus Shepards Lemma.

8 Eine solche Überlegung erfolgt in Kapitel 7.

9 Vgl. z.B. Conrad (1993 bzw. 1994).

$$(4.7) \qquad w\bar{l} + \pi + \tau = px + n$$

wobei $w\bar{l}$ das Arbeitseinkommen der Ökonomie ist, π den Firmengewinn beschreibt und τ das an den Konsumenten zurückgegebene Steueraufkommen bezeichnet. Der Lohnsatz bestimme sich aus der Grenzproduktivität der Arbeit im kompetitiven Sektor. Diese plausible Annahme stellt sicher, daß in der folgenden Partialanalyse die Oliogopolisten sich am Arbeitsmarkt als Preisnehmer verhalten. Löst man (4.7) nach n auf und substituiert in (4.6) ergibt sich als Nutzen- bzw. Wohlfahrtsfunktion

$$(4.8) \qquad u(x,n,q) = v(x, w\bar{l} + \pi + \tau - px) + q$$

bzw. nach einer für die Partialanalyse geeigneten Modifikation (Einkommenseffekte entfallen, konstanter Grenznutzen des Einkommens):

$$(4.9) \quad u(x,n,q) = v_n \cdot [\tilde{v}(x) - px + w\bar{l} + \pi + \tau] + q = u(\kappa, \pi, \tau, q)$$

wobei $\kappa = \tilde{v}(x) - px$ die (Netto-)Konsumentenrente darstellt[10]. Da im folgenden nur Vollbeschäftigungszustände betrachtet werden, kann das Arbeitseinkommen als positive Konstante aus der Wohlfahrtsfunktion gestrichen werden.

Die Herleitung zeigt die mikroökonomische Fundierung einer Wohlfahrtsfunktion auf, zu deren Argumenten die Unternehmensgewinne und die Steuereinahmen zählen. Eine solche wird in der Literatur gelegentlich auch ad hoc eingeführt und bringt dann die Annahme zum Ausdruck, daß Regierungen bei der Verfolgung des umweltpolitischen Ziels die Entwicklung des Budgets ebenso wie die Gewinne inländischer Unternehmen im Auge behalten. Das umweltpolitische Ziel wird also nicht als absolut bzw. unabhängig von wirtschaftspolitischen Interessen angesehen. Insofern im zunächst besprochenen Drittlandsmarktmodell inländische Nachfrage nicht relevant wird, bleibt die Konsumentenrente zunächst als Wohlfahrtskomponente unberücksichtigt.

Die Lösung $(\hat{z}, \hat{Z})$ auf der ersten Stufe sei zunächst durch ein nicht-kooperatives Nash-Gleichgewicht beschrieben:

---

[10] Beachte, daß die Inverse der Nachfragefunktion gleich $\tilde{v}'(x)$ ist. Die Bruttokonsumentenrente, d.h. das Integral unter der inversen Nachfragefunktion, kann dann mit $\tilde{v}(x)$ gemessen werden. Vgl. Brander und Spencer (1984), 229. Zur Eignung der Konsumentenrente als Wohlfahrtsmaß vgl. auch Brander und Spencer (1992), 108f.

$$(4.10) \qquad \frac{du(\hat{z},\hat{Z})}{dz}=0,\ \frac{dU(\hat{z},\hat{Z})}{dZ}=0$$

Im weiteren ist es ausreichend, die Bedingung optimaler Umweltpolitik des Inlands für gegebene ausländische Umweltpolitik abzuleiten[11]. Sie entspricht qualitativ der Optimalitätsbedingung des nicht-kooperativen Gleichgewichts[12].

Die Umweltqualität sei abhängig von den inländischen und ausländischen Nettoemissionen und dem Advektionsverhalten der erzeugten Schadstoffe:

$$(4.11) \qquad q=g[(1-e)s+ES] \quad 0\le e\le 1,\ 0\le E\le 1.$$

Die Parameter e und E stellen dar, welcher Anteil der Nettoemissionen eines Landes durch grenzüberschreitende Diffusion an das Ausland abgegeben werden. Die Wohlfahrtsfunktion $u(\pi,\tau,q)$ lautet dann in ausführlicher Schreibweise:

$$(4.12) \quad u=u\{px-\gamma(x,s^r)-z\cdot[h(x)-s^r],\ zs,\ g[(1-e)s+ES]\}$$

Es sei angenommen, daß die Steuerbelastung des Unternehmens mit dem gleichen Schattenpreis bewertet wird wie das Steueraufkommen des Staates, so daß sich beide Komponenten aus der gesellschaftlichen Zielfunktion herauskürzen lassen.

Bei der Bestimmung der optimalen Emissionssteuer sind nun zwei Verhaltensannahmen zu unterscheiden. Zum einen kann die Umweltbehörde das strategische Umfeld, in dem der inländische Anbieter seine Ausbrin-

---

11 Eine wesentliche Voraussetzung für die hier abgebildete Intervention von Regierungsbehörden ist, daß deren Ankündigung glaubhaft erscheint. Es kann ex post, d.h. nach der Strategiewahl der Unternehmen, für die Umweltbehörde rational sein, eine andere als die angekündigte Umweltpolitik zu realisieren. Ein Abweichen von der Ankündigung ist dann nicht sinnvoll, wenn die Regulierungsbehörde Interesse am Aufbau einer Reputation für zukünftige industriepolitische Interventionen besitzt. Ferner können die Regierungen aus bürokratischen Gründen inflexibel sein, so daß Ankündigung und Realisation nicht auseinanderfallen. Vgl. Spencer und Brander (1983), 711.

12 Vgl. Conrad (1994), 179. Die Analyse beschränkt sich, technisch gesprochen, auf die Herleitung der funktionalen Form der Reaktionsfunktionen der Regierungen und unterläßt die Bestimmung der gleichgewichtigen Emissionspreise.

gungsentscheidung zu treffen hat, ignorieren. Als Optimierungsbedingung ergibt sich dann

(4.13) $$\frac{du}{dz} = v_n\left(-\gamma_{s'}\right)s_z^r + g'\left[(1-e)\left(-s_z^r\right)\right] = 0!$$

bzw. mit (4.4)

(4.14) $$z^* = -\frac{1}{v_n}g'(1-e).$$

Die Lösung besteht demnach aus einer Steuer, die die vom Inland wahrgenommenen Externalitäten vollständig internalisiert. Diese Umweltpolitik sei im weiteren als nicht-strategische oder umweltökonomisch optimale Besteuerung bezeichnet.

Demgegenüber kann als eine zweite Verhaltensannahme davon ausgegangen werden, daß die Umweltbehörde bei der Festlegung des Emissionspreises antizipiert, wie sich die Unternehmen im Dyopolgleichgewicht an einen veränderten Kostenparameter anpassen. Dies erfordert als Informationsvoraussetzung die Kenntnis der Spielstruktur (hier: Cournot-Nash) und der Gewinnfunktionen der Unternehmen seitens der Umweltbehörde. Formal bedeutet dies, daß die Umweltbehörde die gesellschaftliche Wohlfahrt unter der durch (4.3) gegebenen Nebenbedingung maximiert. Es ergibt sich dann:

(4.15)
$$\frac{du}{dz} = v_n\left\{p\frac{dx}{dz} + xp'\frac{dx}{dz} + xp'\frac{dX}{dx}\frac{dx}{dz} - \gamma_x\frac{dx}{dz} - \gamma_{s'}s_z^r\right\} + g'\left[(1-e)\frac{ds}{dz} + E\frac{dS}{dz}\right]$$
$$= v_n\left[(\pi_x + zh')\frac{dx}{dz} + xp'\frac{dX}{dx}\frac{dx}{dz} - \gamma_{s'}s_z^r\right] + g'\left[(1-e)\frac{ds}{dz} + E\frac{dS}{dz}\right] = 0!$$

bzw. mit (4.3), (4.4) und $zh'\frac{dx}{dz} - \gamma_{s'}s_z^r = z\frac{ds}{dz}$:

(4.16) $$\hat{z} = -\frac{1}{v_n}g'(1-e) + \frac{\frac{1}{v_n}g'E\frac{dS}{dz} + xp'\frac{dX}{dz}}{-\frac{ds}{dz}}.$$

Die Bestimmung der strategisch optimalen Umweltsteuer weicht von der umweltökonomischen Optimalitätsbedingung ab, da nun die Verhaltensinterdependenz der zweiten Stufe berücksichtigt wird. Um die umweltökonomisch optimale Steuer mit der strategisch optimalen Steuer vergleichen zu können, ist es erforderlich, die Auswirkung einer Variation des Emissionspreises auf das Dyopolgleichgewicht zu untersuchen.

Die Gewinnmaximierungsbedingungen $\pi_x = 0$ und $\Pi_X = 0$ stellen implizit die Reaktionskurven der beiden Oligopolisten für gegebene Emissionspreise dar. Das Oligopolgleichgewicht liegt im Schnittpunkt der beiden Kurven.

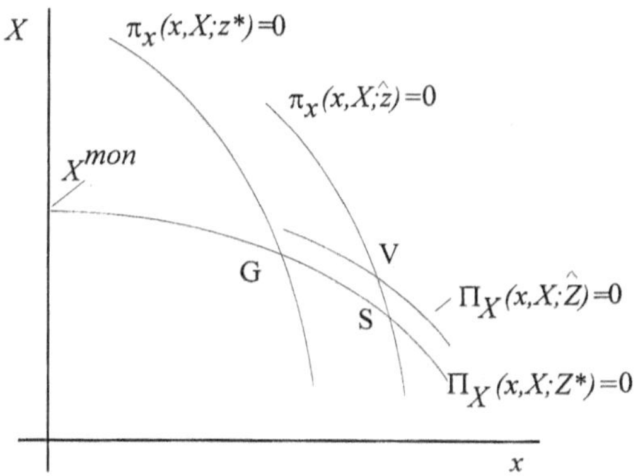

(Abb. 4.1)

Unter Verwendung der beiden Bedingungen erster Ordnung erhält man durch implizite Differentiation die Steigungen der beiden Reaktionskurven

(4.17) $$\left.\frac{dX}{dx}\right|_{\pi_x=0} = -\frac{\pi_{xx}}{\pi_{xX}} \quad \text{bzw.} \quad \left.\frac{dX}{dx}\right|_{\Pi_X=0} = -\frac{\Pi_{Xx}}{\Pi_{XX}}.$$

Alle zweiten und gemischten Ableitungen der Gewinnfunktionen seien negativ. Ferner gelte, daß der Grenzgewinn durch den eigenen Entscheidungsparameter stärker verringert wird als durch den des anderen Spielers, bzw. ist

(4.18) $$\pi_{xx}\Pi_{XX} > \pi_{xX}\Pi_{Xx}$$

dann ist das Gleichgewicht global eindeutig und stabil (Routh-Hurwitz-Bedingung)[13]. Für gegebene Anfangswerte $z^*, \overline{Z}$ (vollständige Internalisierung im Inland gemäß (4.9) und konstante Umweltpolitik im Ausland) sei das Ausgangsgleichgewicht repräsentiert durch den Punkt G in Abbildung 4.1.

Durch totale Differentiation der Gewinnmaximierungsbedingungen erhält man das Gleichungssystem

$$(4.19) \qquad \begin{bmatrix} \pi_{xx} & \pi_{xX} & -\gamma_{xs'} & 0 \\ \Pi_{Xx} & \Pi_{XX} & 0 & -\Gamma_{XS'} \\ 0 & 0 & -\gamma_{s's'} & 0 \\ 0 & 0 & 0 & -\Gamma_{S'S'} \end{bmatrix} \times \begin{bmatrix} dx \\ dX \\ ds^r \\ dS^r \end{bmatrix} = \begin{bmatrix} h'dz \\ 0 \\ -dz \\ 0 \end{bmatrix}$$

woraus sich als komparativ-statische Effekte berechnen lassen[14]:

$$\frac{dx}{dz} < 0 \ , \ \frac{dX}{dz} > 0 \text{ und } \frac{d(x+X)}{dz} < 0 \, .$$

Besteuert die Umweltbehörde die Emissionen des inländischen Dyopolisten, hat dies zur Folge, daß dessen Angebotsmenge sinkt, während sich der Marktanteil des ausländischen Konkurrenten erhöht. Insgesamt geht die im Drittland verkaufte Menge des Gutes zurück, d.h. sein Preis erhöht sich. Mengen- und Preiseffekt sind somit von gegensätzlicher Auswirkung auf die Gewinnfunktion des heimischen Anbieters, jedoch überwiegt die Mengenreaktion: der inländische Dyopolist verliert einen Teil seiner Oligopolrente[15]:

$$(4.20) \qquad \frac{d\pi}{dz} = \pi_x \frac{dx}{dz} + \pi_X \frac{dX}{dz} + \pi_z = xp' \frac{dX}{dz} - s < 0$$

Wie im Fall des großen Landes in Hauptteil I gelingt es zwar, einen positiven terms of trade-Effekt durch Umweltpolitik zu erzielen, jedoch wird

---

13 Vgl. Brander und Spencer (1985), 86f.; Dixit (1986), 109ff.

14 Siehe Anhang A.4.1.

15 Beachte, daß das inländische Unternehmen sich auf der zweiten Stufe gewinnoptimal an die Steuer anpaßt, d.h. $\pi_x = 0$. Deshalb fallen die infolge der kleineren Absatzmenge eingesparten Emissionssteuern $(zh' \cdot dx/dz)$ aus der Veränderung der Gewinne durch Umweltsteuern heraus.

dieser durch den gleichzeitigen Marktanteilsrückgang mehr als kompensiert[16].

Bei Konstanz der ausländischen Umweltpolitik ist

$$\left.\frac{dS}{dz}\right|_{Z=const.} = \frac{dS}{dX}\frac{dX}{dz} > 0,$$

d.h. die Veränderung des inländischen Emissionspreises bewirkt eine gleichgerichtete Entwicklung der im Ausland generierten Emissionen. Das bedeutet, daß sich *infolge grenzüberschreitender Schadstoffdiffusion die Opportunitätskosten der Umweltpolitik erhöhen*: Strenge Umweltpolitik steigert den Emissionsimport, permissive Umweltpolitik verringert ihn[17]. Dies ist eine unmittelbare Konsequenz aus der Abhängigkeit des Mengengleichgewichts von den Kostenparametern.

Unter Berücksichtigung der Vorzeichen der komparativ-statischen Effekte ist nun erkennbar, daß

$$\hat{z} < -\frac{1}{v_n} g'(1-e) . \tag{4.21}$$

Die strategisch optimale Umweltsteuer liegt unterhalb des bewerteten Grenzschadens durch Umweltbeeinträchtigung. Sie ist damit geringer als die umweltökonomisch optimale Steuer.

Das hier vorliegende strategische Verhalten geht zum einen auf das aus der Theorie der strategischen Handelspolitik bekannte Rentenumlenkungsmotiv zurück: Eine gegenüber dem umweltökonomischen Optimum permissivere Umweltpolitik erlaubt es der inländischen Unternehmung, ihre Reaktionskurve nach außen zu verschieben[18]. Eine Absenkung der Emissionssteuer bedeutet eine Verringerung der Grenzkosten, was eine Erhöhung der Ausbringung gegenüber dem ausländischen Konkurrenten glaubhaft macht. Dieser verringert gemäß des Verlaufes seiner Reaktionsfunktion seine eigene Angebotsmenge (*rival output effect)*. Das Dyopolgleichgewicht bei strategischer Wahl der Emissionssteuer durch die inländische Umweltbehörde S liegt daher rechts unterhalb von G, das das Gleichgewicht bei Pigou-Besteuerung darstellt (siehe Abbildung 4.1). Die

---

[16] Vgl. Brander und Spencer (1985), 90-94.

[17] In der Literatur zur CO_2-Besteuerung ist dies mit dem Ausdruck "carbon leakage" belegt.

[18] Vgl. Brander und Spencer (1985), 87f.

Veränderung der Marktanteile bewirkt eine Verschiebung der Oligopolrenten zugunsten des inländischen Spielers, trotz eines in diesem Fall sinkenden Absatzpreises. Die Erhöhung des dem inländischen Anbieter zufließenden Gewinns überkompensiert den Wohlfahrtsverlust aus dem entstehenden höheren Umweltschaden. Die strategisch optimale Umweltsteuer ist beschrieben durch die Angleichung von Grenzumweltschaden und marginaler Gewinnsteigerung durch Rentenumlenkung[19].

Die strategische Abweichung resultiert zum anderen aus dem Umstand der veränderlichen grenzüberschreitenden Schadstoffdiffusion. Die niedrigere Emissionssteuer im Inland zwingt den ausländischen Anbieter, sein Angebot zu reduzieren, womit bei konstanter Umweltpolitik des Auslandes die importierten Schadstoffe zurückgehen. Es handelt sich nicht um eine Politik des "pollute-thy-neighbour", insofern eine strategische Abweichung nach unten der ausländischen Umweltqualität zu gute kommt.

Formt man den *rival output*-Effekt gemäß

$$(4.22) \qquad xp'\frac{dX}{dz} = \frac{p}{\eta_p}\frac{x}{x+X}\frac{dX}{dz}$$

um, so wird erkennbar, daß der Anreiz für die strategische Abweichung mit dem Marktanteil des inländischen Dyopolisten zunimmt und sich invers zur Elastizität der Nachfrage η_p verhält: *Je elastischer die Nachfrage ist, desto geringer ist der Monopolgrad in diesem Markt und die strategische Bedeutung der Umweltpolitik.* Bei vollständiger Konkurrenz verschwindet dieses Motiv ganz ($\eta_p = \infty$). Der Nenner des Bruchs auf der rechten Seite in (4.16) stellt ferner einen Gewichtungsfaktor für die Opportunitätskosten der Umweltpolitik dar. *Je geringer die marginale ökologische Wirksamkeit der Emissionsregulierung ist, desto stärker tendieren die Regierungen zu einer strategischen Abweichung von der Pigou-Steuer.*

Bei strategisch gesetzter Umweltsteuer $\hat{z}$ berücksichtigt die Umweltbehörde nur das einzelstaatliche Interesse. Die inländische Gewinnerhöhung durch Rentenumlenkung geht zu Lasten des Gewinns des ausländischen Dyopolisten. Es ist daher zu vermuten, daß eine die Wohlfahrt beider Exportstaaten maximierende Emissionsbesteuerung von $\hat{z}$ abweicht. Die Wohlfahrtsänderungen in beiden Ländern lassen sich unter der getroffenen

---

[19] Vgl. Barrett (1994), 331f. Es handelt sich daher nicht um das Stackelberg-Gleichgewicht, in dem die inländischen Gewinne für eine gegebene ausländische Reaktionsfunktion maximiert werden.

Annahme des konstanten (und identischen) Grenznutzens des Einkommens zusammenfassen. Es ist mit $\pi_x = \Pi_X = 0$ und $d(u/v_n + U/v_n) = d(i + I)$

$$\frac{d(i+I)}{dz} = zh'\frac{dx}{dz} + \pi_X \frac{dX}{dz} - \gamma_{s'} s_z^r + ZH'\frac{dX}{dz} + \Pi_x \frac{dx}{dz} \tag{4.23}$$
$$+ \frac{1}{v_n} g'\left[(1-e)\frac{ds}{dz} + E\frac{dS}{dz}\right] + \frac{U_Q}{v_n} G'\left[e\frac{ds}{dz} + (1-E)\frac{dS}{dz}\right]$$

Mit (4.4) ergibt sich als kooperative Lösung

(4.24)

$$\breve{z} = -\frac{1}{v_n} g'(1-e) - \frac{U_Q}{v_n} G'e$$
$$+ \frac{\frac{1}{v_n} g'E\frac{dS}{dz} + \frac{U_Q}{v_n} G'(1-E)\frac{dS}{dz} + xp'\frac{dX}{dz} + Xp'\frac{dx}{dz} + ZH'\frac{dX}{dz}}{-\frac{ds}{dz}}$$

Neben den im kooperativen Fall zu berücksichtigenden ausländischen Umweltschäden (direkt wie indirekt durch grenzüberschreitende Diffusion) enthält (4.15) auch die aufgrund unvollständiger Konkurrenz anfallenden spill-over-Effekte einer Umweltsteuer: Dies sind die Beeinträchtigung des ausländischen (Grenz-)Erlöses durch Marktanteilsverschiebung und die dadurch ebenfalls induzierte Veränderung der Steuereinnahmen im Ausland. Beide Arten strategischer Auswirkungen im Ausland haben ein anderes Vorzeichen als der die inländische Rentenaneignung erfassende *rival output* Effekt. Damit sinkt im Vergleich zur nicht-kooperativen Lösung das Interesse an einer Subventionierung durch relativ permissive Regulierung. Im kooperativen Gleichgewicht sind auch Emissionssteuern, die über den aggregierten Umweltschaden hinausgehen, möglich. Conrad (1994) zeigt, daß in diesem Fall die Regierungen ihre Emissionsteuersätze so wählen, daß ein Mengengleichgewicht entsteht, das kollusivem Verhalten beider Unternehmen entspricht[20]: Das Land mit dem höheren Marktanteil sollte eine höhere Steuer festsetzen. Dies erlaubt es ihm, seine Oligopolgewinne zu Lasten der Konsumentenrente im Drittland zu maximieren. Die gemeinsam gesetzten Umweltsteuern erhöhen den Preis und helfen so ein Angebotsmonopol zu simulieren. Dies ist jedoch eine spezielle Eigenschaft

---

20 Vgl. Conrad (1994), 181.

des Drittlandsmarktmodells, in dem Konsumenteninteressen von den Regulierungsbehörden nicht berücksicht werden.

Das Cournot-Exportdyopol in Form des einfachen Drittlandsmarktmodells macht deutlich, daß die strategische Interdependenz, die mit dieser Marktform verbunden ist, sowohl aus uni- wie aus multilateraler Sicht eine Abweichung von der Regel der Pigou-Steuer als Richtlinie der Umweltpolitik empfehlenswert macht. Eine im einzelstaatlichen Interesse strategisch bestimmte Emissionssteuer wird zum Zweck der "räuberischen" Rentenumlenkung niedriger gesetzt werden als es für eine vollständige Internalisierung im Inland erforderlich wäre. Das gilt für jede gegebene Stringenz der ausländischen Umweltpolitik, weshalb ein solches subventionierendes Verhalten auch als dominante Strategie der Umweltbehörde bezeichnet werden kann. Einzelstaatliche und supranationale Rationalität fallen jedoch auseinander - nicht nur wegen grenzüberschreitender Externalitäten. Die strategische Wohlfahrtsmaximierung geht immer zu Lasten des Auslands. Deutlich wird das auch an der Bestimmung des kooperativ gesetzten Emissionspreises: dieser liegt potentiell über der aggregierten marginalen Umweltqualitätsbeeinträchtigung. In diesem Fall bewirkt die Umweltpolitik, daß die beiden Unternehmen ein Angebotsmonopol im Drittland nachahmen[21]. Damit zeigt das Drittlandsmodell aber auch eine im Vergleich zur ersten Intuition abweichende Empfehlung hinsichtlich geeigneter Verstärkung von Wettbewerbspositionen auf: gewinnmaximale Kollusion der Dyopolisten wird durch gegenüber der Pigou-Steuer *zu strenge* Umweltpolitik unterstützt[22].

Die Umweltpolitik des Auslands war in der Herleitung der nichtkooperativen Steuersätze als konstant betrachtet worden. Die Eignung von Umweltpolitik für Rentenumlenkung läßt nun die Vermutung zu, daß die ausländische Regierung auf strategische Emissionsregulierung des Inlandes ebenso strategisch reagiert, bzw. "Vergeltung übt"[23]. Die intuitive Vermutung, daß dabei die Rivalität um Oligopolgewinne und der einzelstaatliche Anreiz zu strategischem Verhalten seitens der Umweltbehörden die Länder vor ein Gefangenendilemma stellt, bestätigt sich nicht im allgemeinen. Wird in beiden Ländern ein strategischer Emissionspreis gewählt, kann im Ergebnis die Absatzmenge eines Unternehmens im Ver-

21 Dieses Motiv strategischen Regierungsverhaltens entspricht dem Optimalzollargument.

22 Vgl. Conrad (1994), 181

23 Insofern es sich bei strategischem Verhalten wie gesehen um eine dominante Strategie handelt, ist der in der Literatur zuweilen benutzte Begriff der Vergeltung an sich irreführend.

gleich zur Ausgangssituation gestiegen sein (Punkt V in Abbildung 4.1). A priori ist daher nicht auszuschließen, daß das Inland auch bei "Vergeltung" durch die ausländische Umweltbehörde sich insgesamt besserstellt als bei nicht-strategischem Verhalten.

4.3 Verallgemeinerung des Wettbewerbsverhaltens

Das im vorangegangenen Abschnitt vorgestellte Modell unterstellte als Verhaltensannahme die von Cournot (1838) eingeführte Wahl der Absatzmenge als Strategie der einzelnen Dyopolisten. Die Wahl der Produktionsmenge stellt jedoch nur einen von vielen denkbaren absatzpolitischen Parametern dar und erscheint insbesondere aus empirischer Sicht nicht sehr relevant. Als weitere Voraussetzung wurde unterstellt, daß beide Spieler bei der Bestimmung ihrer Strategie von einer gegebenen Absatzmenge des Konkurrenten ausgehen, d.h. keine Reaktionsvermutungen hegen. Auch dies ist eine einschränkende Annahme, obwohl im statischen Rahmen Erwartungen über die Reaktionen des anderen Spielers nicht sinnvoll erscheinen, da zeitliche Anpassungsprozesse, in denen wechselseitige Reaktionen abgebildet werden könnten, nicht modellierbar sind. Dennoch sollen im folgenden auch Reaktionserwartungen berücksichtigt werden, wobei die gefundenen Gleichgewichte nur dem Kriterium einer ex post-Konsistenz der Strategien unter Berücksichtigung der Reaktionserwartungen genügen und nicht explizit als Ruhepunkte dynamischer Prozesse hergeleitet werden. Ziel der Untersuchung ist es, herauszufinden, inwiefern die Resultate des Grundmodells bei diesen Verallgemeinerungen ihre Gültigkeit behalten.

Zunächst soll die Auswahl der Absatzmenge als strategische Variable beider Spieler noch beibelassen werden. Es wird nun angenommen, daß die Unternehmen jeweils eine Erwartung ω bzw. Ω darüber haben, wie der Konkurrent auf Veränderungen ihres Produktangebotes reagiert:

$$\text{(4.25)} \qquad \omega = \left(\frac{dX}{dx}\right)^{\varepsilon}, \Omega = \left(\frac{dx}{dX}\right)^{\varepsilon}.$$

Durch Berücksichtigung der Reaktionserwartungen verändern sich die wahrgenommenen Gewinnmaximierungsbedingungen bezüglich der Ausbringungen:

$$\text{(4.26)} \qquad \pi_x^{\varepsilon} = p + xp'(1+\omega) - \gamma_x - zh' = 0$$

Die Umweltbehörde maximiert wiederum $u(\pi, \tau, q)$, die Optimalitätsbedingung bezüglich z lautet:

(4.27)
$$\frac{di}{dz} = (\pi_x + zh')\frac{dx}{dz} + xp'\frac{dX}{dx}\frac{dx}{dz} - \gamma_{s'} s_z^r + \frac{1}{v_n} g'\left[(1-e)\frac{ds}{dz} + E\frac{dS}{dz}\right] = 0!$$

Die annahmegemäß wohlinformierte Umweltbehörde berücksichtigt die Erwartungsbildung des inländischen Unternehmens. Der tatsächlich marginale Gewinn ist daher unter Verwendung von (4.26)

$$\pi_x = -\omega xp' \qquad (4.28)$$

und nach Substitution in (4.21)

(4.29)
$$\frac{di}{dz} = (-\omega xp' + zh')\frac{dx}{dz} + xp'\frac{dX}{dx}\frac{dx}{dz} - \lambda_{s'} s_z^r + \frac{1}{v_n} g'\left[(1-e)\frac{ds}{dz} + E\frac{dS}{dz}\right]$$
$$= \left(\frac{dX}{dx} - \omega\right)xp'\frac{dx}{dz} + zh'\frac{dx}{dz} - \lambda_{s'} s_z^r + \frac{1}{v_n} g'\left[(1-e)\frac{ds}{dz} + E\frac{dS}{dz}\right] = 0!$$

Mit (4.4) folgt

$$\hat{z} \gtrless -\frac{1}{v_n} g'\left[(1-e) + E\frac{dS}{ds}\right] \Leftrightarrow \frac{dX}{dx} \lessgtr \omega \qquad (4.30)$$

Die Steigung der ausländischen Reaktionskurve dX/dx und der Erwartungsparameter ω haben ein negatives Vorzeichen, so daß $dX/dx > \omega$ eine "zu optimistische" Erwartung des inländischen Dyopolisten zum Ausdruck bringt. In diesem Fall müßte sich die Umweltbehörde zu einer im Vergleich zur Pigou-Steuer strengeren strategischen Umweltpolitik entscheiden, um diesen Optimismus sozusagen zu bremsen. Das im vorangegangenen Abschnitt untersuchte Nash-Gleichgewicht ist beschrieben durch die speziellen Reaktionserwartungen $\omega = \Omega = 0$. Die Unternehmen gehen jeweils davon aus, daß die Entscheidung des Konkurrenten unabhängig von der eigenen Strategie ist. Dies sind demnach "zu pessimistische" Einschätzungen, die durch eine strategische Abweichung nach unten, also relativ permissive Umweltpolitik, auszugleichen wären[24].

Das Modell mit Reaktionserwartungen erlaubt es, in einem allgemeinen Ansatz unterschiedliche Annahmen an das Wettbewerbsverhalten abzubilden. Neben Cournot-Nash sind weitere spezielle Verhaltensweisen:

1. $\omega = -1$: In diesem Fall verhält sich der inländische Anbieter wie ein Preisnehmer. Seine Erwartung ist, daß der ausländische Konkurrent so reagiert, daß der gemeinsame Absatzpreis konstant gehalten wird. Die Gewinnmaximierungsbedingung wird zu $p - \gamma_x - zh' = 0$ (Grenzkostenpreise). In diesem Fall wird eine strategische Absenkung des Emissionspreises im Vergleich zum ursprünglichen Cournot-Nash-Spiel unwahrscheinlicher.
2. $\omega = \frac{dX}{dx}$: Die Reaktionserwartung stimmt mit der tatsächlichen Steigung der Reaktionskurve des ausländischen Konkurrenten überein. Hier ist eine Fallunterscheidung vorzunehmen nach der Reaktionserwartung des Konkurrenten. Nimmt dieser die Ausbringungsentscheidung des inländischen Anbieters als gegeben hin, kann die Inlandsfirma eine Stakkelberg-Führer-Strategie spielen und sich maximale Dyopolrenten sichern[25]. Liegt jedoch eine identische Reaktionserwartung des ausländischen Unternehmens vor, ist das Gleichgewicht durch gegenseitige konsistente Erwartungen gekennzeichnet. In beiden Fällen ist keine Verschiebung der inländischen Reaktionskurve geeignet, eine Rentenumlenkung zugunsten des eigenen Anbieters zu erzielen. Die beste Umweltpolitik ist eine Pigou-Steuer.
3. $\omega = X/x$: Es liegt Kartellverhalten vor. Die Bedingung erster Ordnung wird in diesem Fall zu $p + (x + X)p' - \gamma_x - zh' = 0$, was der Gewinnmaximierungsbedingung eines Monopolisten mit zwei Produktionsstätten entspricht. Die inländische Firma berücksichtigt die von ihr ausgelöste Grenzerlösminderung Xp' in der ausländischen Gewinnfunktion. Bei Kollusion passen die Unternehmen ihre Ausbringungen so an, daß ihre Grenzkosten ausgeglichen sind, den höheren Marktanteil hat somit derjenige Anbieter, der die geringeren Kostenbelastungen trägt[26]. Im Rahmen der bisherigen Betrachtung ohne Konsum im Inland kann die Umweltbehörde - wenn sie z.B. das Ziel einer gesteigerten ökonomischen

24 Vgl. Eaton und Grossman (1986), 388ff.

25 Vgl. Varian (1985), 106ff., Brander und Spencer (1985), 89f.

26 Vgl. Varian (1985), 105f. Der Kartellteilnehmer, der seine Ausbringung erhöht, muß jedoch gegebenfalls den anderen Teilnehmer mit Seitenzahlungen kompensieren.

Aktivität im Inland verfolgt - sich strategisch verhalten und durch niedrige Emissionspreise eine Produktionsausdehnung im Inland zu begünstigen versuchen, die dann eintritt, wenn das inländische Unternehmen tatsächlich einen Vorteil in Form geringerer Grenzkosten (inkl. Emissionsabgaben) hat.

Das Modell mit allgemeinen Reaktionserwartungen soll nun auf den Fall angewandt werden, daß die Unternehmen ihren Absatzpreis als ihre strategische Variable wählen (Bertrand-Wettbewerb). Im Unterschied zur Cournot-Mengenvariation ist es nun erforderlich, daß die Unternehmen heterogene Produkte anbieten[27]. Dennoch sei ein hoher Grad an Substitutionalität gegeben. Die Dyopolisten sehen sich nun individuellen, fallenden Nachfragefunktionen gegenüber, die sich nach außen verschieben, wenn der Preis des konkurrierenden Substituts steigt:

$$(4.31)\qquad \begin{aligned} x &= d(p,P),\ d_p < 0,\ d_P > 0 \\ X &= D(p,P),\ D_p > 0,\ D_P < 0 \end{aligned}$$

Die Gewinnfunktion des inländischen Unternehmens ist

$$(4.32)\qquad \pi(p,P) = pd(p,P) - \gamma\left[d(p,P), s^r\right] - z\left[h(d(p,P)) - s^r\right],$$

mit der Bedingung erster Ordnung bezüglich der strategischen Variablen

$$(4.33)\qquad \pi_p = d + pd_p - \gamma_x d_p - zh'd_p = 0$$

Annahmegemäß sei die zweite Ableitung π_{pp} negativ (ebenso Π_{PP}), jedoch ist es nun realistisch, positive gemischte Ableitungen zu unterstellen, d.h. $\pi_{pP} > 0$, $\Pi_{Pp} > 0$[28]. Implizite Differentiation von (4.33) und der entsprechenden ausländischen Gewinnmaximierungsbedingung gibt wiederum Auskunft über die Steigungen der Reaktionskurven im p, P-Diagramm:

[27] Ein Nash-Gleichgewicht in Preis-Strategien führt bei homogenen Produkten zum Konkurrenzgleichgewicht mit nicht-positiven Gewinnen. Damit wäre keine Voraussetzung für Rentenumlenkung gegeben.

[28] Hinreichend hierfür ist $d_{pP} \geq 0$ und $D_{Pp} \geq 0$.

(4.34) $$\left.\frac{dP}{dp}\right|_{\pi_p=0} = -\frac{\pi_{pp}}{\pi_{pP}} > 0, \quad \left.\frac{dP}{dp}\right|_{\Pi_P=0} = -\frac{\Pi_{Pp}}{\Pi_{PP}} > 0$$

Bei Bertrand-Wettbewerb haben die Reaktionkurven also eine positive Steigung. Dies ist dadurch begründet, daß die Handlungsparameter der Konkurrenten nun *strategische Komplemente* sind: Die Anhebung des Absatzpreises durch den einen verbessert die Erlöse des anderen Konkurrenten. Eindeutigkeit und Stabilität sind annahmegemäß gewährleistet durch

(4.35) $$\pi_{pp}\Pi_{PP} > \pi_{pP}\Pi_{Pp}.$$

Die Reaktionserwartungen sind bestimmt als

(4.36) $$\omega = \left(\frac{dP}{dp}\right)^{\varepsilon}, \quad \Omega = \left(\frac{dp}{dP}\right)^{\varepsilon}.$$

Die wahrgenommene Gewinnmaximierungsbedingung ist nun:

(4.37)
$$\pi_p^{\varepsilon} = d + (d_p + d_P\omega)p - \gamma_x(d_p + d_P\omega) - zh'(d_p + d_P\omega) = 0!$$

Unter Berücksichtigung des Optimierungsverhaltens der inländischen Unternehmung, das

(4.38) $$\pi_p = -d_P\omega(p - \gamma_x - zh')$$

impliziert, ergibt sich als Bedingung für optimale strategische Umweltpolitik

(4.39)

$$\frac{di}{dz} = \left(\frac{dP}{dp} - \omega\right)d_P(p - \gamma_x - zh')\frac{dp}{dz} + zh'd_p\frac{dp}{dz} - \gamma_{s^r}s_z^r + \frac{1}{v_n}g'\left[(1-e)\frac{ds}{dz} + E\frac{dS}{dz}\right] = 0!$$

Mit $(p-\gamma_x - zh')>0$ (der Absatzpreis liegt über den Grenzkosten) und $dp/dz>0$[29] folgt mit $zh'd_p \frac{dp}{dz} - \gamma_{s'} s_z^r = z\frac{ds}{dz}$ und (4.4):

$$(4.40) \qquad \hat{z} \gtrless -\frac{1}{v_n} g' \left[(1-e) + E\frac{dS}{ds} \right] \Leftrightarrow \frac{dP}{dp} \gtrless \omega$$

Das Resultat unterscheidet sich diametral von der Analyse bei Mengenvariation. Ein im Vergleich zur Pigou-Steuer höherer Emissionspreis empfiehlt sich nun bei Unterschätzung der Reaktion des Konkurrenten[30]. Für das Bertrand-Nash-Spiel - hier ist $\omega = \Omega = 0$ - bedeutet das, daß die strategisch gesetzte Umweltabgabe über der umweltökonomisch optimalen liegt. Damit liegen für die beiden üblichen Verhaltensannahmen Cournot-Nash bzw. Bertrand-Nash gegensätzliche Empfehlungen für strategische Abweichungen von einer Pigou-Steuer vor. Dieses Ergebnis ist von erheblicher Bedeutung, da es die intuitive Einschätzung, daß permissive Umweltpolitik geeignet ist, um die internationale Wettbewerbsposition einheimischer Unternehmen zu stärken, für den realistischeren Fall eines Preiswettbewerbs auf den Kopf stellt. Findet der Wettbewerb um Marktanteile nämlich in dieser Form statt, so agieren die Unternehmen mit strategischen Komplementen. Die Preiserhöhung des inländischen Unternehmens kommt dem Konkurrenten zu gute, der selbst mit einer Preisanhebung folgen kann. Umweltpolitik, die aufgrund ihrer Kostenwirkung die Glaubhaftigkeit einer Preiserhöhung erhöht, löst daher eine *gleichgerichtete* Anpassung der Dyopolisten in ihrem Absatzinstrumentarium aus.

Das Konzept der allgemeinen gegenseitigen Reaktionserwartungen ist kritisierbar, da es in statischen Modellen als Verhaltensbeschreibung nicht sinnvoll einsetzbar ist[31]. Ein Modellansatz mit Reaktionserwartungen erlaubt es jedoch, von der speziellen Annahme unabhängiger Entscheidungen der Spieler abzugehen - die Nullerwartungen in Cournot- und Bertrand-Modellen sind a priori nicht plausibler als die Zulassung allgemeiner Werte für Reaktionsvermutungen - und mit der Parametrisierung der Er-

---

[29] Hierfür ist $h'\gamma_{s's'} > \gamma_{xs'}$ erforderlich, siehe Anhang A.4.2. Die für den Bertrand-Wettbewerb abgeleiteten Resultate sind daher nicht so eindeutig wie im Cournot-Nash-Fall.

[30] Da die Reaktionskurven aufgrund der strategischen Komplemetarität positive Steigungen besitzen, bedeutet $dP/dp > \omega$ nun eine zu pessimistische Schätzung.

[31] Vgl. Shapiro (1989), 352-356.

wartungen unterschiedliches Wettbewerbsverhalten auf der zweiten Stufe innerhalb eines Ansatzes abzubilden. Damit erhält man einen verallgemeinernden Ansatz, der es ermöglicht, die Kontingenz der strategischen Entscheidungen der Umweltbehörde auf der ersten Stufe hinsichtlich der Art des wettbewerbliche Verhaltens auf der zweiten Stufe hervorzuheben[32].

4.4 Zusammenfassung der Resultate

In Abschnitt 4.2 wurde gezeigt, daß ein handelspolitischer Anreiz für strategische Abweichungen von einer vollständigen Internalisierung vorliegt, wenn die umweltintensive Industrie in einem internationalen oligopolistischen Umfeld agiert. Der unvollkommene Wettbewerb impliziert höhere Opportunitätskosten der Umweltpolitik infolge eines "carbon-leakage"-Effektes. Grenzüberschreitende Emissionen begründen so auch ein umweltökonomisches Interesse an strategischem Verhalten der Umweltbehörde. Die unvollständige Internalisierung stellt im Cournot-Oligopol eine Form von Subventionierung dar, deren Ausmaß bestimmt wird von der Preiselastizität der vom Oligopolisten wahrgenommenen Preisabsatzfunktion und der ökologischen Wirksamkeit einer Emissionspreisvariation.

Das einfache Drittlandsmarktmodell bildet auch den Interessenkonflikt der exportierenden Länder ab, indem die Rivalität um die Oligopolrenten aufgezeigt wird. Ein nicht-kooperatives Gleichgewicht auf der ersten Stufe schränkt den internationalen Güterhandel ein, während bei einer kooperativen Lösung die strategischen Subventionierungen entweder wesentlich geringer ausfallen oder sich sogar dem Vorzeichen nach umkehren.

Unter Verwendung konjekturaler Variationen läßt sich ein verallgemeinernder Ansatz entwickeln, der strategisches Verhalten der Umweltbehörde auf mangelnde Konsistenz in den Reaktionserwartungen der Oligopolisten zurückführt. Unterschiedliche Formen des Wettbewerbs führen zu unterschiedlichen Aussagen über die Vorteilhaftigkeit von strategischer Umweltpolitik. Bertrand-Wettbewerb impliziert eine über die Grenzschadensbesteuerung hinausgehende Emissionabgabe als optimale Politik. Nicht nur das Ausmaß, sondern sogar das Vorzeichen strategischer Umweltpolitik sind somit verhaltensabhängig.

---

32 Vgl. Welzel (1990), 71ff.

Anhang zu Kapitel 4

A.4.1 Komparativ-statische Effekte einer Veränderung der Umweltpolitik des Inlandes bei umweltpolitischer Passivität des Auslands:

Es wird das aus den Gewinnmaximierungsbedingungen der Dyopolisten abgeleitete Gleichungssystem betrachtet:

$$\begin{bmatrix} \pi_{xx} & \pi_{xX} & -\gamma_{xs'} & 0 \\ \Pi_{Xx} & \Pi_{XX} & 0 & -\Gamma_{XS'} \\ 0 & 0 & -\gamma_{s's'} & 0 \\ 0 & 0 & 0 & -\Gamma_{S'S'} \end{bmatrix} \times \begin{bmatrix} dx \\ dX \\ ds^r \\ dS^r \end{bmatrix} = \begin{bmatrix} h'dz \\ 0 \\ -dz \\ 0 \end{bmatrix}$$

Es werden folgende Annahmen getroffen:

$$\begin{aligned} \pi_{xx} &= 2p' + xp'' - \gamma_{xx} < 0 \\ \pi_{xX} &= p' + xp'' < 0 \\ \Pi_{XX} &= 2p' + Xp'' - \Gamma_{XX} < 0 \\ \Pi_{Xx} &= p' + Xp'' < 0 \end{aligned}$$

Beachte ferner, daß $\gamma_{s'x} = \Gamma_{S'X} = 0$ (siehe (4.2)). Dann ist

$$\begin{aligned} \Delta &= \pi_{xx}\Pi_{XX}\gamma_{s's'}\Gamma_{S'S'} - \Pi_{Xx}\pi_{xX}\gamma_{s's'}\Gamma_{S'S'} > 0 \\ \Delta_1 &= \left(h'\Pi_{XX}\gamma_{s's'}\Gamma_{S'S'} + \Pi_{XX}\gamma_{xs'}\Gamma_{S'S'}\right)dz < 0 \\ \Delta_2 &= -\left(h'\Pi_{Xx}\gamma_{s's'}\Gamma_{S'S'} + \Pi_{Xx}\gamma_{xs'}\Gamma_{S'S'}\right)dz > 0 \\ \Delta_3 &= -\Gamma_{S'S'}\left(\Pi_{Xx}\pi_{xX} - \pi_{xx}\Pi_{XX}\right)dz > 0 \\ \Delta_1 + \Delta_2 &= \left[h'\gamma_{s's'}\Gamma_{S'S'}\left(\Pi_{XX} - \Pi_{Xx}\right) + \gamma_{xs'}\Gamma_{S'S'}\left(\Pi_{XX} - \Pi_{Xx}\right)\right]dz < 0 \end{aligned}$$

Und damit: $\frac{dx}{dz} < 0, \frac{dX}{dz} > 0, \frac{ds^r}{dz} > 0, \frac{d(x+X)}{dz} < 0$.

A.4.2 Komparativ-statische Effekte der Umweltpolitik im internationalen Bertrand-Dyopol

Nach totaler Differentiation der Gewinnmaximierungsbedingungen der beiden Unternehmen bezüglich ihrer Entscheidungsparameter erhält man das Gleichungssystem

$$\begin{bmatrix} \pi_{pp} & \pi_{pP} & -d_p\gamma_{xs'} & 0 \\ \Pi_{Pp} & \Pi_{PP} & 0 & -D_P\Gamma_{XS'} \\ 0 & 0 & -\gamma_{s's'} & 0 \\ 0 & 0 & 0 & -\Gamma_{S'S'} \end{bmatrix} \times \begin{bmatrix} dp \\ dP \\ ds^r \\ dS^r \end{bmatrix} = \begin{bmatrix} h'd_p dz \\ 0 \\ -dz \\ 0 \end{bmatrix}$$

mit den Annahmen

$$\begin{aligned} \pi_{pp} &= 2d_p + (p - \gamma_x - zh')d_{pp} < 0 \\ \pi_{pP} &= d_P + (p - \gamma_x - zh')d_{pP} > 0 \\ \Pi_{PP} &= 2D_P + (P - \Gamma_X - ZH')D_{PP} < 0 \\ \Pi_{Pp} &= D_P + (P - \Gamma_X - ZH')D_{Pp} > 0 \end{aligned}$$

Hieraus folgt

$$\begin{aligned} \Delta &= \pi_{s's'}\Pi_{S'S'}\left(\pi_{pp}\Pi_{PP} - \pi_{pP}\Pi_{Pp}\right) > 0 \\ \Delta_1 &= \Pi_{PP}\Pi_{S'S'}\left(h'd_p\pi_{s's'} - \pi_{ps'}\right)dz > 0 \Leftrightarrow h'\gamma_{s's'} > \gamma_{xs'} \\ \Delta_2 &= \Pi_{Pp}\Pi_{S'S'}\left(-h'd_p\pi_{s's'} - \pi_{ps'}\right)dz > 0 \end{aligned}$$

Als komparativ-statische Effekte ergeben sich

$$\frac{dp}{dz} > 0, \quad \frac{dP}{dz} > 0.$$

Die Preisänderungen sind aufgrund der strategischen Komplementarität gleichgerichtet.

Kapitel 5

Intra-industrieller Handel

Im Grundmodell der strategischen Subventionierung mittels niedriger Emissionssteuern ist der internationale Wettbewerb in Form von Konkurrenz auf Drittlandsmärkten dargestellt worden. Im folgenden wird in Erweiterung dieses Ansatzes der Fall gegenseitigen, also intra-industriellen Handels betrachtet, d.h. die Erzeugerländer umfassen nun auch Absatzmärkte für die in ihnen hergestellten Güter. Bei der Bestimmung der wohlfahrtsoptimalen Umweltpolitik sind daher die Auswirkungen auf den inländischen Konsum zu berücksichtigen. Darüberhinaus sind in diesem Rahmen die Wirkungen von Importzöllen untersuchbar. Zunächst soll aber das internationale Oligopol innerhalb eines totalanalytischen Rahmens kurz besprochen werden.

5.1 Intra-industrieller Handel, komparative Vorteile und allgemeines Außenhandelsgleichgewicht

Man betrachte zunächst zwei Länder, in denen jeweils im zu untersuchenden Sektor ein homogenes, handelbares Gut bei Unternehmenskonzentration gefertigt wird. Im allgemeinen werden die Länder untereinander auch noch andere Waren austauschen. Die anderen Sektoren der Ökonomien seien kompetitiv strukturiert. Nur die oligopolistische Branche sei Emittent von Schadstoffen, alle anderen Sektoren sind also umweltneutral. Die Produzenten des oligopolistischen Sektors besitzen zwar einen Preissetzungsspielraum im Absatz ihrer Produkte, verhalten sich jedoch (annahmegemäß) als Mengenanpasser am Arbeitsmarkt. Dies impliziert, daß die Ökonomien einen Produktionspunkt auf ihrer Produktionsmöglichkeitenkurve, allerdings aufgrund der unvollständigen Konkurrenz den unter effizienztheoretischen Gesichtspunkten "falschen" ($p \neq GRT$), realisieren[1]. Wie in Kapitel 4 eingangs schon angesprochen wurde, stellt sich nun die Frage, inwiefern die unvollständige Konkurrenz die Struktur des Außenhandels beeinflußt. Helpman und Krugman (1985) zeigen, daß im Fall eines in beiden Ländern gleichen Preis-Grenzkosten-Verhältnisses für das oligopolistisch angebotene Gut ausschließlich die Technologie und die Faktorausstattung Unterschiede in den Produktionsmengen bestimmen[2]. Allerdings setzt dieser Fall Faktorpreisausgleich voraus, was für die hier untersuchte Thematik unwahrscheinlich ist, denn ein Faktorpreis - der Emissionspreis - ist ja ein regulierter Preis, der, sofern er nutzenmaximierend gesetzt wird, den Schattenpreis der konsumptiven Umweltverwendung darstellt und daher im besonderen Maß durch die individuellen Präferenzen eines Landes mitbestimmt ist. Wie in Hauptteil I gezeigt wurde, ist daher ein Ausgleich der Preise für Emissionen in den Ländern i.d.R. nicht zu erwarten. Es ist damit im allgemeinen davon auszugehen, daß der unvollständigen Konkurrenz die Rolle eines weiteren Bestimmungsgrundes für die Struktur des internationalen Güterhandels zukommt.

Mit der oligopolistischen Marktstruktur kommen drei Einflußgrößen zum Tragen, die eine Vorhersage der Handelsrichtungen erschweren: die Größe der Absatzmärkte für das oligopolistisch angebotene Gut in den einzelnen Ländern, die Kosten der Unternehmen und deren Anzahl. Insofern die wirtschaftspolitischen Maßnahmen der Regierungen nur auf die beiden letztgenannten Größen einwirken können, beschränkt sich die folgende kurze Erörterung auf diese. Der jeweilige Einfluß ist bei isolierender Betrachtung sehr einfach auszumachen:

- Gleichen sich die beiden Länder bis auf die Anzahl der Firmen im oligopolistischen Sektor ($\iota \neq I$) und sind alle Firmen gleich groß, dann ergibt sich direkt aus dem Vergleich des Weltmarktanteils der Anbieter

---

1 Vgl. Markusen (1981), 534.

2 Vgl. Helpman und Krugman (1985) 88-95. Die Nachfrage geht in die Bestimmung der Produktionsmengen nicht ein, da zur Darstellung das Modell einer integrierten Weltökonomie verwandt wird, in dem einfachheitshalber homothetische und identische Präferenzen angenommen werden. Unterschiedliche Outputvektoren sind dann allein durch Technologie und Faktorausstattung bestimmt und hinreichend für die Aufnahme von Handel. Intuitiv läßt sich das Resultat leicht nachvollziehen, wenn man bedenkt, daß die Ökonomien jeweils ihren mit den Grenzerlösen bewerteten Output maximieren: Bei gleichem Monopolgrad sind dann die Grenzerlöse für beide Länder in jedem Sektoren jeweils identisch und somit verbleiben nur noch technologische Unterschiede zur Begründung divergierender Allokationen.

mit dem Anteil eines Landes an der Weltnachfrage ($\iota/(\iota+I) \gtrless 1/2$), daß das Land mit der größeren Anzahl von Unternehmen Nettoexporteur in diesem Sektor sein wird.

- Geht man von Cournot-Verhalten der Unternehmen aus, lassen sich internationale Oligopolgleichgewichte betrachten, in denen Anbieter mit höheren Kosten nicht von Konkurrenten mit niedrigeren Kosten aus dem Markt gedrängt werden. Ein Cournot-Oligopolist mit kleinem Marktanteil nimmt für sich einen höheren Grenzerlös wahr und wird deshalb auch bei möglicherweise höheren Grenzkosten in den Markt eintreten. Daraus folgt, daß - bei sonst gleichen Verhältnissen - das Land, dessen Anbieter eine günstigere Kostenfunktion vorfinden, den größeren Teil des Weltmarktes beliefern und damit Nettoexporteur sein wird.

In beiden Fällen läßt sich also von einem niedrigeren Autarkiepreis auf eine Position als Nettoexporteur schließen[3].

Insgesamt überlagern sich die Determinanten komparativer Vorteile und die Auswirkungen von Konzentration in der Herstellung handelbarer Güter in der Begründung von Außenhandel. A priori läßt sich daher im einzelnen keine weitere Aussage über die Richtung des Handels machen. Deutlich wird jedoch, daß die bei unvollständigem Wettbewerb gegenüber den realen Transformationsbedingungen verzerrten Relativpreise eine falsche Einfindung in die internationale Arbeitsteilung signalisieren und so eine ineffiziente Außenhandelsverflechtung verursachen. Wird ein oligopolistisch angebotenes Exportgut relativ teurer, so fällt entweder die strukturelle Anpassung in der Öffnung zum Außenhandel zu gering aus oder es findet sogar - falls das Weltmarktpreisverhältnis zwischen Inlandspreisverhältnis und der Grenzrate der Transformation liegt - eine Fehlspezialisierung statt. Gemäß der obigen Erläuterung gefährden z.B. eine geringe Firmenzahl bzw. vergleichsweise hohe Kosten einen "an sich" bestehenden komparativen Vorteil inländischer Oligopolisten.

Eine aus Sicht der komparativen Preisvorteile in die falsche Richtung gehende strukturelle Anpassung an den Außenhandel erzeugt zweierlei wohlfahrtstheoretisch bedeutsame Auswirkungen. Zum einen erfolgt ein Umweltqualitätseffekt dessen Vorzeichen sich nach der (Netto-) Importnachfrage des umweltintensiv produzierenden Sektors bestimmt. In den nachfolgenden, partialanalytischen Untersuchungen rückt der umweltneutrale Sektor, der unter den Bedingungen vollständiger Konkurrenz anbietet, in den Hintergrund. Der strukturelle Umweltqualitätseffekt läßt sich dann aus der Veränderung der Aktivität des oligopolistischen, Schadstoff-

---

3 Vgl. Helpman und Krugman (1985), 88.

emissionen erzeugenden Sektors nachzeichnen. Im betrachteten Fall profitiert die Umweltqualität von der Verknappung durch unvollständige Konkurrenz. Zum anderen - dies läßt sich in der Partialanalyse nicht zeigen - sind die Konsummöglichkeiten gegenüber der Situation mit korrekter Spezialisierung geringer, möglicherweise sogar eingeschränkter als in Autarkie[4]. Ein eindeutiger wohlfahrtstheoretische Nachteil bei fehlerhaften Anpassung an den Außenhandels kann demnach aufgrund gegenläufiger Effekte im allgemeinen nicht festgestellt werden.

Dem ist schließlich der wettbewerbsverstärkende Effekt des Handels hinzuzufügen. Betrachten die Unternehmen den Weltmarkt als relevanten Absatzmarkt, nehmen sie eine höhere Preiselastizität der (Welt-)Nachfrage wahr und dehnen ihr Angebot aus bzw. reduzieren ihre Verkaufspreise[5]. Dies stellt einen eindeutig positiven Wohlfahrtseffekt des Handels bei unvollständiger Konkurrenz dar. Betrachten die Unternehmen hingegen die Absätzmärtke als separate Einheiten (Marktsegmentation), so kann ein Exporteur aufgrund eines kleineren Marktanteils im Ausland dort einen Anreiz haben, einen niedrigen f.o.b-Preis zu fordern. Damit liegt Preisdiskriminierung bzw. - bei gegenseitigem Handel - "reziprokes Dumping" vor. Da so trotz positiver Transport- oder Zollkosten die Monopolstellung des heimischen Anbieters aufgehoben wird, kann auch bei steigenden sozialen Grenzkosten der Güterbereitstellung ein Wohlfahrtsgewinn entstehen[6].

Es kann hier nur in Form einiger grundlegender Überlegungen angedeutet werden, inwiefern Umweltpolitik das Problem der Fehlspezialisierung tangiert. Bei gegebenem Lohnsatz ist unmittelbar erkennbar, daß die Einführung von Emissionssteuern die Grenzkostenkurve der Oligopolisten nach oben verschiebt: Abbildung 2.1 zeigte, daß die Unternehmen zwar ihre Nettoemissionen verringern und durch Arbeit substituieren, aber insgesamt entsteht ihnen eine positive Steuerlast bei gestiegenem Arbeitseinsatz für die gleiche Produktionshöhe. Der Autarkiepreis des oligopolistisch angebotenen Gutes steigt daher, denn die Firmen kalkulieren ihren Angebotspreis mit einem von Marktanteil und Nachfrageelastizität abhängigen Aufschlag auf ihre eigene Kosten[7]. Dies scheint auf den ersten Blick zu

---

4 Vgl. Gandolfo (1994), 137 ff.

5 Vgl. Helpman und Krugman (1985), 86f. Hierfür ist potentieller Handel, der lediglich die Abschaffung der Handelsbarrieren voraussetzt, hinreichend.

6 Vgl. Brander und Krugman (1983), 317f. Abbildung 4.1 verdeutlicht graphisch, wie z.B. auf dem ausländischen Markt das Angebot des ursprünglichen Monopolisten sinkt, im Dyopolgleichgewicht G jedoch die Gesamtabsatzmenge gestiegen ist.

7 Vgl. z.B. Katsoulacos und Xepapadeas (1996), 7ff.

bedeuten, daß das Risiko der Fehlspezialisierung durch aktive Umweltpolitik steigt.

Es wäre aber ein Trugschluß, hierin ein Argument gegen Umweltpolitik in Märkten mit unvollständiger Konkurrenz zu erkennen. Die "falsche" Außenhandelsstruktur geht auf eine durch Oligopolmacht begründete Diskrepanz von relativen Preisen und sozialen Kosten zurück. Die beste wirtschaftspolitische Maßnahme zur Verhinderung einer falschen strukturellen Anpassung besteht nicht in der Vermeidung von Umweltpolitik sondern in der Beseitigung dieser Diskrepanz. Ein hierfür geeignetes Instrument wäre eine Produktionssubventionierung des oligopolistischen Sektors[8] oder eine die Intensität des Wettbewerbs in dieser Industrie erhöhende Maßnahme.

Handelspolitik ist in der Gegenwart der geschilderten Marktunvollkommenheit nicht geeignet. Zum einen läßt sich bei Fehlspezialisierung nicht die Richtung des Güterhandels dadurch umkehren, daß Importsteuern auf das oligopolistisch angebotene Gut erhoben werden, zum anderen entfällt der potentielle, wettbewerbsintensivierende Effekt des Außenhandels.

Die bei unvollständiger Konkurrenz im nicht-umweltneutralen Sektor entstehenden Risiken einer ineffizienten Außenhandelsstruktur begründen daher nicht einen handelspolitisch motivierten Verzicht auf Umweltpolitik. Ebenso ergeben sich keine Argumente für handelspolitische Interventionen als erst-beste Politik. Diese besteht im gebündelten Einsatz von Produktionssubventionen (bzw. geeigneter wettbewerbsintensivierender Politik, zu der Freihandel gehört) und Pigou-Emissionssteuern.

5.2 Umwelt- und Handelspolitik bei intra-industriellem Handel

5.2.1 Umweltpolitik bei intra-industriellem Handel

Es wird nun wie in Kapitel 4 ein zweistufiges Spiel betrachtet. Auf der zweiten Stufe spielen die Dyopolisten Cournot-Nash auf den Absatzmärkten im In- und Ausland. Es wird davon ausgegangen, daß die Preis-Absatz- und Kostenfunktionen (inkl. Zöllen bei exportierten Gütern, während von Transportkosten abstrahiert wird) so gestaltet sind, daß auf beiden Märkten eine dyopolistische Lösung zustandekommt[9]. Auf der ersten Stufe wählt

---

8 Vgl. Gandolfo (1994), 137ff. In einer dynamischen Betrachtung wäre eine solche Empfehlung aufgrund ihrer Anreizwirkung zu problematisieren.

9 Zu den Voraussetzungen des gegenseitigen Handels vgl. Brander und Krugman (1984), 314-318.

die inländische Umweltbehörde, die das Spiel der Dyopolisten antizipiert, den Emissionspreis. Die ausländische Politik ist ein gegebener Parameter, an den sich die inländischen Politikentscheidungen anpassen. Die abgeleiteten Optimalitätsbedingungen sind wiederum qualitativ gleich mit der Lösung eines Nash-Gleichgewichts des Spiels zweier Regierungen auf der ersten Stufe.

Die Gewinnfunktion des inländischen Unternehmens lautet[10]

(5.1)

$$\pi\left(x,x^e,X,X^e\right)=p\left(x+X^e\right)x+P\left(X+x^e\right)x^e-\gamma\left(x+x^e,s^r\right)-z\left[h\left(x+x^e\right)-s^r\right]$$

Das Unternehmen agiert also auf zwei getrennten Märkten, die Ausbringungsentscheidungen sind jedoch durch die Kostenfunktion miteinander verbunden. Die gewinnmaximalen Verkaufsmengen sind bestimmt durch

(5.2)
$$\begin{aligned}\pi_x &= p+xp'-\gamma_x-zh'=0\\ \pi_{x^e} &= P+x^eP'-\gamma_x-zh'=0\end{aligned}$$

Analog lassen sich die gewinnoptimierenden Produktionsmengen der ausländischen Firma bestimmen:

(5.3)
$$\begin{aligned}\Pi_{X^e} &= p+X^ep'-\Gamma_X-ZH'=0\\ \Pi_X &= P+XP'-\Gamma_X-ZH'=0\end{aligned}$$

Die Wohlfahrtsfunktion des Inlandes umfaßt neben dem Firmengewinn, der Umweltqualität und dem Steueraufkommen als zusätzliches Argument die Konsumentenrente κ

(5.4)

$$u(\kappa,\pi,\tau,q)=$$
$$\left[\int_0^{x+X^e}p(\xi)d\xi-(x+X^e)\cdot p\left(x+X^e\right)+\pi\left(x,x^e,X,X^e\right)+zs,\ q(s,S)\right]$$

---

[10] Beachte, daß die in der Partialanalyse benutzte inverse Nachfragefunktion unabhängig vom Einkommen und vom Steueraufkommen ist.

Es werden nun zunächst die komparativ-statischen Effekte inländischer Umweltpolitik bestimmt. Aus der totalen Differentiation der Bedingungen erster Ordnung beider Dyopolisten, (5.2) und (5.3), läßt sich ein Gleichungssystem in nur zwei Variablen ableiten[11]:

$$(5.5)\quad \begin{bmatrix} 2P' - \gamma_{xx}\left(1 + \frac{P'}{p'}\right) & p' \\ P' & 2p' - \Gamma_{XX}\left(1 + \frac{p'}{P'}\right) \end{bmatrix} \times \begin{bmatrix} dx^e \\ dX^e \end{bmatrix} = \begin{bmatrix} -\pi_{xz} dz \\ 0 \end{bmatrix}$$

Als Bedingung für Eindeutigkeit und Stabilität des simultanen Gleichgewichts auf beiden Märkten erhält man nun:

$$(5.6)\quad \left[2P' - \gamma_{xx}\left(1 + \frac{P'}{p'}\right)\right] \cdot \left[2p' - \Gamma_{XX}\left(1 + \frac{p'}{P'}\right)\right] - P'p' > 0 \ .$$

Die komparativ-statischen Effekte der Umweltpolitik lauten im einzelnen:

$$(5.7)\quad \begin{aligned} &\frac{dx^e}{dz} < 0, \frac{dx}{dz} = \frac{P'}{p'}\frac{dx^e}{dz} < 0, \frac{dX^e}{dz} > 0, \frac{dX}{dz} = \frac{p'}{P'}\frac{dX}{dz} > 0 \\ &\frac{d\left(x + X^e\right)}{dz} < 0, \frac{d\left(x^e + X\right)}{dz} < 0 \end{aligned}$$

Umweltpolitik ($dz > 0$) führt auf beiden Märkten zu einer Verschiebung des Mengengleichgewichts zugunsten des ausländischen Anbieters. Im In- und Ausland sinken die angebotenen Gesamtmengen und die Preise steigen.

Die Umweltbehörde maximiert ihre Zielfunktion unter Antizipation der durch Umweltpolitik ausgelösten Effekte auf das Gleichgewicht der zweiten Stufe. Mit (4.22) und unter Verwendung der Elastizitäten

$$\eta_p = \frac{1}{p'}\frac{p}{x + X^e} < 0, \quad \eta_P = \frac{1}{P'}\frac{P}{x^e + X} < 0$$

[11] Siehe Anhang A.5.1. Die ursprüngliche Anzahl von vier zu bestimmenden Absatzmengen läßt sich durch die Annahme linearer Preisabsatzfunktionen auf zwei reduzieren. Dieser Lösungsweg wurde freundlicherweise von Prof. K. Conrad zur Verfügung gestellt.

ergibt sich die optimale Emissionssteuer:

(5.8)

$$\hat{z} = -\frac{1}{v_n} g'(1-e) + \frac{\overset{(1.a)}{\frac{1}{v_n} g' E \frac{dS}{dz}} \overset{(1.b)}{-\frac{p}{\eta_p}} \cdot \overset{(2.)}{\frac{d(x+X^e)}{dz}} + \overset{(3.)}{\frac{p}{\eta_p} \frac{x}{x+X^e} \frac{dX^e}{dz}} + \overset{(4.)}{\frac{P}{\eta_P} \frac{x^e}{x^e+X} \frac{dX}{dz}}}{-\frac{ds}{dz}}$$

Die optimale Emissionsabgabe bestimmt sich nach Maßgabe von vier Effekten. Die letzten drei Summanden im Zähler auf der rechten Seite geben Motive für das Abweichen von einer reinen Grenzschaden-Besteuerung (deren Komponenten lediglich (1.a) und (1.b) wären) an. (2.) ist die Minderung der Konsumentenrente im Inland aufgrund der geringeren insgesamt abgesetzten Menge des Gutes. Die Berücksichtigung des Konsumenteninteresses zeigt also eine *weitere Opportunitätskostenkomponente* der Umweltpolitik in oligopolistischen Märkten auf[12]. Während im Drittlandsmarktmodell der Preiseffekt der Umweltpolitik eine erwünschte terms of trade-Änderung darstellte, bedeutet er nun einen Verlust an Konsumentenrente, der sich umgekehrt proportional zur Preiselastizität der Nachfrage verhält: je elastischer die Nachfrage ist, umso geringer ist die oligopolistische Verzerrung des Güterangebots und daher auch die zusätzliche Verknappung nach Umweltpolitik. Die Terme (3.) und (4.) bezeichnen die strategische Erlösminderung. Die durch Umweltpolitik hervorgerufene Verschlechterung der Wettbewerbsposition infolge gestiegener Grenzkosten der inländischen Unternehmung vermindert deren Absatzfähigkeit bei gegebenen Preisabsatzfunktionen in beiden Märkten. Kommen die Effekte (2.), (3.) und (4.) in dieser Weise zusammen, ist nicht nur eine Abweichung von einer umweltökonomischen Internalisierungslösung im Interesse der Regierung, die strategisch optimale Steuer kann sogar negativ sein.

---

12 Das Ergebnis stellt nur eine Verallgemeinerung des bekannten Resultates aus Buchanan (1969) dar: Bei oligopolistischem Angebotsverhalten berücksichtigt die Umweltpolitik die zusätzliche Verknappung des Angebots in der second-best Lösung und internalisiert schon allein deswegen nicht vollständig die Umweltschäden (vgl. auch Katsoulacos und Xepapadeas (1996), 9-13). Dabei ist es unerheblich, ob ein Cournot- oder ein Bertrand-Oligopol vorliegt. Bei Preiswettbewerb führt die Erhöhung der Emissionsabgabe zu steigenden Preisen und - bei gegebenen Nachfragefunktionen - zu fallenden Absatzmengen. Auch hier entsteht ein Verlust an Konsumentenrente. Siehe Anhang A.4.1-2.

Im Cournot-Dyopol mit intra-industriellem Handel ist kooperatives Regierungsverhalten durch eine einfache Zielfunktion zu beschreiben. Die Firmengewinne entfallen als deren Komponenten, da die Exporteinahmen des einen Landes den Ausgaben für Importe des anderen Landes gerade entsprechen. Es erfolgt somit eine gemeinsame Maximierung von Konsumentenrente, Steuereinnahmen und Umweltqualität. Der kooperative Steuersatz auf Emissionen des Inlandes sieht dann wie folgt aus:

(5.9)

$$\breve{z} = -\frac{1}{v_n} g'(1-e) - \frac{U_Q}{v_n} G'e + \frac{\frac{1}{v_n} g'E \frac{dS}{dz} + \frac{U_Q}{v_n} G'(1-E)\frac{dS}{dz} - \frac{p}{\eta_p}\frac{d(x+X^e)}{dz} - \frac{P}{\eta_P}\frac{d(x^e+X)}{dz} + ZH'\frac{dX}{dz}}{-\frac{ds}{dz}}$$

Die kooperative Lösung bei intra-industriellem Handel ist insbesondere dadurch gekennzeichnet, daß dem zu berücksichtigenden ausländischen Umweltschaden (sowie dem ausländischen Steueraufkommen) ein Verlust an ausländischer Konsumentenrente bei Emissionspreiserhöhungen gegenübersteht. *Der Umstand, daß Umweltpolitik bei oligopolistischem Güterangebot eine zusätzliche Verknappung hervorruft, ist der einzige Grund, die Steuern unterhalb eines ökologischen Kriteriums anzusetzen.* Gegenüber (4.18) verschwindet jedoch der Anreiz, eine Kollusionslösung zu simulieren.

5.2.2 Handelspolitik bei intra-industriellem Handel

Die Betrachtung des Modells mit intra-industriellem Handel ermöglicht es, auch die Handelspolitik in die Untersuchung einzubeziehen. In den vorangegangenen Kapiteln war Umweltpolitik das einzige zur Verfügung stehende Instrumentarium der wirtschaftspolitischen Instanzen (zu denen die Umweltbehörde gezählt werden soll). Demgegenüber wurden aber Situationen untersucht, in denen mehrere Arten von Marktversagen vorlagen. Neben der Produktionsexternalität (in In- und Ausland) war dies das oligopolistische Güterangebot. Es ist daher zu fragen, ob Handelspolitik nicht insofern zu rechtfertigen ist, daß der Wirtschafts- und Umweltpolitik angesichts des multiplen Marktversagens eine höhere Anzahl von Instrumenten zur Verfügung zu stellen ist. So ist denkbar, daß die in der Präsenz von grenzüberschreitenden Emissionen erhöhten Opportunitätskosten der umweltpolitischen Internalisierung durch flankierende Handelspolitik reduziert werden könnten.

Die Einführung von Zollpolitik durch das Inland bedeutet eine Veränderung des strategischen Umfeldes in ähnlicher Weise wie die in Kapitel 4 betrachtete Umweltpolitik. Um die Bedeutung dieses strategischen Effektes herauszustellen, sollen im folgenden die insbesondere für auf mehreren Märkten simultan agierenden Unternehmen bedeutsamen Betriebsgrößeneffekte ausgeschlossen werden. Dies erfolgt durch die Annahme in der Ausbringung konstanter Grenzkosten: $\gamma_{xx} = \Gamma_{XX} = h'' = H'' = 0$[13]. Infolge dieser Annahme lassen sich die Absatzmärkte separat betrachten (im weiteren steht das Inland im Vordergrund), die jeweiligen Angebotsmengen sind nicht mehr interdependent.

Der inländische Importzoll t geht in die Gewinnfunktion des ausländischen Unternehmens ein:

$$(5.10)\ \Pi(x,X,z,Z,t) = p(x+X)X - \Gamma(X,S^r) - Z\left[H(X) - S^r\right] - t(X)$$

so daß sich die Bedingung erster Ordnung bezüglich X verändert zu

$$(5.11)\qquad \Pi_X = Xp' + p - \Gamma_X - ZH' - t = 0\,.$$

Die Einführung eines Importzolls beeinflußt nur die Produktionsentscheidungen der Dyopolisten, so daß für die komparativ-statische Analyse das Gleichungssystem

$$(5.12)\qquad \begin{bmatrix} 2p' & p' \\ p' & 2p' \end{bmatrix} \times \begin{bmatrix} dx \\ dX \end{bmatrix} = \begin{bmatrix} 0 \\ dt \end{bmatrix}$$

ausreichend ist. Man erhält als Auswirkungen der Einführung eines Importzolls[14]

$$\frac{dx}{dt} > 0,\ \frac{dX}{dt} < 0,\ \frac{ds}{dt} > 0,\ \frac{dS}{dt} < 0,\ \frac{d(x+X)}{dt} < 0\,.$$

---

13 Krugman (1984) analysiert die Bedeutung von Betriebsgrößeneffekten.

14 Siehe Anhang A.5.2.

Die Zollerhebung bewirkt die zu erwartende Verschiebung des Cournot-Nash-Gleichgewichts zugunsten des inländischen Produzenten, der c.p. seine Nettoemissionen erhöht[15], während im Ausland die Umweltqualität steigt und sich damit die importierten Emissionen verringern. Mit der Verdrängung des ausländischen Konkurrenten ist ein Rückgang der gesamten Angebotsmenge auf dem inländischen Markt verbunden.

Der optimale Zollsatz ergibt sich durch Maximierung der Zielfunktion (5.4), wobei die staatlichen Einnahmen aus Emissionsabgaben und Zolleinnahmen bestehen. Von Bedeutung ist aber vor allem die qualitative Frage, ob die Einführung eines Zolls gegenüber dem Verzicht auf Handelspolitik einen Wohlfahrtsgewinn ermöglicht, d.h. ob das Vorzeichen von

(5.13)

$$\left.\frac{di}{dt}\right|_{z=const.} = \underbrace{-\frac{p}{\eta_p}\cdot\frac{d(x+X)}{dt}}_{(1.)} + \underbrace{xp'\frac{dX}{dt}}_{(2.)} + \underbrace{\left(X + t\frac{dX}{dt} + zh'\frac{dx}{dt}\right)}_{(3.)}$$

$$\underbrace{+\frac{1}{v_n}g'\left[(1-e)\frac{ds}{dt} + E\frac{dS}{dt}\right]}_{(4.)}$$

an der Stelle $t = 0$ positiv ist. Neben einem ambivalenten Effekt auf die Umweltqualität (4.) finden sich auf der rechten Seite von (5.13) drei weitere Effekte einer Zollerhöhung bzw. -einführung: der von der Variation der Gesamtabsatzmenge abhängige Konsumentenrenteneffekt (1.), der Rentenumlenkungseffekt (2.) und die Veränderung des staatlichen Budgets (3.). Das Vorzeichen des Gesamtwohlfahrtseffektes der Zollpolitik ist allgemein nicht eindeutig bestimmbar. Ein Wohlfahrtsgewinn ist jedoch zumindest für die Einführung eines kleinen, positiven Zollsatzes denkbar: Denn es ist plausibel, daß in diesem Fall die wohlfahrtssteigernden Auswirkungen (2.) und (3.) den marginalen Konsumentenrentenverlust (1.) überwiegen. Das wesentliche, diese Überlegung stützende Argument ist, daß die Opportunitätskosten der Handelspolitik nur zu einem Teil im Inland - in Form des Verlustes an Konsumentenrente - getragen werden. Der

---

[15] Das Aktivitätsniveau in der Schadstoffvermeidung bleibt bei beiden Dyopolisten unverändert.

andere Teil wird auf den ausländischen oligopolistischen Anbieter überwälzt[16]. Bei oligopolistischem Wettbewerb sind die durch Veränderungen der Regierungspolitiken ausgelösten Mengeneffekte so groß, daß die damit verbundene Rentenumlenkung in Verbindung mit der Abschöpfung ausländischen Einkommens durch kleine positive Zollsätze die wohlfahrtstheoretisch negativ zu beurteilende Verzerrung der Konsumbedingungen überwiegt.

(5.13) zeigt aber auch, daß der Zoll zum Zweck der Reduzierung importierter Emissionen eingesetzt werden kann. Über die Verringerung der inländischen Nachfrage bewirkt ein positiver Zollsatz eine Abnahme der ausländischen Produktion im umweltintensiven, oligopolistischen Sektor. Hat (4.) ein positives Vorzeichen, z.B. bei relativ emissionsintensiverer Produktion im Ausland, liegt aus einzelstaatlicher Sicht tatsächlich eine umweltökonomische Rechtfertigung der Handelspolitik vor.

Setzt das Inland den Zollsatz jedoch in kooperativer Weise, berücksichtigt es also den Einfluß seiner Handelspolitik auf das Ausland, so ist ein positiver Zollsatz weit weniger wahrscheinlich. Es ist nun

(5.14)

$$\left.\frac{d(i+I)}{dt}\right|_{z=Z=const.} = -\frac{p}{\eta_p}\cdot\frac{d(x+X)}{dt} + (Xp' + zh')\frac{dx}{dt} + (xp' + t + ZH')\frac{dX}{dt} + \frac{1}{v_n}g'\left[(1-e)\frac{ds}{dt} + E\frac{dS}{dt}\right] + \frac{U_Q}{v_n}G'\left[e\frac{ds}{dt} + (1-E)\frac{dS}{dt}\right]$$

Die kooperative Handelspolitik berücksichtigt nur noch die intramarginalen Änderungen der Zolleinnahmen, das verringerte ausländische Budget und schließlich die dem ausländischen Unternehmen entstehenden Verluste. Alle drei Veränderungen gegenüber (5.13) deuten auf eine Absenkung des Importzolls gegenüber unkoordinierter Handelspolitik hin. Die Erweiterung um die durch Handelspolitik induzierte Umweltqualitätsänderung im Ausland ist im allgemeinen ambivalent.

Eine vereinfachende Abbildung des hier benutzten Oligopolmodells ermöglicht es zu verdeutlichen, welche Motive aus Sicht des Inlandes für aktive Handelspolitik sprechen und inwiefern es sich dabei um sogenannte "Öko-Zölle" handeln kann[17]. Unter Verwendung der linearen Preis-Ab-

---

16 Vgl. Brander und Spencer (1984).

17 Vgl. Helm (1995), 48-54.

satz-Funktion $p = a - b(x + X)$[18] und konstanter Grenzkosten $\bar{\gamma}_x := \gamma_x + zh'$ bzw. $\bar{\Gamma}_X := \Gamma_X + ZH'$ läßt sich der wohlfahrtsmaximierende nicht-kooperative Importzoll

$$(5.15) \qquad \hat{t} = \frac{a - \bar{\Gamma}_X + zh' + \frac{1}{v_n} g'[(1-e)h' - 2EH']}{3}$$

bestimmen[19]. Unter der Annahme, daß dieser Zollsatz nicht prohibitiv hoch ist, also eine Lösung mit $X > 0$ zuläßt, zeigt (5.15) drei Motive für Handelspolitik der beschriebenen Form auf. Der Zollsatz liegt umso höher, je kleiner die Grenzkosten der Produktion des ausländischen Konkurrenten sind. In diese geht der ausländische Emissionssteuersatz ein. In diesem Sinn kann der Zoll zum Schutz der inländischen Wettbewerbsfähigkeit bei permissiver Umweltpolitik im Ausland eingesetzt werden. Es liegt ferner ein Budgetinteresse vor (beachte zh' im Zähler von (5.15), dem inländischen marginalen Emissionskoeffizienten kommt daher eine ambivalente Bedeutung zu), der Zoll eignet sich zur Aneignung ausländischer Oligopolgewinne *durch die Regierung*. Drittens wird ein hoher Zollsatz bei stark umweltbelastender Produktion im Ausland gewählt. Kommt dieses Motiv zum Tragen, kann von einem *Öko-Zoll* (auch: *pollution content tariff*) gesprochen werden, der es der Regierung erlaubt, eine starke ökologische Externalität ausländischer Produktion zu begrenzen. Andererseits empfiehlt sich ein positiver Zollsatz aus umweltökonomischer Sicht nicht, wenn die inländische Produktionstechnologie vergleichsweise stark emissionsintensiv ist.

Nimmt man das erste und das dritte Motiv zusammen, scheinen beide *für die Flankierung unilateraler Umweltpolitik durch Handelspolitik* zu sprechen. Diese kann auch darin bestehen, daß das umweltpolitisch aktive Land die Absenkung ausländischer Importtariffe (für deren Bestimmung ja $\bar{\gamma}_x$ und eh' relevant sind) einfordert. (5.15) zeigt aber, daß auch ohne jegliche Umweltbelastung ein Anreiz zu Importbesteuerung besteht. Die nicht-kooperative Lösung beinhaltet also eine Vermischung gleichgerich-

---

[18] Diese inverse Nachfragefunktion leitet sich aus einer spezifizierten Nutzenfunktion mit $\tilde{v}(x) = ax - (b/2)x^2$ ab.

[19] Siehe Anhang A.5.3.

teter umweltökonomischer und handelspolitischer Interessen[20]. Der Importzoll bei kooperativem Verhalten der Regierung ist

(5.16)

$$\breve{t} = 5\overline{\Gamma}_X - 4\overline{\gamma}_x - a + 3zH - 6ZH' + 3\frac{1}{v_n}g'[(1-e)h' - 2EH'] + 3\frac{U_Q}{v_n}G'[eH - 2(1-E)H']$$

Der Vergleich mit (5.15) macht deutlich, daß die kooperative Lösung, für den Fall, daß die Produktion nicht umweltbelastend ist ($h' = H' = 0$), niedrigere und wahrscheinlich sogar negative Zollsätze verlangt[21]. Existiert kein Umweltproblem, ergibt sich - wenn man negative Zollsätze nicht zulassen will - aus multilateraler Sicht eine Freihandelsempfehlung. Bei internationaler Koordination der Handelspolitik sind aufgrund von Umweltexternalitäten Handelszölle nur dann wünschenswert, wenn keine Pigou-Steuern gewählt werden, d.h. wenn

$$z \neq \frac{1}{v_n}g'(1-e) + \frac{U_Q}{v_n}G'e$$

$$Z \neq \frac{1}{v_n}g'E + \frac{U_Q}{v_n}G'(1-E)$$

Die Untersuchung zeigt, daß im Modell mit intra-industriellem Handel eine gewisse Rechtfertigung des Importzolls als flankierendem Instrumentarium der Umweltpolitik eines unilateral agierenden Landes aufzufinden ist. Ein Zoll auf die Einfuhren im Cournot-Dyopol bewirkt eine Anpassung der Produktions- und Emissionsentscheidungen der Unternehmen. Die durch Umweltpolitik hervorgerufenen Veränderungen in der Zusammensetzung der Gesamtabsatzmenge werden ebenso abgemildert wie deren positiver Effekt auf die Umweltqualität. Die ausgelöste Veränderung der Umweltbelastung ist ein komplexer Effekt, der die inländischen und die

---

20 Dies wäre eine Erklärung für die gelegentlich anzutreffende Interessengemeinschaft von Umweltschützern und Wirtschaftsverbänden. Eine solche war beispielsweise im Zusammenhang mit der WTO-Ministerkonferenz 1997 in Singapore zwischen Vertretern der Umweltschutzorganisationen und der amerikanischen Handelspolitik zu beobachten.

21 Dies wäre nur dann nicht der Fall, wenn die Grenzkosten im Ausland wesentlich höher wären als im Inland ($\overline{\Gamma}_X > (1/5)a + (4/5)\overline{\gamma}_x$). Hier würde ein positiver Zoll eine wohlfahrtsfördernde Verlagerung der Produktion in das kostengünstigere Inland bewirken. Vgl. Helm (1995), 51.

importierten ausländischen Emissionen umfaßt. Die Eignung der Handelspolitik in Bezug auf umweltökonomische Zielsetzungen ist daher grundsätzlich - auch in der einzelstaatlichen Sichtweise - im allgemeinen zurückhaltend zu beurteilen, da sich Produktionsverlagerungseffekte per saldo positiv wie negativ auf die inländische Umweltqualität auswirken können. Die Verwendung der Handelspolitik zum Schutz der nationalen Umweltgüter *setzt geeignete Bedingungen voraus*, die durch die unterschiedlichen Produktionstechnologien in den Herstellungsländern und die Diffusionsparameter beschrieben sind.

Jedoch ist der Anreiz, Zölle einzusetzen - unabhängig davon, ob er im wesentlichen strategisch oder ökologisch begründet ist - , aus nationaler Sicht wesentlich stärker als aus multilateraler Sicht. Agieren die Regierungen kooperativ, weichen sie vom egoistischen Verhalten ab und stellen sich durch deutlich verringerte oder gar beseitigte Zollsätze besser.

5.3 Zusammenfassung der Resultate

Insofern die betrachteten internationalen Oligopole in dieser Arbeit schadstoffverursachende Industrien repräsentieren, stellte sich zunächst das Problem der durch Umweltpolitik induzierten, weiteren Einschränkung des monopolistischen Güterangebots. Hinsichtlich der sich daraus ableitenden falschen Spezialisierungssignale enthielt Abschnitt 5.1 einige grundsätzliche Überlegungen aus totalanalytischer Sicht, die zur Konsequenz hatten, Umweltpolitik nach Möglichkeit nicht als Mehrzweckinstrument einzusetzen. In Bezug auf die Realisierung von Handelsgewinnen bestätigt sich das Resultat des ersten Teils, daß Umwelt- und Handelspolitik einen komplementären Charakter besitzen.

Die Erweiterung des partialanalytischen Modellrahmens um den intrasektoralen Güterhandel zeigt, daß mit negativen Konsumentenrenteneffeken eine weitere Opportunitätskostenkomponente der Umweltpolitik existiert, deren Größe mit dem Monopolgrad des Marktes zunimmt. Dieses Motiv ist daher auch das einzige, was bei kooperativem Verhalten noch für eine umweltökonomische Subventionierung spricht.

Im Umgang mit multiplem Marktversagen dient eine Erhöhung der Anzahl der zur Verfügung stehenden allokationspolitischen Instrumente der Steuerungsgenauigkeit der staatlichen Behörden. In der Tat hat ein einzelnes Land einen Anreiz, einseitige umweltpolitische Aktivität mit geeigneter Handelspolitik zu begleiten. Ein positiver Zoll vermindert zum einen Kostennachteile des heimischen Dyopolisten in der Belieferung des inländischen Marktes und kann - bei geeigneten Voraussetzungen - auch helfen,

Schadstoffimporte zu reduzieren. Umwelt- und handelspolitische Ziele sind bei einzelstaatlicher Politik nicht mehr einfach zu trennen. Auch ohne jede Emissionsentstehung ist ein positiver Zollsatz bei Marktmacht des ausländischen Unternehmens zum Zweck der räuberischen Rentenumlenkung unilateral vorteilhaft. Dementsprechend beeinhaltet eine kooperative Lösung i.d.R. keine Handelsbeschränkungen, sofern Pigou-Steuern in den handelnden Ländern implementiert werden. Nur in Ermangelung eines supranational gestalteten Internalisierungsverfahrens wird aufgrund von grenzüberschreitenden Emissionen mit handelspolitischen Interventionen eine aus globaler Sicht zweit-beste Politik verfolgt werden.

Ökologische Handelspolitik ist demnach - im Sinne der Theorie des optimalen wirtschaftlichspolitischen Eingreifens - kritisch zu beurteilen, da sie nur bei gehandelten Mengen ansetzt und Preisverzerrungen an Grenzen verursacht, also allgemein gesprochen sogenannte *by-product-distortions* verursacht. So kann z.B. der Kostenbelastungseffekt der Emissionsbesteuerung besser durch eine Subvention der Schadstoffvermeidungsaktivitäten abgeschwächt werden[22].

Anhang zu Kapitel 5

A.5.1 Umweltpolitik bei intra-industriellem Handel

Nach totaler Differentiation der Gewinnoptimierungsbedingungen bezüglich der Mengen ergibt sich

$$\text{(A5.1)}\begin{bmatrix} \pi_{xx} & \pi_{xx^e} & 0 & \pi_{xX^e} \\ \pi_{x^e x} & \pi_{x^e x^e} & \pi_{x^e X} & 0 \\ 0 & \Pi_{Xx^e} & \Pi_{XX} & \Pi_{XX^e} \\ \Pi_{X^e x} & 0 & \Pi_{X^e X} & \Pi_{X^e X^e} \end{bmatrix} \times \begin{bmatrix} dx \\ dx^e \\ dX \\ dX^e \end{bmatrix} = \begin{bmatrix} -\pi_{xz}dz \\ -\pi_{x^e z}dz \\ 0 \\ 0 \end{bmatrix}$$

Dabei ist: $\pi_{xz} = \pi_{x^e z} = -\gamma_{xs^r} s_z^r - h' < 0$. Es wird angenommen, daß gilt: $\pi_{xx} < 0, \pi_{xx^e} < 0, \pi_{xX^e} < 0$ sowie deren Entsprechungen für die ausländische Firma (insbesondere $\Pi_{Xx^e} < 0$).

Da $\pi_{xz} = \pi_{x^e z}$ lassen sich jeweils die ersten und die letzten beiden Zeilen gleichsetzen. Unter Beachtung der Annahme linearer Nachfragefunktionen erhält man nach Umformen

---

22 Dies untersucht Conrad (1994).

$$2\left(dx - \frac{P'}{p'}dx^e\right) + dX^e - \frac{P'}{p'}dX = 0$$

$$2\left(dX^e - \frac{P'}{p'}dX\right) + dx - \frac{P'}{p'}dx^e = 0$$

bzw.

$$dx = \frac{P'}{p'}dx^e$$

(A5.2)

$$dX = \frac{p'}{P'}dX^e$$

Nach Einsetzen von (A5.2) in (A5.1) erhält man aufgrund der Identität der ersten und letzten beiden Zeilen das Gleichungssystem (5.5). In diesem sind:

$$\Delta = \left[2P' - \gamma_{xx}\left(1 + \frac{P'}{p'}\right)\right] \cdot \left[2p' - \Gamma_{XX}\left(1 + \frac{p'}{P'}\right)\right] - P'p' > 0$$

$$\Delta_1 = -\pi_{xz}dz\left[2p' - \Gamma_{XX}\left(1 + \frac{p'}{P'}\right)\right] < 0$$

$$\Delta_2 = P'\pi_{xz}dz > 0$$

Damit ergibt sich

$$dx^e = \frac{\Delta_1}{\Delta} < 0,\ dx = \frac{P'}{p'}dx^e < 0,\ dX^e = \frac{\Delta_2}{\Delta} > 0,\ dX = \frac{p'}{P'}dX^e > 0;\ \text{sowie}$$

$$d\left(x + X^e\right) = \frac{P'}{p'}\frac{\Delta_1}{\Delta} + \frac{\Delta_2}{\Delta} < 0,\ d\left(x^e + X\right) = \frac{\Delta_1}{\Delta} + \frac{p'}{P'}\frac{\Delta_2}{\Delta} < 0.$$

A.5.2 Komparativ-statische Effekte der Handelspolitik

Mit

$$d\pi_x = 2p'dx + p'dX$$
$$d\Pi_X = p'dx + 2p'dX - dt$$

erhält man (5.12). Es ist dann

$$\Delta = 3p'^2 > 0,\ \Delta_1 = -p'dt > 0,\ \Delta_2 = 2p'dt < 0$$

bzw.

$$dx = \frac{\Delta_1}{\Delta} > 0,\ dX = \frac{\Delta_2}{\Delta} < 0,\ d(x+X) = \frac{\Delta_1 + \Delta_2}{\Delta} < 0,\ ds^r = 0,\ dS^r = 0$$

$$ds = h'dx - ds^r > 0,\ dS = H'dX - dS^r < 0$$

A.5.3 Kooperativer und nicht-kooperativer Zollsatz im einfachen Modell

Die Gewinnmaximierungsbedingungen $\pi_x = 0$ und $\Pi_X = 0$ stellen implizite Reaktionsfunktionen dar. Aus der simultanen Lösung ergeben sich (bei den oben genannten Vereinfachungen) die gleichgewichtigen Mengen

$$x = \frac{1}{3b}\left(a - 2\bar{\gamma}_x + \bar{\Gamma} + t\right),\ X = \frac{1}{3b}\left(a + \bar{\gamma} - 2\bar{\Gamma}_X - 2t\right)$$

Daraus folgt mit $\frac{dx}{dt} = \frac{1}{3b},\ \frac{dX}{dt} = -\frac{2}{3b}$

$$\frac{d\kappa}{dt} = -\frac{1}{9b}\left(2a - \bar{\gamma}_x - \bar{\Gamma}_X - t\right)$$

$$\frac{d\pi}{dt} = \frac{2}{9b}\left(a - 2\bar{\gamma}_x + \bar{\Gamma}_X + t\right)$$

$$\frac{d\Pi}{dt} = -\frac{1}{9b}\left(a + \bar{\gamma}_x - 2\bar{\Gamma}_X - 2t\right)$$

$$\frac{d\tau}{dt} = \frac{1}{3b}\left(a + \bar{\gamma}_x - 2\bar{\Gamma}_X - 2t\right) - \frac{2}{3b}t + \frac{1}{3b}zh'$$

$$\frac{d\tau}{dt} = -\frac{2}{3b}ZH'$$

sowie für schwach konvexe Schadensfunktionen

$$\frac{dq}{dt} \approx \frac{1}{3b} g'[(1-e)h' - 2EH']$$
$$\frac{dQ}{dt} \approx \frac{1}{3b} G'[eh' - 2(1-E)H']$$

Die Bedingungen für den nicht-kooperativen bzw. kooperativen Zollsatz lauten dann

$$\frac{di}{dt} = \frac{d\kappa}{dt} + \frac{d\pi}{dt} + \frac{d\tau}{dt} + \frac{1}{v_n}\frac{dq}{dt} = 0!$$
$$\frac{d(i+I)}{dt} = \frac{d\kappa}{dt} + \frac{d\pi}{dt} + \frac{d\tau}{dt} + \frac{1}{v_n}\frac{dq}{dt} + \frac{d\Pi}{dt} + \frac{d\tau}{dt} + \frac{1}{v_n}\frac{dQ}{dt} = 0!$$

Kapitel 6

Endogene Marktstruktur

6.1 Markstrukturen in Abhängigkeit von Umwelt- und Handelspolitik

In diesem Kapitel wird eine gegenüber Kapitel 4 und 5 weitergehende Verallgemeinerung des internationalen oligopoltheoretischen Ansatzes entwickelt. Es sollen dabei für diese Marktstruktur zwei allokationstheoretisch bedeutsame Aspekte der Umweltpolitik abgebildet werden. Zum einen wird die Anzahl der Produktionsstätten endogenisiert und zum anderen - da die Auswahl der Produktionsstandorte sich über mehrere Länder erstrecken kann - die Entscheidung über ausländische Direktinvestitionen berücksichtigt. Dieser letztgenannte Untersuchungsgegenstand kann als (teilweise) korrespondierend zur Behandlung des Problems international mobiler Produktionsfaktoren in Abschnitt 3.5 betrachtet werden. Dabei bedeutet die Entscheidung für die Errichtung von Produktionsanlagen im Ausland in diesem Fall den gebündelten Transfer aller hierzu notwendigen inländischer Faktoren, aber auch die Kombination derselben mit vor Ort befindlichen mobilen und immobilen Faktoren.

Der im folgenden verwendete Untersuchungsansatz ist Synthese und Weiterentwicklung der für die Analyse von unilateraler Umweltpolitik bei endogenen Standorten grundlegenden Beiträge von Markusen et al. (1993) und Motta und Thisse (1994). Diese Ansätze werden insbesondere um eine differenziertere Betrachtung der Handelspolitik ergänzt. Es wird von den folgenden Gegebenheiten ausgegangen:

1. Die Modellierung beschränkt sich auf eine Dyopolsituation. In zwei betrachteten Ländern befindet sich nur je ein potentieller Unternehmer, der über die Errichtung von Produktionsstätten und bzw. oder Markteintritt entscheidet. Da die Firmen im allgemeinen positive Gewinne erwirtschaf-

ten, liegt keine Situation mit freiem Markteintritt, für die Nullgewinne kennzeichnend wären, vor.

2. Jeder Unternehmer besitzt Wahlmöglichkeiten bezüglich der Standorte seiner Produktion: Er kann sich entscheiden nur im Inland, in beiden Ländern oder überhaupt nicht zu produzieren. Damit ist die Möglichkeit der Einrichtung einer Produktionsanlage nur im Ausland ausgeschlossen (sie wird im folgenden nur am Rande erwähnt). Diese Annahme bringt zum Ausdruck, daß inländische Unternehmer an ihren ursprünglichen Standorten verhaftet sind[1]. Aus den drei alternativen Entscheidungen der beiden Dyopolisten resultieren neun potentielle Standortkombinationen der Produktionsanlagen. Diese sind: [0,0]: international keine Produktion, [1,0]: das inländische Unternehmen produziert nur im Inland, [2,0]: das inländische Unternehmen produziert in beiden Ländern (multinational), [0,1]: das ausländische Unternehmen produziert nur im Ausland, und ferner [0,2], [1,1], [2,1], [1,2], [2,2] mit den analogen Bedeutungen[2].

3. Die Unternehmen haben ferner zu entscheiden, ob sie - falls jeweils nur in ihrem Heimatland herstellend - von dortaus in das andere Land exportieren wollen. Sie wägen dabei ab, ob sie mit den im grenzüberschreitenden Güterverkehr entstehenden hohen variablen Kosten oder mit durch den Anlagenbau verursachten hohen Fixkosten produzieren wollen. Erst unter Einbezug der Handelsstruktur sind die Marktstrukturen vollständig beschrieben. Bezüglich der Standortkonfiguration [1,1] bedeutet das, daß im Fall einer beidseitig positiven Entscheidung intra-industrieller Handel vorliegt (sog. reziprokes Dumping[3]), bzw. im Fall einer negativen Entscheidung beide Unternehmen im Heimatmarkt Monopolisten sind. Bei der Standortkombination [2,2] (multinationale Unternehmen) findet kein internationaler Handel statt.

---

1 Vgl. Motta, Thisse (1994), 565.

2 Vgl. Markusen et al. (1993), 70f.

3 Vgl. Brander und Krugman (1983). I.d.R. hat die importierende Firma gegenüber einem am Markt ansässigen Konkurrenten den Nachteil, zusätzliche Handelskosten aufbringen zu müssen. Sie wird daher einen geringeren Marktanteil wählen, da aufgrund der kleineren inframarginalen Erlösänderungen der wahrgenommene Grenzerlös den höheren Grenzkosten entspricht. Andererseits stellt Umweltpolitik für das im Inland produzierende Unternehmen eine zusätzliche Kostenbelastung dar, so daß die Relation der Marktanteile aus dem Verhältnis von Umweltschutzkosten und Handelskosten resultiert. Sollte die inländische Unternehmung im Inland einen geringeren Marktanteil wählen als im Ausland kann dann strenggenommen nicht mehr von "Dumping" im Sinne von Brander und Krugman gesprochen werden.

4. Die Unternehmen finden in beiden Ländern gleiche variable Produktionskosten vor, wenn sie dort produzieren. Die variablen Kosten des inländischen Standortes setzen sich aus zwei Komponenten zusammmen: dem konstanten Produktionskostensatz und einem Kostensatz der Schadstoffvermeidung. Da im folgenden von einer unveränderten Umweltpolitik des Auslandes ausgegangen wird, bezeichne γ_x die Stückkosten der Produktion in In- und Ausland und $\Delta\gamma$ die zusätzlich im Inland anfallenden Stückkosten der Emissionsunterdrückung. Dieser Kostenaufschlag repräsentiere die Stringenz der umweltpolitischen Regulierung: $\Delta\gamma$ steigt – ohne daß dies explizit abgebildet wird - mit dem Emissionspreis[4]. Als weitere mengenabhängige Kostenkomponente werden Stückzollsätze berücksichtigt (für Importe ins Inland t, für Importe ins Ausland T). Transportkosten seien unerheblich und werden vernachlässigt. Bezüglich der fixen Produktionskosten wird eine Fallunterscheidung betrieben: die fixen Kosten einer Betriebsstätteneröffnung werden nach Standort differenziert: für den heimischen Standort eines Unternehmens seien sie vernachlässigbar (sunk costs), für den ausländischen hingegen immer positiv (k bzw. K). Diese Annahme entspricht der oben bereits unterstellten, letztlich historisch oder kulturell begründbaren Verhaftung der Unternehmen im Heimatland. Die Fixkosten werden durch Umweltpolitik nicht affiziert.

5. Die Preis-Absatz-Funktionen werden zur analytischen Vereinfachung durch konstante Parameter beschrieben. Es sei a der Ordinatenabschnitt (Reservationspreis der Konsumenten für die erste Einheit) und $-b$ die Steigung in Abhängigkeit von der am Markt angebotenen Menge. Die Preisabsatzfunktionen sind in beiden Ländern identisch, das heißt insbesondere, daß die Länder sich nicht hinsichtlich der von den Unternehmen wahrgenommenen Absatzchancen unterscheiden[5].

---

4 Die Annahme lautet formal (siehe 4.2): $\gamma_{xs^r} = 0, \gamma_{xx} = 0$ und $\Delta\gamma = s \cdot dz - z \cdot ds^r > 0$.

5 Motta und Thisse (1994) untersuchen die Bedeutung der Marktgröße sowie diesbezügliche Unterschiede der Länder. Die beiden wesentlichen Resultate sind: 1) Kleine Märkte unterstützen die Entscheidung für eine Belieferung von nur einem Produktionsstandort, denn eine geringe Marktgröße hat in dieser Hinsicht denselben Einfluß wie hohe Fixkosten für die Errichtung ausländischer Produktionsanlagen. 2) Je größer das Inland im Vergleich zum Ausland ist, umso wahrscheinlicher wird eine ausschließliche Herstellung im Ausland, sofern im Inland Umweltpolitik betrieben wird. Die Attraktivität des Standortes ist *nicht* positiv mit der Marktgröße korreliert, denn aufgrund des oligopolistischen Umfeldes erhöht sich für den Belieferer eines großen Marktes vor allem der Anreiz, kostengünstig zu produzieren. Dies bedeutet, daß *ein großes Land sich c.p. keine strengere Umweltpolitik "erlauben" kann.* In dieser Ar-

6. Im Unterschied zu der Untersuchung in den Kapiteln 4 und 5 liegt nun eine dreistufige Spielstruktur vor: während die inländische Umweltbehörden nach wie vor auf der ersten Stufe über die umweltpolitische Regulierung sowie die Höhe des Importzollsatzes entscheidet (bei diesbezüglicher Passivität der ausländischen Regierung), zerlegen sich die Unternehmensentscheidungen in zwei zeitlich getrennte Schritte. Zunächst bestimmen die Firmen in Abhängigkeit von den Regierungsentscheidungen der ersten Stufe, an welchen Orten sie Produktionsanlagen erstellen wollen (zweite Stufe), um dann erst auf der dritten Stufe in ein Cournot-Nash Spiel auf den einzelnen Märkten einzutreten. Wichtig ist, daß die Firmen ihre Ausbringungsentscheidungen bezüglich der beiden Märkte separieren[6]. Dies ist dann problemlos abbildbar, wenn vereinfachend von konstanten Stückkosten ausgegangen wird. Die zu den Zeitpunkten zwei und drei getroffenen Entscheidungen sind von den vorangegangenen Wahlakten abhängig. Diese Abhängigkeit wird von der wohlfahrtsoptimierenden Umweltbehörde antizipiert.

7. Wie in den in Teil II vorangegangenen Kapiteln wird partialanalytisch vorgegangen. Es wird angenommen, daß neben dem untersuchten Sektor mit oligopolistischer Marktstruktur ein zweiter Sektor existiert, in dem ein Gut umweltneutral hergestellt und unter Bedingungen vollständiger Konkurrenz angeboten wird. Dieses Gut dient als Numéraire.

Der Ablauf der Untersuchung ist nun wie folgt: Zunächst werden die Gewinnfunktionen in Abhängigkeit von der Marktstruktur (und den politischen Entscheidungsvariablen) bestimmt. Dann wird untersucht, wie sich für zwei ausgewählte anfängliche Marktstrukturen die Unternehmensentscheidungen bei unterschiedlich stringenter Umweltpolitik (abgebildet durch Variation von $\Delta\gamma$) verändern. Der Einfluß der Handelspolitik wird dabei ebenfalls erkennbar. Schließlich erfolgt eine wohlfahrtstheoretische Beurteilung der einseitigen Umweltpolitik bei endogener Marktstruktur.

Unter Berücksichtigung der linearen Preis-Absatz-Funktionen nehmen die Gewinnfunktionen der Dyopolisten folgende allgemeine Form an[7]:

---

beit werden die Marktgrößen nicht explizit betrachtet, um den Einfluß der Politikparamter auf die Abwägung der Unternehmen zwischen einer Belieferungsstrategie mit niedrigen Fixkosten und einer mit niedrigen variablen Kosten zu betonen.

6 Vgl. Helpman und Krugman (1989), 149ff.

7 Die beiden variablen Nettoerlösekomponenten (Inlands- bzw. Auslandsmarkt) werden im weiteren mit π^I und π^A (resp. Π^I, Π^A) bezeichnet.

$$
(6.1) \quad \begin{aligned} \pi &= \left[a - b\cdot\left(x + X^e\right)\right]x + \left[a - b\cdot\left(x^e + X\right)\right]x^e - \gamma^{ges} \\ \Pi &= \left[a - b\cdot\left(x + X^e\right)\right]X^e + \left[a - b\cdot\left(x^e + X\right)\right]X - \Gamma^{ges} \end{aligned}
$$

wobei

(6.2)

$$
\gamma^{ges} = \begin{cases} (\gamma_x + \Delta\gamma)\cdot\left(x + x^e\right) + x^e T & \text{bei alleiniger Produktion im Heimatland} \\ (\gamma_x + \Delta\gamma)\cdot x + \gamma_x x^e + k & \text{bei Produktion in beiden Ländern} \end{cases}
$$

$$
\Gamma^{ges} = \begin{cases} \gamma_x\cdot\left(X + X^e\right) + X^e t & \text{bei alleiniger Produktion im Heimatland} \\ \gamma_x X + (\gamma_x + \Delta\gamma)\cdot X^e + K & \text{bei Produktion in beiden Ländern} \end{cases}
$$

Es lassen sich hieraus die speziellen Formen der Gewinnfunktionen der Dyopolisten für alle Kombinationen der Standortalternativen und Handelsstrukturen ermitteln. Diese sind in Tabelle 6.1 angegeben.[8]

Mittels der spezifizierten Gewinnfunktionen kann nun aufgezeigt werden, wie Marktstrukturen durch die Politikparameter der inländischen Regierung determiniert werden. Dazu wird davon ausgegangen, daß die Ausgangssituation vor Umweltpolitik durch eine bestimmte bestehende Standortkonfiguration gekennzeichnet ist. Ein positiver Emissionspreis infolge umweltpolitischer Regulierungen veranlaßt dann die im Inland ansässigen Produzenten, Schadstoffvermeidung zu betreiben und bewirkt somit ein Gesamtstückkostendifferential gegenüber dem Ausland ($\Delta\gamma$). Mit dieser Veränderung in der Kostenfunktion treten potentiell Rentabilitätsvorteile anderer Marktbelieferungsstrategien auf. Die resultierende neue Marktstruktur wird dabei von der Stringenz der gewählten Umweltpolitik abhängen. Im folgenden wird dies beispielhaft für zwei anfängliche Marktstrukturen besprochen, die durch unterschiedliche Relationen der variablen zu den Fixkosten gekennzeichnet sind.

---

8 Beachte, daß mit x^e bzw. X^e die aus der jeweiligen Sicht der Unternehmen im Ausland angebotenen Mengen bezeichnen, unabhängig davon, ob sie dorthin exportiert oder dort hergestellt wurden. Die Tabelle enthält die Gewinnfunktionen des inländischen Unternehmens für alle Marktstrukturen in denen dieses produziert, sowie diejenigen Gewinnfunktionen des Auslands, die im folgenden verwendet werden. Siehe zur Herleitung den Anhang zu diesem Kapitel.

(Tab. 6.1)

Stan dorte	Gewinnfunktionen	notwendige Bedingungen[9]
[1,1]	a) Exportdyopol: $\pi_{1,1} = \frac{1}{9b}(a-\gamma_x-2\Delta\gamma+t)^2+\frac{1}{9b}(a-\gamma_x-2\Delta\gamma-2T)^2$	$x>0 \Leftrightarrow \frac{a-\gamma_x+t}{2}>\Delta\gamma$ $x^e>0 \Leftrightarrow \frac{a-\gamma_x}{2}-T>\Delta\gamma$ $X>0 \Leftrightarrow a+\Delta\gamma+T>\gamma_x$ $X^e>0 \Leftrightarrow a+\Delta\gamma-2t>\gamma_x$
	b) inländisches Unternehmen exportiert nicht $\pi_{1,1} = \frac{1}{9b}(a-\gamma_x-2\Delta\gamma+t)^2$	$x>0,\, x^e=0,\, X^e>0$
	c) ausländisches Unternehmen exportiert nicht $\pi_{1,1} = \frac{1}{4b}(a-\gamma_x-\Delta\gamma)^2+\frac{1}{9b}(a-\gamma_x-2\Delta\gamma-2T)^2$	$x>0, x^e>0, X>0, X^e=0$
	d) kein Handel $\pi_{1,1} = \frac{1}{4b}(a-\gamma_x-\Delta\gamma)^2$	$x>0,\, x^e=0,\, X^e=0$
[1,0]	$\pi_{1,0} = \frac{1}{4b}(a-\gamma_x-\Delta\gamma)^2+\frac{1}{4b}(a-\gamma_x-\Delta\gamma-T)^2$	$x>0 \Leftrightarrow a-\gamma_x>\Delta\gamma$ $x^e>0 \Leftrightarrow a-\gamma_x-T>\Delta\gamma$
[2,0]	$\pi_{2,0} = \frac{1}{4b}(a-\gamma_x-\Delta\gamma)^2+\frac{1}{4b}(a-\gamma_x)^2-k$	$x>0^*, x^e>0$ (*siehe [1,0])
[2,1]	a) ausländisches Unternehmen exportiert $\pi_{2,1} = \frac{1}{9b}(a-\gamma_x-2\Delta\gamma+t)^2+\frac{1}{9b}(a-\gamma_x)^2-k$ $\Pi_{2,1} = \frac{1}{9b}(a-\gamma_x+\Delta\gamma-2t)^2+\frac{1}{9b}(a-\gamma_x)^2$	$x>0^*, x^e>0, X>0, X^e>0^*$ (*siehe [1,1])

9 Die Bedingungen sind hinreichend für positive Nettogewinne, falls ein Unternehmen lediglich in seinem Heimatland produziert, da dann keine Fixkosten der Produktion zu berücksichtigen sind. Andernfalls stellen die Bedingungen einen positiven Deckungsbeitrag sicher.

	b) ausländisches Unternehmen exportiert nicht $\pi_{2,1} = \frac{1}{4b}(a-\gamma_x-\Delta\gamma)^2 + \frac{1}{9b}(a-\gamma_x)^2 - k$ $\Pi_{2,1} = \frac{1}{9b}(a-\gamma_x)^2$	$x>0^*, x^e>0, X>0, X^e=0^{**}$ (*siehe $[1,0]$; ** $a+\Delta\gamma-2t<\gamma_x$)
$[1,2]$	a) inländisches Unternehmen exportiert $\pi_{1,2} = \frac{1}{9b}(a-\gamma_x-\Delta\gamma)^2 + \frac{1}{9b}(a-\gamma_x-2\Delta\gamma-2T)^2$	$x>0^*, x^e>0^{**}, X>0^{**}, X^e>0$ (*siehe $[1,0]$; **siehe $[1,1]$)
	b) inländisches Unternehmen exportiert nicht $\pi_{1,2} = \frac{1}{9b}(a-\gamma_x-\Delta\gamma)^2$	$x>0, X^e>0$ $x^e=0 \Leftrightarrow \frac{a-\gamma_x}{2}-T<\Delta\gamma$
$[2,2]$	$\pi_{2,2} = \frac{1}{9b}(a-\gamma_x-\Delta\gamma)^2 + \frac{1}{9b}(a-\gamma_x)^2 - k$ $\Pi_{2,2} = \frac{1}{9b}(a-\gamma_x-\Delta\gamma)^2 + \frac{1}{9b}(a-\gamma_x)^2 - K$	$x>0,\ x^e>0,\ X>0,\ X^e>0$ $\Leftrightarrow a-\gamma_x-\Delta\gamma>0$

Zuerst wird angenommen, daß das Dyopol durch ein Nash-Gleichgewicht bei gegenseitigem Export beschrieben sei. Bei aktiver Umweltpolitik steigen nun die Stückkosten für den inländischen Oligopolisten an, er verliert daher Marktanteile auf beiden Märkten[10]. Es ist

$$\frac{d\pi_{1,1}^{I}}{d\Delta\gamma}<0, \frac{d\pi_{1,1}^{A}}{d\Delta\gamma}<0.$$

Eine Fallunterscheidung bezüglich der Größenordnung der Fixkosten einer ausländischen Produktionsstätte ist nun erforderlich.

Erstens (F1): Die Fixkosten seien erheblich, so daß $\pi_{1,1}^{A}=0>\pi_{2,1}^{A}-k$ an der Stelle $\Delta\gamma=(a-\gamma_x)/2-T$[11]. Dieser Fall entspricht der Besprechung

[10] Siehe Kapitel 5.

[11] Zur Vereinfachung wird im ersten Fall genau genommen von der stärkeren Annahme $\pi_{1,1}^{A}>\pi_{2,1}^{A}\ \forall\ \Delta\gamma$ ausgegangen. Damit ist die Standortkombination $[2,1]$ ausgeschlossen.

von Umwelt- und Handelspolitik in Kapitel 5. Muß das inländische Unternehmen Zollausgaben tätigen, ist infolge des auf dem ausländischen Markt geringeren marginalen Stückgewinns[12] dort die Rentabilitätsgrenze früher erreicht. Aufgrund der hohen Fixkosten kommt eine Produktionsverlagerung, mit der sowohl Umweltschutzkosten als auch Zollzahlungen für die im Ausland abgesetzte Menge eingespart werden könnten, jedoch nicht in Betracht. Ist also $\Delta\gamma$ hinreichend groß ($(a - \gamma_x)/2 - T \leq \Delta\gamma$), stellt der inländische Anbieter seine Exporttätigkeit ein und es resultiert die Marktstruktur $[1,1]$ mit Monopol im Ausland ($\pi_{1,1} = \pi^I_{1,1}$). Die im Inland abgesetzte Gütermenge verringert sich:

$$\frac{d(x + X^e)}{d\Delta\gamma} < 0,$$

womit die Konsumentenrente sinkt[13].

Beide Effekte (Verlust der Exporterlöse und Preiserhöhung bzw. Mengenminderung im Inland) stellen zusammen eindeutig positive Opportunitätskosten der Umweltpolitik dar. Es stellt sich nun die Frage, ob sich an diesem Bild etwas ändert, wenn Umweltpolitik durch Handelspolitik flankiert wird. Die Antwort liegt auf der Hand: Die (Wieder-) Aufnahmen der Exporttätigkeit ist vom Einfuhrzoll t unabhängig (siehe Tab. 6.1), kann also durch Protektion des Inlandsmarktes nicht bewirkt werden[14]. Es steigt jedoch der Gewinn ($\pi^I_{1,1}$) der inländischen Unternehmung: zunächst weil mit zunehmenden t sich die Marktanteile im Inland zugunsten des heimischen Dyopolisten verschieben[15] und - für hinreichend große Werte von t - weil der Konkurrent aufgrund der hohen Fixkosten ganz aus dem Markt gedrängt, also eine Monopolstellung errichtet werden kann. Andererseits führt Zollpolitik zu einer weiteren Verringerung des Konsums im Inland. Es ist also

---

[12] Vgl. Brander, Krugman (1983), 316.

[13] Dies folgt unmittelbar aus $x + X^e = (2/3b)(a - \gamma_x - 1/2\,\Delta\gamma - 1/2\,t)$. Siehe Anhang zu diesem Kapitel. Siehe auch Kapitel 5.

[14] Krugman (1984) zeigt, wie von Protektion exportfördernde Effekte ausgehen können. Diese sind in dieser Untersuchung aufgrund der Annahme konstanter variabler Stückkosten ausgeschlossen.

[15] Siehe Kapitel 5.

$$\frac{d\pi_{1,1}^{I}}{dt} > 0, \frac{d\pi_{1,1}^{A}}{dt} = 0, \frac{d\left(x + X^{e}\right)}{dt} < 0,$$

womit Zollpolitik die aus Kapitel 5 bereits bekannte, im allgemeinen ambivalente Wirkung erzielt[16]. Die inländische Güterversorgung reagiert jedoch bei monopolistischem Angebot empfindlicher auf Veränderungen der Umweltpolitik ($dx^{mon}/d\Delta\gamma = -1/2b < -1/3b = d\left(x + X^{e}\right)/d\Delta\gamma$) als bei dyopolistischer Marktstruktur.

Zweitens (F2): Die Fixkosten seien gering. Hier können Emissionsvermeidungskosten dazu führen, daß die Stückkosten des inländischen Unternehmens ein Niveau erreichen, ab dem es vorteilhaft wird, die im Ausland abgesetzte Menge dort zu produzieren ($\pi_{1,1}^{A} < \pi_{2,1}^{A} - k$). Dies kann als der klassische Fall einer durch Umweltauflagen induzierten Standortverlagerung bezeichnet werden. Trotz dieser Veränderung in der Standortstruktur fallen die gesamten inländischen Firmengewinne stetig mit der Zunahme der Vermeidungskosten, jedoch vergleichsweise langsamer nach dem Wechsel zu einer multinationalen Produktionsweise, da die Umweltschutzkosten die Gewinnkomponente $\pi_{2,1}^{A}$ nicht affizieren. Damit sind auch in diesem Fall eindeutig positive Opportunitätskosten der Umweltpolitik festzustellen, jedoch nur hinsichtlich der Erlöse im Inland und der Konsumentenrente. Sind die beiden Absatzgebiete von den Dyopolisten separat wahrnehmbar (wie hier angenommen) ist diese teilweise Standortverlagerung nicht durch inländische Handelspolitik zu vermeiden, da die Einfuhrzölle auf den Vergleich der im Ausland erwirtschafteten Gewinne beider Strategien keinen Einfluß haben. *Unilaterale Handelspolitik* kann wiederum lediglich die Erlössituation im Inland verbessern, dies aber nur zu Lasten der Konsumentenrente. Demgegenüber verringert *gegenseitige Handelsliberalisierung* - in dem Sinn, daß mit einer Zollsenkung des Inlands eine entsprechende Handelsliberalisierung des Auslands erwirkt wird

---

16 Vgl. Brander und Krugman (1983), 318. Es ließen sich hier noch weitere wohlfahrtstheoretische Ausführungen anschließen. Z.B. bedeutet die Abschließung des inländischen Marktes, daß die billig zu produzierenden Importe durch teurere inländische Herstellung ersetzt werden. Stellen die Kostenparameter die tatsächlichen sozialen Grenzkosten dar, ist dies eine Effizienzverlust. Überhaupt bedeutet Handelspolitik in einer Welt ohne Transportkosten eine Verringerung der eindeutig positiven Wohlfahrtsgewinne durch reziprokes Dumping. Diese, die globale Effizienz betreffenden Überlegungen stehen hier jedoch nicht im Vordergrund und werden nicht weiter beleuchtet.

(reziproke Zollsenkung) - das "Verlagerungsrisiko" (beachte T in Tabelle 6.1 bei $[1,1]$a) und $[2,1]$a)).

Unabhängig von der getroffenen Fallunterscheidung kann eine sehr stringente Emissionsregulierung schließlich sogar die Profitabilität der inländischen Produktion in Frage stellen. Dem Unternehmen stellt sich dann die Abwägungsentscheidung zwischen der Produktionsaufgabe oder der Verlagerung ins Ausland mit eventueller Bedienung des Inlandsmarktes von dort[17], so daß

$$(6.3)\pi = \begin{cases} 0 & \text{bei Produktionseinstellung} \\ \frac{1}{9b}(a-\gamma_x-t)^2+\frac{1}{9b}(a-\gamma_x)^2-k & \text{bei Produktionsverlagerung} \end{cases}$$

Ob es nach Umweltpolitik zur Produktionseinstellung im Inland kommt, hängt von der Höhe des Importzolls ab, denn insofern sie den ausländischen Anbieter veranlaßt, seinen Bruttoangebotspreis auf dem inländischen Markt zu erhöhen, verbessert protektionistische Handelspolitik die Chancen des inländischen Unternehmens, im Markt zu verbleiben. Der umweltpolitisch verursachte Totalverlust an Produzentenrente kann also durch geeigneten Zollschutz vermieden werden. Mit Handelspolitik kann so zwar die dyopolistische Struktur aufrechterhalten werden, es verbindet sich mit ihr aber keine Wettbewerbsintensivierung: Das reziproke Dumping ist wettbewerbsfördernd, wenn *bestehende Marktzutrittschancen* wahrgenommen werden, nicht aber, wenn Marktzutritt durch politikinduzierte Erhöhungen des mark-ups des Konkurrenten *erst ermöglicht werden mußte.* Die durch Protektion bewirkte Fortsetzung inländischer Produktion bewirkt lediglich eine andere Zusammensetzung des verringerten Angebots[18].

---

[17] Diese Standortauswahl wird unwahrscheinlicher, falls die Fixkosten der Produktion im Ausland steigen, wenn von dort aus auch das Inland beliefert wird. Dies ließe sich zum Beispiel aus der Existenz von firmenspezifischen Fixkosten neben den anlagenspezifischen (k) erklären. Firmenspezifische Fixkosten (zu erklären aus nicht-rivalen Produktionsfaktoren) sind jedoch dann nicht zu berücksichtigen, wenn eine etablierte Produktionsanlage im Inland besteht (sunk firm-specific fixed costs). Vgl. Markusen et al. (1994) 70f. bzw. Motta und Thisse (1993), 568ff.

[18] Dieses Resultat hängt in besonderer Weise von der Annahme des beschränkten Marktzutritts ab. Bestimmt sich die Anzahl der insgesamt produzierenden Unternehmen endogen durch die Nullgewinnbedingung, kann Handelspolitik in der beschriebenen Situation eine Preissenkung im Inland hervorrufen. Ein Importzoll verschlechtert die Rentabilität ausländischer Produzenten, so daß einige von ihnen aus dem

Inwiefern ein Wechsel von einer Marktstruktur zur anderen von den Werten der Politikparameter abhängt, ist in Abbildung 6.1 graphisch dargestellt.

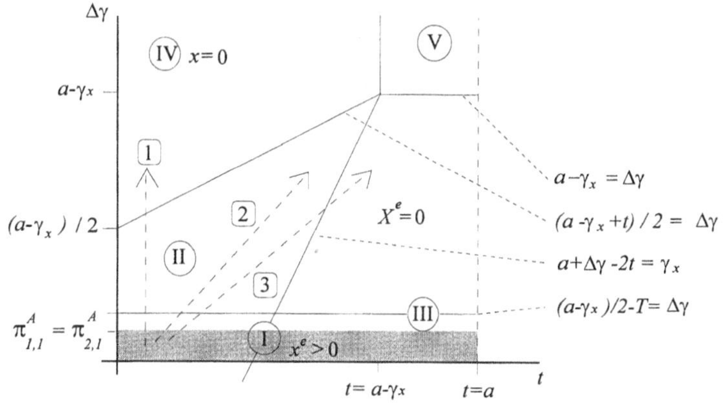

(Abb. 6.1)

Für den Bereich $t < a$ (und $T < (a - \gamma_x)/2$) und die ursprüngliche Marktstruktur $[1,1]$ ergeben sich fünf durch durchgezogene Linien abgegrenzte Regionen[19]. Bereich I: das inländische Unternehmen setzt in In- und Ausland ab, oberhalb dieser Region finden keine Exporte statt; Bereich II: das Inland produziert und importiert das umweltintensive Gut; Bereich III: das inländische Unternehmen ist Monopolist im Inland aufgrund prohibitiven Zollschutzes; Bereich IV: die inländische Nachfrage wird ausschließlich durch Importe gedeckt; Bereich V: das Gut wird im Inland nicht angeboten. Im schraffierten Bereich erfolgt die Belieferung des ausländischen Marktes durch Exporte. Oberhalb dieser Region kann die inländische Unternehmung es (bei geeignetem k) vorziehen, die im Ausland verkaufte Gütermenge dort auch herzustellen ($[2,1]$).

Die graphische Darstellung verdeutlicht die Bedeutung der Handelspolitik in den Absatzbedingungen: die Rentabilitätsgrenze sowohl der inländischen Produktion als auch die der Importe ist abhängig vom Zollsatz auf Importe. Im schattierten Bereich ist die Standortkombination [1,1] profitabler als eine teilweise Produktionsverlagerung ins Ausland, wobei die

Markt austreten müssen. Damit verringert sich die Wettbewerbsintensität in In- und Ausland, weshalb der Markteintritt inländischer Unternehmer befördert wird und eine Preissenkung im Inland erfolgt. Vgl. Helpman und Krugman (1989), 149-153.

19 Beachte, daß die Regionen I und III sich überlappen.

obere Begrenzung des schattierten Bereiches durch $\pi_{1,1}^{A} = \pi_{2,1}^{A}$ gegeben und damit von t *unabhängig* ist.

Die Abbildung demonstriert unterschiedliche Verschiebungen der Marktstruktur infolge umweltpolitischer Regulierung im Inland im Verbund mit unilateraler Handelspolitik. Bei ungehindertem Außenhandel $(t = T = 0)$ liegt die Profitabilitätsgrenze für die Produktion in dieser Industrie überhaupt bei dem niedrigen Schwellenwert $(a - \gamma_x)/2$, was dem monopolistischem mark-up des ausländischen Konkurrenten entspricht. Überschreiten die Umweltschutzkosten diesen Wert, wird eine komplette Produktionseinstellung im Inland verursacht (Pfad 1). Wird zollpolitisch flankiert, lockert sich diese Markteintrittsbedingung (Pfad 2), wobei bei zunehmendem Zollschutz schließlich das Importangebot verdrängt werden kann (Pfad 3). Sind für eine beabsichtigte Internalisierung hohe Kostenbelastungen unumgänglich, bedeutet dies, daß die Aufrechterhaltung inländischer Güterproduktion im umweltbelastenden Sektor nur durch hinreichende Einschränkung der Handelsmöglichkeiten - im Extremfall bis zur Verdrängung jeglicher Importe - gewährleistet werden kann. Sind die Fixkosten ausländischer Produktion hinreichend gering, stellen die beschriebenen Pfade aber eine teilweise Verlagerung der Herstellung ins Ausland dar. Insofern durch umweltpolitische Aktivität eine bestehende Marktstruktur geändert wird, heißt dies im Umkehrschluß, daß *der zu einer gegebenen Ausgangssituation gehörige Pigou-Steuersatz nicht mit dieser vereinbar sein muß*. Beispielsweise kann die Umweltbehörde gezwungen sein, von einer vollständigen Internalisierung abzusehen, wenn Produktionsverlagerungen oder -einstellungen vermieden werden sollen.

Eine weitere Ausgangssituation vor Umweltpolitik sei nun die Marktstruktur $[2,2]$ (multinationale Unternehmen)[20]. Die Gewinnfunktionen der beiden Firmen sind hier aufgrund der Symmetrieannahmen mit Ausnahme der Fixkosten identisch. Insbesondere erwirtschaften beide Unternehmen den gleichen variablen Erlös im Inland. Die infolge Umweltpolitik aufzubringenden Umweltschutzkosten belasten ebenfalls beide gleichermaßen. Bezüglich potentieller Strukturveränderungen ist wiederum eine Fallunterscheidung maßgeblich.

Im ersten Fall (F3) erreicht die Kostenkomponente $\Delta\gamma$ einen Schwellenwert für den $\pi_{2,2}^{I} = \Pi_{2,2}^{I} = 0 > \Pi_{2,1}^{I}$. Hierfür ist die Bedingung $t > \Delta\gamma$ erforderlich. Die inländische Produktion wird von beiden Unternehmen gleichzeitig eingestellt, ohne daß der inländische Markt noch vom Ausland

[20] Die Erläuterungen hierzu lassen sich auf die Standortkombination $[1,2]$ übertragen.

her bedient wird. Dieser Ausgang ist bei $K > 0$ jedoch unwahrscheinlich, wenn das inländische Unternehmen die mangelnde Ertragskraft des Exportgeschäftes des Konkurrenten kennt und die ausländische Firma ihre Produktionsstätte im Inland schon aufgibt, wenn die dort erzielbaren Deckungsbeiträge einen Minimalwert unterschreiten. Der inländische Anbieter wird dann seine Produktion aufrechterhalten, um als monopolistischer Anbieter mit positivem Nettogewinn $\pi_{2,1}^{I(Mon.)} = \frac{1}{4b}(a - \gamma_x - \Delta\gamma)^2$ und verringerter Gesamtabsatzmenge im Markt zu verbleiben. Im Vergleich zur Ausgangssituation kann der Firmengewinn durch die Ausdehnung der Marktmacht trotz gestiegener Stückkosten gewachsen sein[21]. Zu beachten ist, daß es hier die Umweltpolitik selbst ist, die die Monopolisierung des Inlandsmarktes bewirkt und - bei steigendem Unternehmensgewinn und sinkender Konsumentenrente - *gegensätzliche Wohlfahrtseffekte* auslöst. Der Saldo dieser Auswirkungen ist im allgemeinen unbestimmt[22]. In diesem Fall ist es die Aufrechterhaltung der kompetitiveren Marktstruktur, die möglicherweise einen Verzicht auf vollständige Internalisierung der Umweltexteralitäten erforderlich macht.

Im zweiten Fall (F4) induziert Umweltpolitik einen Strategiewechsel des ausländischen Konkurrenten, wenn $\Pi_{2,1}^{I} > \Pi_{2,2}^{I}$ und $\Pi_{2,1}^{I} > 0$. Der ausländische Dyopolist zieht es in Folge der Umweltpolitik vor, den inländischen Markt durch Importe zu bedienen, statt dort herzustellen ($t < \Delta\gamma$). Die Nettogewinne des inländischen Unternehmens ändern sich nun zu $\pi_{2,1}^{I} = \frac{1}{9b}(a - \gamma_x - 2\Delta\gamma + t)^2$, *sie sinken also nicht nur aufgrund der zusätzlichen Kostenbelastung, sondern auch wegen der Marktstrukturänderung.* Der Fall (F4) ist demnach im Unterschied zu (F3) dadurch gekennzeichnet, daß aufgrund des hinreichend liberalisierten Außenhandels die Umweltpolitik den inländischen Markt gegenüber den ausländischen Firmen nicht abschließt, da mit Importbelieferung eine alternative profitable Strategie zur Verfügung steht.

Die graphische Darstellung verdeutlicht die in der Fallunterscheidung beschriebenen Parameterkonstellationen (Abbildung 6.2).

---

21 Hierfür ist die Bedingung $d\Delta\gamma < 1/3(a - \gamma_x - \Delta\gamma)$ erforderlich. Siehe Anhang zu diesem Kapitel.

22 Siehe Anhang zu diesem Kapitel.

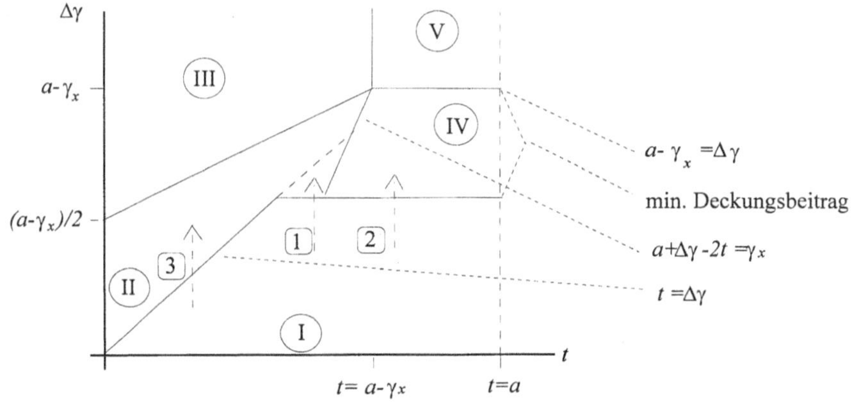

(Abb. 6.2)

Es lassen sich erneut fünf Regionen unterscheiden. Bereich I: Beide Dyopolisten produzieren im Inland; Bereich II: Das ausländische Unternehmen verlagert seine gesamte Produktion ins Ausland ($[2,1]$) und importiert; in Bereich III ist es der einzige Anbieter; Bereich IV: das ausländische Unternehmen gibt die Inlandsproduktion auf und importiert nicht. Bereich V: im Inland erfolgt kein Angebot. Die Anfangssituation $[2,2]$ findet sich im Bereich I. Das ausländische Unternehmen erwirtschaftet hier mehr als den minimalen erwünschten Deckungsbeitrag[23] und zieht aus der Bedienung des inländischen Marktes mit dort hergestellten Gütern einen Vorteil gegenüber einer Importbelieferung. Jedoch wird Umweltpolitik die Belieferung aus dem Ausland vergleichsweise rentabler werden lassen. Der erste geschilderte Fall einer Strukturänderung (F3) läßt sich in zwei Unterfälle aufspalten. Zum einen ist es möglich (Pfad 1), daß infolge Umweltschutzausgaben das ausländische Unternehmen den Deckungsbeitrag mit im Inland produzierten Gütern nicht mehr erzielen kann und zu ausschließlicher Importbelieferung übergeht, obwohl der variable Gewinn dieser Strategie geringer ist. Dies bedeutet auch, daß eine Mischstrategie in der Belieferung des Inlandsmarktes bei keiner Parameterkonstellation rentabel ist. Zum anderen kann die Belieferung aus dem Ausland wegen zu hoher Zollausgaben für das ausländische Unternehmen von vornherein

[23] Der Deckungsbeitrag K/X^e ist mengenabhängig und damit - da die Stückkosten in die Bestimmung des Cournot-Gleichgewichts eingehen - auch durch die Kosten der Emissionsvermeidung determiniert. In der Graphik ist der minimale Deckungsbeitrag maßgebend. Er bestimmt sich nach der Nullgewinnbedingung für Dyopole. Nichtnegative Gewinne liegen vor, wenn $\Delta\gamma \leq a-\gamma_x-\sqrt{9bK}$.

nicht in Frage kommen (Pfad 2). Der zweite geschilderte Fall (F4) eines Strategiewechsels des ausländischen Dyopolisten wird durch Pfad 3 dargestellt. Er ist bei geringeren Zollsätzen wahrscheinlicher. Die Marktstruktur [2,2] macht bei Freihandel (und in der Abwesenheit von Transportkosten!) keinen Sinn. Hohe künstliche Handelsbarrieren hingegen unterstützen die monopolisierende Wirkung von Umweltpolitik. Im Unterschied zur Standortkonfiguration [1,1] spielt unilaterale Handelspolitik bei geringen Emissionsvermeidungskosten eine Rolle für Verlagerungsentscheidungen. Die Bedeutung der Fixkosten liegt hingegen nur noch in der durch sie bestimmten Höhe des minimalen Deckungsbeitrages. Je geringer ihr Gewicht ist, desto unwahrscheinlicher wird der durch Pfad 1 beschriebenen Fall einer Produktionsverlagerung des ausländischen Unternehmens und die durch Pfad 2 beschriebene Monopolisierung des inländischen Marktes.

Sind die für die Errichtung der Produktionsstätten entstandenen fixen Kosten als versunkene Ausgaben zu betrachten, ist die Möglichkeit einer ausschließlich im Ausland stattfindenden Produktion des inländischen Unternehmens hier wahrscheinlicher als in der Ausgangslage [1,1]. Bei hohen Emissionsvermeidungskosten ist seine Nettogewinnfunktion dann wiederum durch (6.3) - ohne Berücksichtigung der Fixkosten in der zweiten Zeile - gegeben.

Zusammenfassend kann nun festgestellt werden, daß in Abhängigkeit von der Marktstruktur *Art und Umfang der Opportunitätskosten* einer umweltpolitischen Regulierung im Inland endogen bestimmt werden. Zwei wichtige qualitative Resultate sind hervorzuheben: Erstens sind im Unterschied zum Exportdyopol mit gegenseitigem Dumping ([1,1]) die Opportunitätskosten im Fall eines ursprünglichen Gleichgewichts in gegenseitigen Direktinvestitionen ([2,2]) nicht immer eindeutig positiv. Inländische Umweltpolitik kann - wegen der positiven Folgen für die inländischen Gewinne - erwünschte Standortverlagerungen des ausländischem Oligopolisten hervorrufen[24]. Zweitens können die einzelnen Wohlfahrtseffekte

24 Ulph (1994) kalibriert eine allgemeinere Version des Markusen et al. (1993) - Modells. Eines der Resultate ist, daß mit Umweltpolitik bei endogener Marktstruktur eine höhere Wettbewerbsintensität erzeugt werden kann und daher trotz gestiegener Emissionssteuern der Produktpreis sinkt. Dies entspräche hier einer Ausgangssituation [1,1] ohne Handel, die infolge Umweltpolitik in ein Exportdyopol übergeht. Überwiegt die Veränderung der Konsumentenrente die Gewinneinbußen, wäre dieser Vorgang wohlfahrtssteigernd (er wäre damit die Umkehrung der oben beschriebenen Monopolisierung des Inlandsmarktes). Es läßt sich aber für das vorliegende, einfache Modell zeigen, daß eine durch gestiegene Umweltabgaben induzierte Erhöhung der

bei Marktstrukturänderung in unstetiger Weise von der sie auslösenden Verteuerung der Emissionsvermeidungskosten abhängen[25]. Dies resultiert aus dem Umstand, daß neben den marginalen Mengenanpassungen auf der dritten Stufe die Unternehmen auf der zweiten Stufe des Gesamtspiels mit der Standortbestimmung diskrete Auswahlentscheidungen vornehmen. Dies hat schließlich zur Folge, daß auch die Umweltqualität in Abhängigkeit von der Marktstruktur Sprungstellen aufweist: Veranlaßt eine marginale Emissionssteuererhöhung wie bei (F4) die ausländische Unternehmung dazu, die inländische Produktion aufzugeben, verringern sich die Nettoemissionen im Inland erheblich. Dem kann ein vergleichsweise geringerer Konsumentenrentenverlust (sowie ein geringer Saldo aus Steuereinnahmenverlust und positivem Zolleinkommen) gegenüberstehen, wenn das ausländische Unternehmen in das Inland importiert. Die marginale Emissionspreisänderung bewirkt eine diskontinuierliche (hier eine wahrscheinlich positive) Wohlfahrtsänderung.

Die Entstehung von Diskontinuitäten stellt für die Marginalanalyse der Umweltbesteuerung ein erhebliches Informationsproblem dar: Zum einen können die Kosten einer Mißachtung der Marktstrukturänderungen beträchtlich sein, zum anderen ist dies nur zu umgehen, wenn sowohl Strukturwechsel als auch deren Wohlfahrtsimplikationen prognostizierbar sind.

Dabei können einzelne Parameterwerte von großer Bedeutung sein: Der Vergleich der Fälle (F1) und (F2) zeigte, daß die Emissionsbesteuerung einmal durch die Einstellung der Exporttätigkeit und einmal durch die teilweise Verlagerung der Produktion jeweils einen sehr großen Umweltqualitätseffekt erzielen kann, wobei im ersten Fall die Gewinneinbußen jedoch viel größer sein dürften als im zweiten. Hier muß die Umweltbehörde sozusagen auf die Höhe der Fixkosten ausländischer Produktionsanlagen achten. Die letzten beiden Fälle demonstrieren, wie mit der Aufgabe des Standortes im Inland durch die ausländische Unternehmung ebenfalls große Emissionsreduktionen möglich sind, während die Größenordnung der damit verbundenen Einbuße an Konsumentenrente wesentlich vom Importzollsatz abhängt.

Dies weist auf die Bedeutung der gewählten Handelspolitik für die Auswirkungen der Umweltpolitik hin. Auch hier sind zwei wichtige Resultate ableitbar: Erstens ist bei der anfänglichen Marktstruktur "Exportdyopol" die unilaterale Handelspolitik nur für die Marktzutrittsbedingun-

---

Zahl der Anbieter die Konsumentenrente nicht erhöht. Ulphs "optimistisches" Ergebnis kann daher hier nicht bestätigt werden. Siehe Anhang zu diesem Kapitel.

25 Vgl. hierzu und zum folgenden Markusen et al. (1993), 69f. und 82f. Dies ist eine Variation des Resultates von Horstman und Markusen (1992) ("natura facit saltum").

gen von Bedeutung - sie definiert Rentabilitätsgrenzen für inländische Produktion und Importe ins Inland -, bedingt aber keine Entscheidungen über *zusätzliche* Standorte oder Standort*verlagerungen*. Dies ändert sich, wenn in der Ausgangslage beide Oligopolisten multinationale Unternehmen darstellen. Hier ist die Verlagerungsentscheidung des ausländischen Unternehmens vom Zollsatz abhängig. Zu dem, was aus Kapitel 5 bekannt ist, kann also - intuitiv plausibel - hinzugefügt werden: die inländische Handelspolitik affiziert, wenn beide Firmen im Markt sind, nur die Belieferungsstrategien des ausländischen Konkurrenten und kann insofern nur die diesbezüglichen Auswirkungen der Umweltpolitik akkomodieren. Damit bleibt die Handelspolitik ein "nach außen" gerichtetes Instrument. Dies steht in Einklang mit dem ebenfalls hier aufgefundenen Resultat, daß die Aufrechterhaltung eines dyopolistischen Angebots durch Importzölle keinen wettbewerbsintensivierenden Charakter haben kann.

Zweitens ergeben sich klare Aussagen über multilaterale Zollsenkungen: Diese verringern das "Risiko" eines Landes, durch Umweltpolitik eine Standortverlagerung zu provozieren, denn sie begünstigen die Bedienung der Absatzmärkte von einem Produktionsstandort, der - aufgrund der Fixkosten - von jedem Unternehmen im Heimatland gewählt wird. Motta und Thisse (1994) weisen in diesem Zusammenhang auf einen Bedarf an international koordinierter Handelsliberalisierung hin. In ihrer Darstellung versucht das inländische Unternehmen, dem Kostendruck der Umweltpolitik zu entgehen, indem das Inland von einer ausländischen Produktionsstätte beliefert wird. Dieses Argument ist insofern richtig, als hohe Handelskosten die Entstehung multinationaler Unternehmen begünstigen. Sinken diese Kosten, beispielsweise durch eine gegenseitige Zollsenkung, beginnen die Unternehmen eine Abwägung zwischen der Aufrechterhaltung vieler Anlagen und der Konzentration ihrer Produktion. Umweltpolitik, die die variablen Kosten steigert, erhöht dann die relative Vorteilhaftigkeit ausländischer Herstellung. Diese allgemeine Feststellung läßt sich aber durch die oben angestellte, detailliertere Betrachtung der Marktstrukturen verfeinern und in ihrer Bedeutung etwas einschränken: Im Falle eines anfänglich vorliegenden Exportdyopols beginnt der inländische Anbieter zunächst über den Herstellungort der im Ausland abgesetzten Menge nachzudenken, da bei gegenseitigem Dumping der für die ausländischen Märkte gewählte mark-up geringer ist als im Inland. Dann aber bedeutet eine weitgehende Handelsliberalisierung eine Erhöhung der Rentabilität des Exportgeschäfts (die Obergrenze der schraffierten Zone in Abb. 6.1 liegt umso höher, je geringer T ist), die bei Freihandel der des Inlandsgeschäftes entspricht, und reduziert daher die durch nationale Umweltpolitik verursachten Verluste an Wettbewerbsfähigkeit (wird in Abschnitt 6.2 weiterbehandelt). Das Beispiel (F4) weist schließlich auf den weiteren Vorteil des Freihandelsregimes hin, daß die Opportunitätskosten der Umweltpolitik im Falle einer Anlagenschließung im Inland durch den ausländischen Anbieter relativ gering sind.

Nach der ausführlichen Darstellung der vier beispielhaften Szenarien F1 bis F4 wird deutlich, daß eine Umweltpolitik, die sich zur Aufgabe setzt, eine die diversen Wohlfahrtseffekte berücksichtigende Nutzenfunktion vom Typ (5.4) zu maximieren, vor Probleme gestellt wird. Die herausragenden Schwierigkeiten liegen in der Endogenität der Marktstruktur begründet, die gegenläufige Wohlfahrtseffekte und diskrete Wohlfahrtsänderungen erster Ordnung verursachen kann, so daß die Nutzenfunktion einen unstetigen, nicht-monotonen Verlauf annimmt und lokale Maxima aufweist[26]. Nur eine vollständig informierte Umweltbehörde kann ein second-best Optimum realisieren. *Geringe fehlerhafte Abweichungen können große Wohlfahrtsverluste hervorrufen.* Selbst für den Fall, daß die Umweltbehörde nur eine „rein umweltökonomisch effiziente“ Lösung implementieren will, stellen sich potentielle Schwierigkeiten in den Weg. *Es ist keineswegs sicher, daß der einer gegebenen Marktstruktur entsprechende Pigou-Steuersatz mit dieser vereinbar ist.*

Es wird an dieser Stelle nicht explizit betrachtet, wie die optimale Emissionssteuer zu bestimmen ist. Ausführliche Darstellungen der Wohlfahrtsmaximierung bei endogener Marktstruktur finden sich bei Markusen et al. (1993) sowie bei Motta und Thisse (1994). Beide Beiträge verwenden numerische Beispiele, um Werte für Nutzenfunktionen, die die gleichen Komponenten wie (5.4) enthalten, in Abhängigkeit des Emissionspreises und der gewählten Marktstruktur bestimmen zu können. So zeigen Markusen et al. (1993) z.B., daß für bis auf die Fixkosten gleiche Parametrisierungen bei der Einführung einer zunächst niedrigen Emissionssteuer in der Marktstruktur $[1,1]$ mit Außenhandel die Wohlfahrt *sinkt*, während sie für die Marktstruktur $[2,2]$ *steigt*[27]. Im Exportdyopol überwiegt (in diesem Fall) der Verlust an Oligopolrente den Zugewinn an Umweltqualität, bei gegenseitigen Direktinvestitionen liegt der gegenteilige Effekt vor, da beide Konkurrenten gleichermaßen in ihrer Wettbewerbsfähigkeit eingeschränkt werden. Unabhängig von der anfänglichen Standortkonfiguration

---

26 Vgl. Markusen et al. (1993), 77ff.

27 Vgl. Markusen et al. (1993), 76-82. Beachte, daß die dort beschriebenen Sequenzen der Marktstrukturen nicht ganz mit den hier festgestellten übereinstimmen. Markusen et al. diskutieren die Wohlfahrtsfunktion ferner ausschließlich für gegebene Werte der Handelskosten.

liegt ein Wohlfahrtsmaximum jeweils an der Stelle vor, wo der Wechsel zur Marktstruktur [2,1] erfolgt. Die Verringerung umweltbelastender Produktion im Inland erzeugt jeweils einen großen diskreten Wohlfahrtsgewinn. Weitere Steuererhöhungen lassen die Wohlfahrt sinken, was darauf hindeutet, daß Konsumentenrentenverluste und Gewinneinschränkungen die Vorteile aus zusätzlichen Umweltqualitätsgewinnen dann übersteigen. Nur bei sehr hoher Umweltpräferenz ist das globale Maximum mit der Marktstruktur [0,1] verbunden. Ein ähnliches Ergebnis weisen Motta und Thisse aus, die zeigen, daß eine Produktionsverlagerung ins Ausland umweltpolitischer Passivität häufig vorzuziehen ist[28].

Andere Resultate sind möglich, wenn man die Form der Nutzenfunktion variiert. Direktinvestitionen bzw. eine hohe Zahl von Produktionsanlagen im Inland können von den Regierungen besonders erwünscht sein, wenn mit ihnen positive Beschäftigungseffekte in einer Unterbeschäftigungssituation einhergehen. Ferner kann es von Bedeutung sein, an welchem Ort Unternehmensgewinne anfallen. Beispielsweise kann die Repatriierung der Gewinne einer ausländischen Produktionsstätte eingeschränkt sein. Solche Erwägungen über die wohlfahrtstheoretischen Einschätzungen von Delokationsentscheidungen relativieren die Allgemeingültigkeit der Ergebnisse aus den genannten numerischen Bestimmungen.

6.2 Gesetzgeberischer Wettbewerb und wohlfahrtstheoretische Implikationen unterschiedlicher nicht-kooperativer Gleichgewichte

In Abschnitt 6.1 konnten die Kausalbeziehungen zwischen den umwelt- und handelspolitischen Entscheidungen der inländischen Regierung und den Unternehmensentscheidungen auf der zweiten und dritten Stufe herausgearbeitet werden. Die Untersuchung blieb jedoch insofern beschränkt, als von der Passivität der ausländischen Regierung ausgegangen worden war, eine strategische Interaktion auf der ersten Stufe also nicht abgebildet wurde. Während die Annahme eines exogenen, gegebenen Regierungsverhaltens des anderen Landes in den Kapiteln 4 und 5 problemlos war, weil dort unmittelbar auf das unkooperative Nash-Gleichgewicht der Politikmaßnahmen von In- und Ausland geschlossen werden konnte, ist dies bei endogenen Marktstrukturen nicht mehr der Fall. Denn die diskreten Entscheidungen der Produzenten versetzen die Länder möglicherweise

28 Vgl. Motta und Thisse (1994), 574.

selbst in eine Wettbewerbssituation. In einer solchen Lage besitzen die Regierungen Anreize, die Standortentscheidungen der umweltbelastende Industrie zu beeinflussen. Diese strategische Interaktion auf der ersten Stufe des Gesamtspiels hat dann die Konsequenz, daß die letztlich realisierten nicht-kooperativen Gleichgewichte kollektiv suboptimale Ergebnisse darstellen können. Es werden daher an dieser Stelle kurz die diese Problematik betreffenden Überlegungen von Markusen et al. (1995) genannt, die Abschnitt 6.1 in geeigneter Weise ergänzen.

Markusen et al. (1995) wählen als Abbildung für diesen Standortwettbewerb die Entscheidungssituation eines einzelnen monopolistischen Unternehmens, das Produktionsanlagen in zwei Ländern errichten kann. Der Grundgedanke ist dabei, daß Regierungen gegensätzliche Interessen bezüglich der zu realisierenden Marktstruktur haben können. Unter der Annahme von Fixkosten einer Betriebsstättaneröffnung (diese begründen die unvollständige Konkurrenz in dieser Industrie) stellen sich vier Standortkonfigurationen zur Auswahl: $[1,0]$ (nur eine Anlage im Inland), $[1,1]$ (je eine Anlage in jedem Land, kein Handel), $[0,1]$ (eine Anlage im Ausland) und $[0,0]$ (keine Anlage). Wie in Abschnitt 6.1 unterscheiden sich die Absatzbedingungen in den Ländern nicht, hinzu kommt die Annahme, daß die Transportkosten in beiden Richtung gleich sind und keine zusätzlichen Importzölle erhoben werden[29]. Die Regierungen versuchen, die inländische Konsumentenrente unter Beachtung der Staatseinnahmen aus Emissionsbesteuerung und der Umweltqualität, die nur durch im eigenen Land befindliche Produktionsstätten beeinträchtigt wird, zu maximieren. Die Nutzenfunktion enthält *nicht die Firmengewinne*, da das Unternehmen keinem der Länder zuzurechnen ist. Marktversagen liegt zum einen vor, wenn die umweltverschmutzende Produktion des Monopolisten nicht reguliert wird, und zum anderen aufgrund dessen Marktmacht.

Zunächst lassen sich wiederum die von den Entscheidungen der Umweltbehörde abhängigen Gewinnfunktionen des Unternehmens für jede einzelne Marktstruktur bestimmen. Unter Antizipation der Zusammenhänge von Emissionsbesteuerung und Angebotsverhalten kann dann - gedanklich die Marktstruktur konstant haltend - für jede Standortkonfiguration ein *nicht-strategisches* Wohlfahrtsoptimum bestimmt werden. Markusen et al. (1995) zeigen in einer einfachen Modellierung (lineare Nachfragefunktionen, segmentierte Märkte, konstanter Grenzschaden durch Em-

29 Bestehen Handelskosten nur in den Transportkosten des internationalen Güterverkehrs existiert kein Zolleinnahmemotiv gemäß Kapitel 5.

missionsentstehung, die Umweltsteuern werden pro Outputeinheit erhoben), daß dabei folgende Reihung aus der Sicht des Inlandes entsteht:

(6.4) $$u_{1,0} > u_{1,1} > u_{0,1}.$$ [30]

Es wird hierbei die Besteuerung des inländischen Absatzes von der Besteuerung der exportierten Mengen unterschieden. Mit dieser Flexibilisierung der steuerlichen Behandlung der Produktionsanteile erhöhen sich die Gestaltungssmöglichkeiten der Regierungen. Ein Land ist an der Exporttätigkeit einer im Inland angesiedelten Firma nur dann interessiert, wenn der daraus resultierende Vorteil (die Steuereinnahmen) den Nachteil (die zusätzliche Umweltbelastung) überwiegt. Der nicht-strategische Steuersatz für Exporte kann daher nicht unter dem umweltökonomisch optimalen Steuersatz liegen, also muß angenommen werden, daß dieser Exportgüter-Steuersatz nicht prohibitiv hoch ist[31]. An der Herstellung im Inland abgesetzter Güter ist eine Regierung darüberhinaus deswegen interessiert, weil mit Vermeidung von Handelskosten für Importe die Konsumentenrente maximiert werden kann. Allerdings ist hier abzuwägen, ob niedrige Absatzpreise im Inland die entstehende Umweltbelastung rechtfertigen. Aufgrund dieser unterschiedlichen Interessenlage kann nur der Emissionssteuersatz auf den im Inland verkauften Produktionsanteil aus strategischen Gründen niedriger als der umweltökonomische Pigou-Steuersatz sein.

(6.4) drückt damit aus, daß die Umweltbelastung hinreichend gering ist, damit ein Land es vorzieht, den einzigen Produktionsstandort dieser Industrie darzustellen. Weiterhin wird die Verteilung der Herstellung auf zwei Länder von beiden Regierungen einer ausschließlichen Belieferung durch Importe vorgezogen. Von dieser Konstellation ausgehend, läßt sich das strategische Verhalten der Regierungen erklären. Es kommt nun darauf an, welche Marktstruktur vom Monopolisten bei den zuvor beschriebenen nicht-strategisch formulierten Umweltpolitiken wählt.

- Bei hohen Fixkosten errichtet der Monopolist nur eine Anlage. Aufgrund der Symmetrie der Länder bleibt der Standort unbestimmt, es kann aber o. B. d. A. angenommen werden, daß die Produktion im Inland aufgenommen wird. Die resultierende Situation ist nicht stabil,

---

30 Das Ausland besitzt analog die umgekehrte Präferenzrelation. Zwischen den Marktstrukturen $[1,0]$ und $[1,1]$ unterscheiden sich die nicht-strategisch gewählten Steuersätze für das Güterangebot im Inland nicht.

31 Vgl. Markusen et al. (1995), 62f.

denn das Ausland hat nun einen Anreiz, eine für es vorteilhaftere Marktstruktur zu realisieren. Es wird seine Umweltregulierung geringfügig mit dem Ziel, die Direktinvestition in das eigene Land zu lenken, lokkern. Da die erforderlichen Steuersenkungen für eine Ansiedlung im eigenen Land klein sind, ist diese Unterbietung in Emissionssteuern wohlfahrtserhöhend. Ein Unterbietungswettbewerb beginnt, der darin begründet liegt, daß diskrete Wohlfahtsvorteile marginale Nachteile überwiegen. Der Wettbewerb der Regulierungsbehörden wird jedoch nicht bis zur völligen Aufgabe der Umweltregulierung in beiden Ländern fortgesetzt. Ein unkooperatives Gleichgewicht kann erreicht werden, wenn es aufgrund der gesunkenen Steuerbelastung rentabel wird, in beiden Ländern zu produzieren[32]. Der Standortwettbewerb hat wichtige wohlfahrtstheoretische Implikationen: Zwar stellt sich das Ausland besser, wenn es ebenfalls einen Produktionsstandort erhält, jedoch ist *aus kollektiver Sicht* der status quo vor dem strategischen Wettbewerb der Regierungen (unter der Voraussetzung geeigneter Seitenzahlungen an das Ausland) besser. Wie Markusen et al. (1995) in einer numerischen Simulation zeigen[33], stellt die Entfernung von der nicht-strategischen Ausgangssituation (die aus multilateraler Sicht selbst nicht second-best ist, da die Umweltbehörden die Auswirkungen ihrer Exportbesteuerung auf die jeweilige Konsumentenrente des anderen Landes nicht berücksichtigen) ein kollektiv irrationales Gleichgewicht mit zuviel Umweltverschmutzung dar.

- Entscheidet sich der Monopolist bei anfänglich gegebenen nicht-strategischen Steuersätzen für die Erstellung zweier Produktionsanlagen, so kann diese Situation ein stabiles unkooperatives Gleichgewicht sein, wenn die Handelskosten hinreichend groß sind. Denn dann verlieren die Regierungen den Anreiz, einziges Herstellungsland zu werden, weil dafür zu umfängliche Steuersenkungen erforderlich wären, so daß insgesamt aus individueller Sicht keine Besserstellung erreichbar ist. Andernfalls resultiert wiederum eine Unterbietungswettbewerb, der dann stoppt, wenn es keinen Vorteil gibt, als einziger eine Produktionsanlage im eigenen Land zu haben. Da die Marktstruktur hierbei letztlich erhalten bleibt, beide Länder aber von ihren wohlfahrtsoptimierenden Um-

32 Das "race to the bottom" kann auch dadurch gestoppt werden, daß die Vorteile des Inlandes verloren gehen: dieses wird durch die strategischen Steuersenkungen kontinuierlich schlechtergestellt, während das Ausland von den sinkenden Importpreisen immer mehr profitiert. Für eine beispielhafte Erörterung reicht die Untersuchung des oben genannten Falls aus.

33 Vgl. Markusen et al. (1995), 64-68.

weltpolitiken abgewichen sind, erleiden beide Länder notwendigerweise durch den Standortwettbewerb Wohlfahrtsverluste. Wiederum ist die Emissionsbelastung zu hoch.

Die beiden genannten Fälle stellen Beispiele für die Erosion der nicht-strategischen Umweltpolitiken in einem regulatorischen Wettbewerb zweier Länder dar, die um die Ansiedelung eines Produktionsbetriebes konkurrieren. Es kann nun gefragt werden ob, qualitativ gesehen, dies die einzige Konsequenz aus einer nicht-koordinierten Verhaltensweise der Regulierungsbehörden sein muß. Bei geeigneter Parametrisierung des Ansiedelungsproblems des Monopolisten ist die Situation denkbar, daß kein Land den Standort für umweltintensive Produktion darstellen möchte (d.h., daß (6.4) wegen zu hoher Umweltbelastung nicht mehr gilt), aus kollektiver Sicht die Existenz der Industrie aber wünschenswert wäre[34]. Geht man beispielsweise davon aus, daß bei umweltpolitischer Passivität die Herstellung in einem einzigen Land gerade profitabel ist, wird deutlich, daß auch dies eine instabile Situation darstellt. In diesem Fall ist das Land (z.B. das Inland), in dem die Anlage entstehen soll, daran interessiert, dies zu verhindern. Es wird positive Emissionspreise festsetzen, was im Gegenzug im Ausland ebenfalls zu umweltpolitischer Aktivität führt. Die resultierende Marktstruktur ($[0,0]$, Produktionseinstellung) ist in diesem Fall nicht auf eine Diskrepanz zwischen nicht-strategischen und strategischen Emissionssteuern zurückzuführen, aber das unkoordinierte Verhalten hat hier eine allgemein zu restriktive Politik zur Folge, die es nicht erlaubt, die *aus kollektiver Sicht* wünschenswerte Aufrechterhaltung der Herstellung des umweltbelastenden Gutes in einem Land sicherzustellen. Das zugrundeliegende Problem besitzt die Struktur des Gefangenendilemmas: Während ein Produktionsstandort die mit der Güterproduktion verbundene Umweltbelastung auf sich nehmen muß, entfällt die insgesamt entstehende Konsumentenrente nur zu einem Teil auf die dort ansässigen Konsumenten[35].

Die beiden Beispiele für eine Erosion der Umweltstandards liefern jeweils eine handelspolitische Empfehlung: im ersten Fall nimmt das Interesse an inländischer Produktion bei sinkenden Handelskosten ab. Es sollten daher bilateral die künstlichen Handelskosten reduziert werden. Im zweiten Fall bedarf es einer glaubhaften Möglichkeit der Verpflichtung, nicht strategisch zu agieren. Der Umstand, daß beide Länder für sich ge-

[34] Für eine numerische Simulation dieses "not in my backyard"-Falls vgl. Markusen et al. (1995), 71-73.

[35] Vgl. Rauscher (1997), 176.

nommen sich schlechter stellen, falls ein Standortwettbewerb einsetzt, bedeutet, daß es gute Argumente für eine Durchsetzung des kollektiven Interesses gibt. Der zuletzt genannte Ausgang eines ebenso möglichen unkooperativen "not in my backyard"-Verhaltens zeigt ebenfalls die Vorteilhaftigkeit internationaler handelspolitischer Institutionen auf: Ein kollektiv wünschenswerter Zustand läßt sich hier nur mit Seitenzahlungen an das Land des Unternehmensstandortes umsetzen.

6.3 Zusammenfassung der Resultate

In einem internationalen Dyopol importiert das Inland das handelbare Gut, wenn die Handelskosten pro Stück niedriger sind als die Differenz von Preis und Grenzkosten bei monopolistischem, inländischen Angebot. Inwiefern das resultierende Inlandsmarktgleichgewicht dabei durch Emissionssteuer- und Importzollsätze beeinflußt wird, zeigte Kapitel 5. Dieses Kapitel erweiterte den Blickwinkel, indem die Unternehmen mit der Standortwahl eine Auswahlmöglichkeit bezüglich ihrer Kostenfunktionen erhielten, und die Existenz eines dyopolistischen Angebots auf den einzelnen Märkten nicht mehr vorausgesetzt wurde. So zeigt Abbildung 6.1 die symmetrische Bedeutung von Umweltschutzkosten und Handelskosten in der Belieferung des inländischen Marktes in einem Exportdyopol auf. Die Abgrenzungen der Belieferungsarten besitzen in der Winkelhalbierenden eine Spiegelungsachse. Punkte auf dieser Achse können als Bedingungen „fairen Wettbewerbs“ aufgefaßt werden, in denen der Handelspolitik die Aufgabe der *countervailing duty* zukommt. Erkennbar wird nun aber, daß bei einem Abweichen von diesen „fairen“ Wettbewerbsbedingungen nicht nur Marktanteile verschoben werden, sondern auch bei steigender Kostenbelastung bzw. geringerer Rentabilität die Wahrscheinlichkeit steigt, daß ein Unternehmen aus dem Markt ausscheidet.

Es wurde dann untersucht, wie die endogene Veränderung im Marktverhalten der Unternehmer die schon bekannten Motive für Umwelt- und Handelspolitik in ihren Größenordnungen affiziert. Es ensteht eine komplexe Interaktion, denn einerseits bestimmt die Art der Regierungsinterventionen die Konfiguration von Standorten und Güterhandel, zum anderen hängen die Wohlfahtseffekte der Politikmaßnahmen von diesen Strukturen ab. Die Auswirkungen der Umweltpolitik fallen je nach ursprünglicher Situation anders aus, z.B. danach, ob eine Produktionsstättenverlagerung ins Ausland vom inländischen Anbieter oder dessen Konkurrenten durchgeführt wird: in beiden Fällen resultiert eine Abnahme der Nettoemissionen, jedoch einmal mit und einmal ohne wesentliche Produzentenrentenverlusten. Da die zusätzliche Spielstufe diskrete Entscheidungen der Dyoplisten vorsieht, können sich durch Änderungen der Belieferungsverhältnisse einzelne oder mehrere Wohlfahrtskomponenten unstetig verhalten. Dies führt erstens zu Ambivalenzen in der Nettowohlfahrtsveränderung und zweitens zu wesentlich höheren Informationsvoraussetzungen einer second best-Politik. Die konstatierten Unstetigkeiten implizieren, daß die Wohlfahrtswirkungen im Vergleich zur vorangehenden Marginalanalyse Effekte erster Ordnung darstellen. Will man unter diesem Gesichtspunkt das „Risiko" diskreter Veränderungen meiden, hieße dies, daß im Exportdyopol die beschriebene Symmetrie tatsächlich ein *level playing field* einfordert, also $t = \Delta\gamma$.

Protektion kann in den extremen Fällen, in denen Umweltschutzausgaben die kompletten Stückgewinne überwiegen, den Verbleib des inländischen Unternehmens bewirken. Handelspolitik kann aber die Kostenwirkung der Umweltpolitik bei geringen Gewinnmargen gravierend werden lassen. Gute Gründe sprechen hier für unilaterale Handelsliberalisierung: die beschäftigungsmindernde Produktionsverlagerung ins Ausland der dort abgesetzten Mengen und der große Umweltqualitätsgewinn durch einen Übergang zu Importbelieferung durch den ausländischen Konkurrenten sind nur bei hinreichend niedrigen Handelskosten möglich. Die Informationsprobleme einer die Gesamtwohlfahrt optimierenden Umweltpolitik übertragen sich natürlich ebenso auf eine interventionistisch gehandhabte Handelspolitik.

Bei Standortentscheidungen ist es denkbar, daß eine Regierung unter Hinnahme marginaler Internalisierungsverluste große Zugewinne an Konsumentenrente im Inland durch geeignete Emissionsregulierungen herbeiführen will. Bei parallelem Verhalten der ausländischen Regierung ist es damit denkbar, daß ein gesetzgeberischer Wettbewerb einsetzt, der zu letztlich erheblichen Einschränkungen in der Internalisierung von Umweltexternalitäten führt. Ein solcher nicht-kooperativer Fall wäre durch kollektiv irrational hohe Umweltverschmutzung gekennzeichnet. Bei entsprechend anders gearteten Präferenzen und/oder starker Emissionsintensität der Produktion ist aber der gegenteilige Fall, daß nämlich überhaupt nicht produziert wird, ebenso theoretisch darstellbar, so daß ein *race to the bottom* nicht der einzige Ausgang international unkoordinierter Umweltpolitik sein muß.

Während die Überlegungen des Abschnitts 6.1 die Schwierigkeiten des einzelstaatlichen, optimierenden Regierungsverhaltens abbildeten, zeigt 6.2 die Implikationen nicht-kooperativen Handelns der Behörden mehrerer Länder auf. Es resultierten Begründungen für internationale Koordination, da aus kollektiver Sicht i.d.R. eine suboptimale Inanspruchnahme der Umweltdienste stattfindet.

Anhang zu Kapitel 6

A.6.1: Güterangebot und Marktanteile bei unvollständiger Konkurrenz, spezielle Gewinnfunktionen

Aus den allgemeinen Gewinnfunktionen der Dyopolisten (6.1) - (6.2) lassen sich für die einzelnen Marktstrukturen (d.h. Standortkonfigurationen und Handelsstrukturen) spezielle Güterangebotsfunktionen ermitteln. Die Absatzmengen in den jeweiligen Marktgleichgewichten sind

Güterangebot im Inland:

$$\left.\begin{aligned} x &= \frac{1}{3b}\left(a-\gamma_x-2\Delta\gamma+t\right) \\ X^e &= \frac{1}{3b}\left(a-\gamma_x-2t+\Delta\gamma\right) \end{aligned}\right\} \text{ für } [1,1] \text{ mit Handel}$$

$$\left.\begin{aligned} x^{mon} &= \frac{1}{2b}\left(a-\gamma_x-\Delta\gamma\right) \\ X^{e,mon} &= \frac{1}{2b}\left(a-\gamma_x-t\right) \end{aligned}\right\} \text{ monopolistisches Güterangebot}$$

$$x = X^e = \frac{1}{3b}\left(a-\gamma_x-\Delta\gamma\right) \text{ bei ausl. Direktinvestition}$$

Güterangebot im Ausland:

$$\left.\begin{aligned} x^e &= \frac{1}{3b}\left(a-\gamma_x-2\Delta\gamma-2T\right) \\ X &= \frac{1}{3b}\left(a-\gamma_x+\Delta\gamma+T\right) \end{aligned}\right\} \text{ für } [1,1] \text{ mit Handel}$$

$$x^e = \frac{1}{2b}\left(a-\gamma_x-\Delta\gamma-T\right) \quad \text{für } [1,0]$$

$$x^e = \frac{1}{2b}\left(a-\gamma_x\right) \quad \text{für } [2,0]$$

$$x^e = X = \frac{1}{3b}\left(a-\gamma_x\right) \quad \text{für } [2,1] \text{ und } [2,2]$$

Durch Einsetzen dieser Werte in die allgemeinen Gewinnfunktionen erhält man die speziellen Gewinnfunktionen in Tabelle 6.1. Die notwendigen Bedingungen ergeben sich ebenfalls unmittelbar aus den gleichgewichtigen Absatzmengen[36].

A.6.2: Hinreichende Bedingung für Gewinnsteigerung bei Monopolisierung

In allgemeiner Form ist

$$\pi^I = \left[p\left(x, X^e\right) - \gamma_x - \Delta\gamma\right]x$$

Mit

$$x^0 = \frac{1}{3b}\left(a - \gamma_x - \Delta\gamma\right)$$

$$x^0 + X^{e0} = \frac{2}{3b}\left(a - \gamma_x - \Delta\gamma\right)$$

$$x^{mon} = \frac{1}{2b}\left(a - \gamma_x - \Delta\gamma - d\Delta\gamma\right)$$

ergibt sich

$$dx = x^{mon} - x^0 = \frac{1}{6b}\left(a - \gamma_x - \Delta\gamma\right) - \frac{1}{2b}d\Delta\gamma \gtrless 0$$

$$\Leftrightarrow \quad d\Delta\gamma \lesseqgtr \frac{1}{3}\left(a - \gamma_x - \Delta\gamma\right)$$

ferner erhält man

$$x^{mon} - \left(x^o + X^{e0}\right) = -\frac{1}{6b}\left(a - \gamma_x - \Delta\gamma\right) - \frac{1}{2b}d\Delta\gamma < 0$$

$$\Rightarrow dp = -b\left(x^{mon} - \left(x^o + X^{e0}\right)\right) > 0$$

$$dp - d\Delta\gamma = \frac{1}{6}\left(a - \gamma_x - \Delta\gamma\right) - \frac{1}{2}d\Delta\gamma \gtrless 0$$

$$\Leftrightarrow d\Delta\gamma \lesseqgtr \frac{1}{3}\left(a - \gamma_x - \Delta\gamma\right)$$

---

36 Vgl. Motta und Thisse (1994), 566ff.

Daraus folgt

$$d\pi^I \gtrless 0 \quad \Leftrightarrow \quad d\Delta\gamma \lesseqgtr \frac{1}{3}(a-\gamma_x-\Delta\gamma)$$

A.6.3: Wohlfahrtssteigerung durch Monopolisierung des Inlandsmarktes

Abbildung A6.1 zeigt die positiven und negativen Wohlfahrtseffekte von Umweltpolitik gemäß Fall (F3):

(Abb. A6.1)

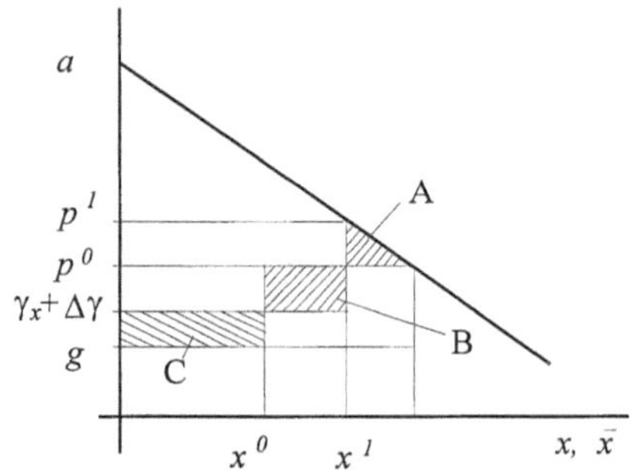

Die Abbildung zeigt den mit dem erhöhten Monopolgrad einhergehenden Nettowohlfahrtsverlust (A) sowie die darin nicht enthaltenen Veränderungen im Firmengewinn (B: Zugewinn, C: Verlust) auf. Eine Wohlfahrtssteigerung tritt ein, wenn B die Verlustkomponenten A und C überwiegt. Es ist

$$\text{A:} \quad \frac{1}{2b}\left(\frac{1}{6}(a-\gamma_x)+\frac{1}{2}\Delta\gamma\right)^2$$

$$\text{B:} \quad \frac{1}{b}\left[\frac{1}{18}(a-\gamma_x)^2-\frac{1}{9}(a-\gamma_x)\Delta\gamma+\frac{1}{6}\Delta\gamma^2\right]$$

$$\text{C:} \quad \frac{1}{3b}(a-\gamma_x)\Delta\gamma$$

Ein numerisches Beispiel zeigt auf, daß Umweltpolitik eine Monopolisierung des Inlandsmarktes verursacht ($\Pi^I_{[2,2]} = 0 > \Pi^I_{[2,1]}$) und die Gewinnsteigerung des inländischen Unternehmens die Einbuße an Konsumentenrente mehr als ausgleicht. Für die Parameterwerte: $a = 20, \gamma_x = 5$, $\Delta\gamma = 1, b = 0{,}05, t = 9, K = 450$ ergibt sich

$$\Pi^I_{2,2} = 50 \quad \text{und} \quad \Pi^I_{2,1} < 0 \quad \text{(vor Umweltpolitik)}$$
$$\Pi^I_{2,2} = -14{,}\overline{4} \quad \text{und} \quad \Pi^I_{2,1} < 0 \quad \text{(nach Umweltpolitik)}$$

sowie

$$di(= \mathrm{B} - \mathrm{A} - \mathrm{C}) = 30 > 0\,.$$

Gemäß A.6.2 liegt eine Gewinnsteigerung im Inland vor. Damit bestehen negative Opportunitätskosten der Umweltpolitik, diese wirkt eindeutig wohlfahrtsfördernd.

A.6.4: Umweltpolitik kann keine Preissenkung verursachen

Erste Bedingung: Für die Standortkonfiguration $[1,1]$ ist das Exportgeschäft des ausländischen Dyopolisten zunächst nicht rentabel (beachte, daß $(a-\gamma_x)/2$ dem monopolistischen mark-up entspricht), d.h.

$$X^e = 0 \Leftrightarrow t > \frac{a-\gamma_x}{2} \Leftrightarrow a - \gamma_x - 2t < 0$$

jedoch werden nach Umweltpolitik ausländische Güter importiert, d.h.

$$a - \gamma_x + \Delta\gamma - 2t > 0 \Leftrightarrow \Delta\gamma > |a - \gamma_x - 2t|$$

Die zweite Bedingung - für eine gestiegene Konsumentenrente - ist eine höhere Versorgung des Inlands, also

$$x^1 + X^e > x^0 \Leftrightarrow \frac{1}{3b}(2a - 2\gamma_x - \Delta\gamma - t) > \frac{a-\gamma_x}{2}$$
$$\Leftrightarrow a - \gamma_x - 2t > 2\Delta\gamma$$

Dies steht im Widerspruch zur ersten Bedingung.

Kapitel 7

Internationaler Wettbewerb in Forschung und Entwicklung

7.1. Kostensenkender *non tournament*-Wettbewerb in Forschung und Entwicklung

Kapitel 6 beschrieb gegenüber dem zweistufigen Grundmodell strategischer Umweltpolitik eine Erweiterung, insofern eine weitere Stufe eingeführt wurde, die dazu diente, eine zusätzliche Dimension des Alternativenraums der Unternehmen, die Standortwahl, zu untersuchen. Die Wahlentscheidungen der betrachteten Dyopolisten bezüglich der Produktionsstandorte war jedoch unabhängig von der diesbezüglichen Entscheidung des jeweiligen Konkurrenten. Strategische Interdependenzen lagen daher im dreistufigen Spiel mit endogener Marktstruktur nur auf der dritten Stufe (Cournot-Nash-Spiel der Firmen) und auf der ersten Stufe vor (Nash-Gleichgewicht der Regierungsentscheidungen).

Eine qualitative Veränderung ergibt sich nun gegenüber der Analyse im Grundmodell, wenn man eine weitere *interdependente* Entscheidungsebene für die Dyopolisten einführt. Dies sei im folgenden durch eine kostensenkende Investitionsmöglichkeit abgebildet, über die zu einem dem Mengen-Spiel in der dritten Stufe vorgelagerten Zeitpunkt entschieden werden kann. Eine solche, die variablen Nettoerlöse erhöhende Maßnahme kann als Forschungs- und Entwicklungs-Aktivität (FuE) interpretiert werden. Mit FuE besitzt ein Unternehmen die Möglichkeit, die Lage der Reaktionsfunktionen auf der dritten Stufe zu verändern und somit auf das Cournot-Gleichgewicht Einfluß zu seinen Gunsten auszuüben. Die Beeinflussung der dritten Stufe wird von den Dyopolisten daher bei ihrer FuE-Investition antizipiert. Die FuE-Tätigkeiten der Konkurrenten sind ihrem

Umfang nach interdependent, da ihre Rentabilitäten abhängig sind von der Verteilung der Marktanteile und damit von den Kosten, in deren Bestimmung die FuE-Ausgaben einfließen. Das Gleichgewicht in den kostensenkenden Maßnahmen der zweiten Stufe ist ferner abhängig von den Regierungsentscheidungen der ersten Stufe. Die Überlegungen der Regierungen umfassen ihrerseits die Auswirkungen der umweltpolitischen Eingriffe auf die Auswahl der FuE-Strategien und die damit verbundenen Veränderungen in den Wohlfahrtseffekten am Ende des gesamten Spiels.

Die Untersuchung von FuE-Wettbewerb begründet die Modellierung des dritten Teilspiels in Form des Mengenwettbewerbs. Bei Bertrand-Wettbewerb kommt nur derjenige Produzent zum Zug, der die kostengünstigste Technologie realisiert. In einem Mengengleichgewicht können jedoch Firmen mit unterschiedlich effizienten Produktionsmethoden simultan einen positiven Absatz haben[1]. Dies erlaubt es, eine Gleichgewichtsanalyse vorzunehmen, in der Firmen unterschiedlichen Erfolg bei ihren FuE-Bemühungen aufweisen können. Insofern diese Form des FuE-Wettbewerbs keinen verdrängenden Charakter besitzt, wird hier von *non tournament*-Wettbewerb gesprochen.

Die wesentliche zu untersuchende Überlegung der Regierungen wird sein, inwiefern Emissionsabgaben ein zusätzliches Interesse an Innovation verursachen. Kann trotz des direkten, kostenerhöhenden und damit marktanteilreduzierenden Effektes einer Emissionssteuer ein Anreiz gesetzt werden, der eine zusätzliche FuE-Investition induziert? Hat eine verstärkte Innovationstätigkeit möglicherweise eine zweifach vorteilhafte Wirkung, nämlich in bezug auf die Wettbewerbsposition der Unternehmung wie auch in bezug auf die Umweltqualität? Besteht ein solcher Zusammenhang, könnte daraus - zumindest für nicht-kooperativ handelnde Regierungen - die Empfehlung einer gegenüber dem Pigou-Kriterium zu strengen Umweltpolitik abgeleitet werden. Eine solche Schlußfolgerung entspräche der Hypothese M.E. Porters, nach der die Wettbewerbsposition inländischer Anbieter im internationalen Handel durch eine strikte Umweltpolitik gefördert wird[2].

Die im folgenden betrachtete Innovationsleistung besteht in einer Verminderung der Bruttoemissionen pro hergestellter Gütereinheit. Es handelt sich damit um einen die Effizienz in der Kuppelproduktion verbessernden Technikwechsel. Diese Veränderung hat in erster Linie einen umweltschonenden Charakter und unterscheidet sich von einem rein arbeitssparenden

---

1 Vgl. Clemenz (1992), 266.

2 Vgl. Porter (1991) und Porter und van der Linde (1995).

technologischen Fortschritt[3]. Ferner handelt es sich um eine integrierte umwelttechnologische Verbesserung im Unterschied zu einer Leistungssteigerung der nachgelagerten Vermeidungsaktivität $f_3(l^r)$. Letztere ist aus diesem Blickwinkel als eine end of pipe-Technologie aufzufassen, bei der - hier nicht untersuchte - Produktivitätssteigerungen von vornherein nur limitierte Umweltqualitätsverbesserungen ermöglichen. Die hier betrachtete Form technologischen Fortschritts soll eine Differenzierung der Handlungsmöglichkeiten der Unternehmen gemäß unterschiedlicher betrachtbarer Fristen gestatten. Ist die kurze Frist durch eine substitutionale Faktorbeziehung gekennzeichnet, in deren Folge bei gegebener Arbeitsmenge Emissionsminderung zu lasten der Ausbringungsmenge erfolgt (Nettoemissionsansatz), kann eine Firma in der langen Frist dieses Austauschverhältnis durch Forschung und Entwicklung günstiger gestalten.

Das Spiel wird rekursiv gelöst. Zunächst sei die dritte Stufe betrachtet. In diesem Kapitel wird zur Vereinfachung von der Annahme eines konstanten Bruttoemissionskoeffizienten h ausgegangen, so daß:

(7.1.1) $$s^p = h \cdot x, \quad S^p = H \cdot X .$$

Die variable Kostenfunktion der inländischen Unternehmen besteht aus den Arbeitskosten und den Steuerzahlungen

(7.1.2) $$\bar{\gamma} = \gamma\left(x, s^r\right) + z\left[hx - s^r\right].$$

Es wird dabei eine innere Lösung mit $\left[hx - s^r\right] > 0$ unterstellt. Entsprechendes gilt für den ausländischen Dyopolisten. Bei gewinnmaximalem Verhalten ist das Aktivitätsniveau der Emissionsvermeidung durch den Steuersatz bestimmt (siehe (4.4)),

(7.1.3) $$s^r = s^r(z), \quad s_z^r > 0 ,$$

---

3 Wie die weiteren Ausführungen zeigen werden, sind die qualitativen Resultate von dieser Nichtberücksichtigung arbeitssparenden technologischen Fortschrtitts nicht betroffen. Intuitiv läßt sich dies folgendermaßen erklären: Es wird wesentlich sein, ob eine Emissionsabgabe die Kosten der Unternehmung inklusive Steuerabgaben unter Berücksichtigung der Innovation insgesamt erhöht oder vermindert. Hierfür ist jedoch lediglich der Zusammenhang von Investitionshöhe und Emissionsentstehung ausschlaggebend, der durch arbeitssparende Prozessveränderungen nicht beeinflußt wird. Vgl. Ulph und Ulph (1995), 5.

womit die Nettoemissionen eine Funktion der Ausbringung und des Steuersatzes sind. Die Kostenfunktion kann daher in der allgemeinen Form

(7.1.4) $$\bar{\gamma} = \bar{\gamma}(x,h,z), \quad \bar{\gamma}_x > 0, \bar{\gamma}_h > 0, \bar{\gamma}_z > 0$$

notiert werden. Die Kostenfunktion enthält somit als unabhängige Variablen die Entscheidungsparameter der einzelnen Stufen des Gesamtspiels. Die drei partiellen Ableitungen von (7.1.4) sind alle positiv. Die explizite Schreibweise (7.1.2) zeigt, daß von einer Effizienzsteigerung in der Kuppelproduktion von Gütern und Bruttoemissionen (die zu einem geringeren Parameterwert h führt) die unmittelbaren Emissionsabgaben reduziert werden können, aber keine kostenreduzierende Wirkung auf die Produktionskosten $\gamma(x, s^r)$ ausgeht.

Wie in den vorangegangenen Untersuchungen des Cournot-Nash-Gleichgewichts auf der letzten Stufe bereits gezeigt wurde, ergeben sich die Produktionsmengen der Dyopolisten aus dem Reaktionsgleichgewicht, das von den aus den vorhergehenden Entscheidungen resultierenden Lageparametern - hier nun z, Z, h, H - abhängt:

(7.1.5) $$x = x^*(z,Z,h,H), \quad X = X^*(z,Z,h,H).$$

Wie nun dieses Mengengleichgewicht durch Variationen der Emissionsabgaben beeinflußt wird, bestimmt sich auch durch die strategische Interdependenz der Firmenentscheidungen auf der zweiten Stufe. Dem inländischen Unternehmen stellt sich - bei Antizipation des Nash-Gleichgewichts in der letzten Stufe und für gegebene Umweltsteuern - das Optimierungsproblem

(7.1.6) $$\max_h \; \pi\left[x^*(z,Z,h,H), X^*(z,Z,h,H)\right] - \rho(h)$$

wobei $\rho(h)$ den FuE-Aufwand darstellt. Die FuE-"Technologie" weise nicht-zunehmende Skalenerträge auf, woraus $\rho'(h) < 0, \; \rho''(h) \geq 0$ folgt. Die Bedingung erster Ordnung ist

(7.1.7) $$\rho'(h) = \frac{d\pi}{dh} = \pi_X \frac{\partial X}{\partial h} + \pi_h.$$

Bei der Bestimmung der gewinnoptimalen FuE-Ausgaben berücksichtigt der Dyopolist den direkten Kostensenkungseffekt π_h sowie den strategischen Effekt $\pi_X(dX/dh)$. Der direkte Effekt entspricht gemäß (7.1.2) dem Produkt $-xz$, variiert also in der Größe des eigenen Marktanteils. Der indirekte Effekt bringt die mit einer Kostenabnahme verbundene Verdrängung des Konkurrenten zum Ausdruck. Dieser strategische Effekt ist annahmegemäß umso kleiner, je größer die Kosten des Unternehmens sind, resp. je kleiner die Kosten des Konkurrenten sind[4]. Aufgrund dieser strategischen Rückwirkung überinvestieren die Unternehmen im Vergleich zu einer Gesamtkostenminimierung, die nur den direkten Kosteneffekt berücksichtigt[5]. Dieses Überinvestitionsresultat ist aus umweltökonomischer Sicht wiederum wünschenswert, da so die Emissionskoeffizienten zusätzlich reduziert werden.

Die FuE-Ausgaben des inländischen Unternehmens sind mit (7.1.7) - infolge der Bedeutung der ausländischen Kostenfunktion für die Größe des strategischen Effekts - implizit als eine Funktion der diesbezüglichen ausländischen Aufwendungen P auffaßbar. (7.1.7) und die entsprechende Bedingung für das ausländische Unternehmen können zu Reaktionsfunktionen umgeformt werden

$$(7.1.8) \qquad \begin{aligned} \rho &= \theta(z, Z, \mathrm{P}) \\ \mathrm{P} &= \Theta(z, Z, \rho) \end{aligned}$$

Die qualitativen Eigenschaften der partiellen Ableitungen der Reaktionsfunktionen ergeben sich unmittelbar aus (7.1.2) und (7.1.7):

$$(7.1.9) \qquad \theta_z \gtrless 0, \theta_Z > 0, \theta_{\mathrm{P}} < 0; \Theta_Z \gtrless 0, \Theta_z > 0, \Theta_\rho < 0$$

Die Vorzeichen der Ableitungen nach dem jeweiligen ausländischen Steuersatz und dem FuE-Aufwand des Konkurrenten resultieren aus dem genannten Umstand, daß der Anreiz zu Kostensenkungsmaßnahmen in den die variablen Kosten des Konkurrenten erhöhenden Größen (Z, H bzw.

4 Anders ausgedrückt besagt diese Annahme, daß es einem Dyopolisten umso schwerer fällt, durch Senkung seiner Kosten um eine Einheit Marktanteile seines Konkurrenten zu verdrängen, je höher sein relativer Produktionskostennachteil in der Ausgangslage ist. Vgl. Ulph und Ulph (1995), 9. Dies ist eine typische und plausible Annahme in Cournot-Dyopol-Modellen.

5 Vgl. Spencer und Brander (1983), 710f. bzw. Ulph und Ulph (1995), 9.

z,h) zunimmt[6]. Das Vorzeichen der Ableitung nach dem heimischen Steuersatz für Emissionen ist allgemein nicht zu bestimmen, da hier gegenläufige Auswirkungen im direkten und im indirekten Effekt in (7.1.7) auftreten. Diese Ambivalenz ist von zentraler Bedeutung: eine Emissionsabgabenerhöhung führt einerseits aufgrund der höheren Steuerlast zu einer höheren Profitabilität eines Technikwechsels, bedeutet aber andererseits eine Verschiebung des Mengengleichgewichts zuungunsten des inländischen Unternehmens. Welcher der beiden Effekte bei der Festlegung der FuE-Investition überwiegt, bestimmt sich im konkreten Einzelfall nach den Marktanteilen und den Kostenfunktionen der Dyopolisten[7].

Die Steigung der Reaktionsfunktionen, die Existenz- und Stabilitätsbedingung des Nash-Gleichgewichts sowie die komparative Statik der *gleichgewichtigen* FuE-Entscheidungen kann nach Bildung der totalen Differentiale der Reaktionsfunktionen ermittelt werden. Implizite Differentiation ergibt

$$\left.\frac{d\rho}{dP}\right|_r = \theta_P < 0, \quad \left.\frac{d\rho}{dP}\right|_P = \frac{1}{\Theta_\rho} < 0.$$

Die Reaktionsfunktionen haben jeweils einen fallenden Verlauf (d.h. bei den FuE-Aufwendungen handelt es sich um strategische Substitute), wobei die Existenz eines stabilen Gleichgewichts durch die Bedingung

$$1 - \theta_P \Theta_\rho > 0 \tag{7.1.9}$$

gesichert sei. Das Gleichungssystem der totalen Differentiale lautet in matrizieller Schreibweise:

$$\begin{bmatrix} 1 & -\theta_P \\ -\Theta_\rho & 1 \end{bmatrix} \begin{bmatrix} d\rho \\ dP \end{bmatrix} = \begin{bmatrix} \theta_z & \theta_Z \\ \Theta_z & \Theta_Z \end{bmatrix} \begin{bmatrix} dz \\ dZ \end{bmatrix} \quad \text{bzw.} \tag{7.1.10}$$

$$\begin{bmatrix} \dfrac{d\rho}{dz} & \dfrac{d\rho}{dZ} \\ \dfrac{dP}{dz} & \dfrac{dP}{dZ} \end{bmatrix} = \begin{bmatrix} 1 & -\theta_P \\ -\Theta_\rho & 1 \end{bmatrix}^{-1} \begin{bmatrix} \theta_z & \theta_Z \\ \Theta_z & \Theta_Z \end{bmatrix}.$$

6 Vgl. Ulph und Ulph (1995), 12.

7 Vgl. Ulph und Ulph (1995), 13.

Veränderungen des Nash-Gleichgewichts nach umweltpolitischer Regulierung ergeben sich demnach gemäß:

$$(7.1.11)\quad \begin{aligned} &\operatorname{sign}\frac{d\rho}{dz} = \operatorname{sign}(\theta_z + \theta_P \Theta_z); \quad \operatorname{sign}\frac{d\rho}{dZ} = \operatorname{sign}(\theta_Z + \theta_P \Theta_Z) \\ &\operatorname{sign}\frac{dP}{dz} = \operatorname{sign}(\Theta_z + \Theta_\rho \theta_z); \quad \operatorname{sign}\frac{dP}{dZ} = \operatorname{sign}(\Theta_Z + \Theta_\rho \theta_Z) \end{aligned}$$

Neben der durch die partiellen Ableitungen der Reaktionsfunktionen beschreibenen direkten Auswirkung auf die Innovationsentscheidung liegt ein weiterer, die strategische Interdependenz abbildender Effekt umweltpolitischer Maßnahmen vor, der die Verschiebung der jeweiligen ausländischen Reaktionsfunktion zum Ausdruck bringt. Eine dem Vorzeichen nach eindeutig bestimmbare Anreizwirkung der Umweltpolitik gibt es in folgenden Fällen (die hinreichende Bedingungen zum Ausdruck bringen):

$$(7.1.12)\quad \begin{aligned} &\frac{d\rho}{dz} < 0 \Leftrightarrow \theta_z \leq 0, \quad \frac{d\rho}{dZ} > 0 \Leftrightarrow \Theta_Z \leq 0 \\ &\frac{dP}{dZ} < 0 \Leftrightarrow \Theta_Z \leq 0, \quad \frac{dP}{dz} > 0 \Leftrightarrow \theta_z \leq 0. \end{aligned}$$

Die Innovationsanstrengungen der Unternehmen sinken mit einer Emissionsabgabenerhöhung im jeweiligen Inland, falls die entsprechenden partiellen Ableitungen der Reaktionsfunktion nicht-positiv sind[8]. In diesem Fall übertrifft die (negative) Veränderung des strategischen Kostensenkungseffekts in (7.1.7) die (positive) Veränderung des direkten Kostensenkungsmotivs. Andererseits führt eine Steuererhöhung des jeweiligen Auslands zu einem zusätzlichen Innovationsanreiz, wenn die FuE-Bemühungen des Konkurrenten nach dieser abnehmen. Allerdings sind diese Effekte nur "in einer Richtung" eindeutig bestimmbar: So kann insbesondere von einer positiven partiellen Ableitung der Reaktionsfunktionen nach dem jeweiligen einheimischen Politikparameter im allgemeinen nicht auf eine tatsächliche zusätzliche Innovationstätigkeit (oder auf eine Verminderung der FuE des Konkurrenten) geschlossen werden, da aufgrund der strategischen Interdependenz ein gegenläufiger Effekt vorliegt.

Die Antizipation dieser Zusammenhänge obliegt nun der Umweltbehörde (eigentlich: den Umweltbehörden, aber wie zuvor reicht es, nur die inländische Regierung zu betrachten, um das nicht-kooperative Gleichge-

8 Vgl. Ulph und Ulph (1995), 14.

wicht zu verstehen). Diese kann eine Entscheidung über die nutzenoptimale Emissionsregulierung nur treffen, wenn sie die strategischen Verflechtungen der beiden nachgelagerten Spielstufen kennt. Dies wird im hier betrachteten Fall aufgrund der festgestellten Ambivalenzen schwieriger sein als im einfachen Grundmodell.

Die zu maximierende Wohlfahrtsfunktion umfaßt, wenn einfachheitshalber ein Drittlandsmarktmodell gewählt wird, lediglich die drei Komponenten Firmengewinn, Steuereinnahmen und Umweltqualität, womit Konsumentenrenteneffekte mißachtet werden: $u = u(\pi - \rho, \tau, q)$. Ebenso wird von grenzüberschreitenden Externalitäten abgesehen.

(7.1.13)
$$u(\pi - \rho, \tau, q) = u\{\pi\left[x^*(z,Z,h,H),\ X^*(z,Z,h,H)\right] - \rho\,(z,Z),\ z\cdot\left[hx - s^r(z)\right],\ g\left[hx - s^r(z)\right]\}$$

Die Bedingung erster Ordnung der Wohlfahrtsmaximierung ist damit

(7.1.14)
$$\frac{di}{dz} = p\frac{dx}{dz} + x\frac{dp}{d(x+X)}\cdot\frac{d(x+X)}{dz} - \gamma_x\frac{dx}{dz} - \gamma_{s^r} s_z^r - \frac{d\rho}{dz} + \frac{1}{v_n}g'\frac{ds}{dz} = 0$$

Wobei

$$(7.1.15)\qquad \frac{ds}{dz} = \frac{\partial s}{\partial x}\frac{dx}{dz} + \frac{\partial s}{\partial h}\frac{dh}{dz} + \frac{\partial s}{\partial z} = h\cdot\frac{dx}{dz} + x\cdot\frac{dh}{dz} - s_z^r$$

Zunächst werden die Vorzeichen von dx/dz und dX/dz bestimmt. Nimmt man hierzu die totalen Differentiale der Gewinnmaximierungsbedingungen beider Dyopolisten bezüglich ihrer Ausbringungen, so läßt sich das Gleichungssystem

$$(7.1.16)\qquad \begin{bmatrix} \frac{dx}{dz} & \frac{dx}{dZ} \\ \frac{dX}{dz} & \frac{dX}{dZ} \end{bmatrix} = \begin{bmatrix} \pi_{xx} & \pi_{xX} \\ \Pi_{Xx} & \Pi_{XX} \end{bmatrix}^{-1} \begin{bmatrix} -\pi_{xz} & -\pi_{xZ} \\ -\Pi_{Xz} & -\Pi_{XZ} \end{bmatrix}$$ [9]

9 Die Bedingung für Nicht-Singularität ist (4.13).

bilden, wobei:

(7.1.17)

$$\begin{bmatrix} -\pi_{xz} & -\pi_{xZ} \\ -\Pi_{Xz} & -\Pi_{XZ} \end{bmatrix} = \begin{bmatrix} z\frac{dh}{d\rho}\frac{d\rho}{dz} + h - \gamma_{xs'} s_z^r & z\frac{dh}{d\rho}\frac{d\rho}{dZ} \\ Z\frac{dH}{dP}\frac{dP}{dz} & Z\frac{dH}{dP}\frac{dP}{dZ} + H - \Gamma_{XS'} S_Z^r \end{bmatrix}$$

Demnach ist:

$$\frac{dx}{dz} = \frac{1}{\pi_{xx}\Pi_{XX} - \pi_{xX}\Pi_{Xx}}\left[\Pi_{XX}(-\pi_{xz}) + (-\pi_{xX})(-\Pi_{Xz})\right] \gtrless 0$$

$$\frac{dX}{dz} = \frac{1}{\pi_{xx}\Pi_{XX} - \pi_{xX}\Pi_{Xx}}\left[(-\Pi_{Xx})(-\pi_{xz}) + \pi_{xx}(-\Pi_{Xz})\right] \gtrless 0$$

Es ergeben sich die folgenden hinreichenden Bedingungen[10]:

(7.1.18)

$$\frac{dx}{dz} < 0,\ \frac{dX}{dz} > 0 \Leftrightarrow \pi_{xz} < 0 \Leftrightarrow \begin{cases} \frac{d\rho}{dz} < 0 \quad \text{oder} & \text{(a)} \\ \frac{d\rho}{dz} > 0 \wedge h + \gamma_{xs'} s_z^r > -z\frac{dh}{d\rho}\frac{d\rho}{dz} & \text{(b)} \end{cases}$$

$$\frac{dx}{dz} > 0,\ \frac{dX}{dz} < 0 \Leftrightarrow \pi_{xz} > 0 \wedge \Pi_{Xz} < 0 \qquad \text{(c)}$$

wobei

$$\pi_{xz} > 0 \quad \Leftrightarrow \quad h + \gamma_{xs'} s_z^r < -z\frac{dh}{d\rho}\frac{d\rho}{dz} \quad \Rightarrow \quad \frac{d\rho}{dz} > 0.$$

Aus dem Vorzeichen von $d\rho/dz$ läßt sich wiederum nur in einer Richtung eindeutig schließen. Wenn mit einer stringenteren Umweltpolitik ein

10 Die zugleich notwendigen und hinreichenden Bedingungen sind den voranstehenden Ausdrücken unter Berücksichtigung von $\pi_{xx}\Pi_{XX} - \pi_{xX}\Pi_{Xx} > 0$ direkt zu entnehmen (d.h. es sind die geeigneten Vorzeichen für die Terme in den eckigen Klammern zu postulieren), diese sind aber nur schwer zu interpretieren.

Nachlassen der Innovationstätigkeit des inländischen Unternehmens einhergeht, kann in jedem Fall auf eine Verringerung dessen Markanteils zugunsten des ausländischen Konkurrenten geschlossen werden (Fall (a)). Wie zuvor gezeigt wurde, war ein Nachlassen in der FuE-Tätigkeit auf eine relativ stärkere Beeinträchtigung des strategischen Investitionsmotivs durch die Emissionsabgabe zurückzuführen. Gelingt es hingegen, aufgrund geeigneter Parameterkonstellationen mit der Umweltpolitik einen zusätzlichen, positiven FuE-Anreiz zu setzen, ist eine Verschlechterung der inländischen Wettbewerbsbedingungen dennoch möglich, wenn für eine zusätzliche Outputeinheit die direkte Kostenbelastung der Emissionsabgabe größer ist als die mit FuE erreichte Steuervermeidung (Fall (b)). Eine die inländische strategische Position im Oligopol fördernde Wirkung läßt sich durch die Umweltbesteuerung nur dann erzielen, wenn $\pi_{xz} > 0$ ($d\rho/dz > 0$ ist hier die notwendige Bedingung), d.h. wenn unter Berücksichtigung der Innovationswirkung die Regulierung eine Nettoerhöhung der Grenzgewinne bewirkt (Fall (c)). Hinzukommen muß hier allerdings die zweite aufgeführte Bedingung, die so interpretiert werden kann, daß die inländische Umweltpolitik die gleichgewichtige Innovationsanstrengung des ausländischen Unternehmens reduziert - was sich dann in einer Verringerung seiner Grenzgewinne ausdrückt. In allen anderen Fällen lassen sich keine eindeutigen Zusammenhänge zwischen der Stringenz der Emissionsregulierung und dem Cournot-Dyopol bei strategischem FuE-Wettbewerb entwickeln.

Interessant ist, daß der Fall (c) eine "räuberische" Aneignung von Oligopolrenten beschreibt, d.h. eine Marktanteilsausdehnung des inländischen Dyopolisten, die den Absatz des Konkurrenten einschränkt. Insofern in dem Szenario der allgemein innovationsstimulierenden Umweltpolitik jedoch beide Anbieter ihre Kosten senken, ist es gleichermaßen denkbar, eine Erhöhung der Absatzmengen beider herbeizuführen (beachte, daß die Bedingung für Fall (c) hinreichend und nicht notwendig war). Dieser letzte Fall wäre demnach nicht mehr als eine räuberische bzw. aus kollektiver Sicht ambivalente Wettbewerbspolitik zu bezeichnen.

Für die Beurteilung der Wohlfahrtswirkung der Umweltpolitik ist die Veränderung der Gesamtabsatzmenge am Markt interessant, da diese die inframarginale Erlösänderung bestimmt. Insofern es sich bei kostensenkenden Investitionen um rentenschaffende Bemühungen der Unternehmen handelt, sind an dieser Stelle nicht ohne weiteres die Ergebnisse der vorangegangenen Kapitel zu übernehmen. Es ist

$$\frac{dx}{dz}+\frac{dX}{dz}=-\frac{1}{\pi_{xx}\Pi_{XX}-\pi_{xX}\Pi_{Xx}}\left[(\Pi_{XX}-\Pi_{Xx})(\pi_{xz})+(\pi_{xx}-\pi_{xX})(\Pi_{Xz})\right]\gtrless 0$$

Die beiden ersten Faktoren der Produkte in der eckigen Klammer auf der rechten Seite sind wegen der Dominanz der Eigeneffekte negativ. Damit ist

$$\frac{dx}{dz}+\frac{dX}{dz}>0 \Leftrightarrow \pi_{xz}>0$$
$$\frac{dx}{dz}+\frac{dX}{dz}<0 \Leftrightarrow \pi_{xz}<0 \wedge \left|(\Pi_{XX}-\Pi_{Xx})(\pi_{xz})\right|>\left|(\pi_{xx}-\pi_{xX})(\Pi_{Xz})\right|$$

In einer symmetrischen Ausgangslage reduziert sich die Bedingung für eine Abnahme des Gesamtangebots auf $|\pi_{xz}|>|\Pi_{Xz}|$, d.h. die Voraussetzung ist eine relativ größere Sensitivität der Gewinne des heimischen Unternehmers bezüglich des Emissionspreises.

Der Gesamtabsatz wird steigen, wenn die inländische Umweltpolitik den Nettogrenzgewinn des inländischen Unternehmens erhöht. Nur in diesem Fall liegt eindeutig eine Analogie zum einfachen Drittlandsmarktmodell des Kapitels 4 vor, in dem terms of trade-Effekt und Marktanteilseffekt ebenfalls gegenläufig waren. Es liegt aber grundsätzlich kein einheitliches Bild vor, inwiefern Marktanteile und Preise durch die inländische Emissionssteuer affiziert werden.

Umformung von (7.1.14) unter Berücksichtigung von $\pi_x=0$ ergibt[11]

$$\hat{z}=-\frac{1}{v_n}\cdot g'+\frac{xp'\frac{dX}{dz}-\left(\frac{d\rho}{dz}+zx\frac{dh}{dz}\right)}{-\frac{ds}{dz}} \qquad (7.1.19)$$

Der zweite Term auf der rechten Seite von (7.1.19) stellt die Diskrepanz von Emissionsabgabe und ökologischem Grenzschaden dar. Unter der Berücksichtigung der oben entwickelten komparativ-statischen Effekte der Umweltpolitik läßt sich eine Vorzeichenbestimmung durchführen, die im Ergebnis auf die Richtung einer strategisch gewählten Abweichung hinweist.

Zunächst sei der Nenner betrachtet. Die per saldo-Abnahme der Nettoemissionen ist insoweit ein plausibles Resultat - unabhängig vom Vorzei-

[11] Siehe Anhang A.7.1.

chen der durch Umweltpolitik hervorgerufenen marginalen Veränderung der Investition in FuE - , als i.d.R. zwei der drei Summanden in (7.1.15) eine Nettoemissionsminderung begünstigen. Das Innovationsverhalten beeinflußt aber die Wirksamkeit der Umweltsteuer, wobei Verstärkungen wie Abschwächungen grundsätzlich gleichermaßen möglich sind, wie (7.1.15) zeigt. Die Abschwächung, die mit einer Produktionsausweitung im Inland begründet ist, kann sogar einen inversen Umweltqualitätseffekt hervorrufen, so daß mit der Emissionssteuer keine wirkungsvolle Nettoemissionsregulierung möglich ist. Dieser potentiellen Abschwächung wirkt allerdings die strategische Übertreibung in der FuE-Tätigkeit seitens der Unternehmen entgegen.

Im Zähler finden sich drei Terme vor. Der erste Summand beschreibt den unter Einbeziehung aller strategischer Zusammenhänge des gesamten Spiels ausgelösten Rentenumlenkungseffekt einer Umweltsteuer. Die beiden anderen Terme lassen sich - siehe (7.1.7) - als die (negative) Veränderung der strategischen Überinvestitionen zusammenfassen (auch: *strategic over-investment effect)*. Man trifft also bei der Bestimmung der wohlfahrtsoptimalen Emissionssteuer auf ein neues Motiv, daß durch die strategische Interdependenz der FuE-Tätigkeiten der Unternehmen begründet ist. Hat die Umweltregulierung z.B. eine die *Über*investitionen in Emissionsreduktion verstärkende Wirkung, vermindert dies die Kosteneffizienz[12]. Der Zähler im zweiten Term der rechten Seite von (7.1.19) stellt daher die Differenz von Rentenumlenkungseffekt der Umweltsteuer und Veränderung des strategischen Investitionsmotivs des inländischen Dyopolisten dar.

Eine gegenüber dem umweltökonomisch optimalen Emissionspreis zu stringente Besteuerung erscheint damit z.B. dann empfehlenswert, wenn $ds/dz < 0$ und

$$(7.1.20) \qquad xp'\frac{dX}{dz} - \left(\frac{d\rho}{dz} + zx\frac{dh}{dz}\right) > 0 .$$

Unter Beachtung der in (7.1.18) genannten Zusammenhänge von Innovationswirkung der Umweltsteuer und Verschiebung der Marktanteile ist nun aber erkennbar, daß der Rentenumlenkungseffekt und der strategische Überinvestitionseffekt der Steuer häufig gegenläufige Vorzeichen haben, womit sich das Vorzeichen in (7.1.20) allgemein nicht bestimmen läßt. Die Erklärung hierfür ist die folgende: Während z.B. zur Rentenumlenkung -

12 Vgl Ulph und Ulph (1995), 19.

bei einem "normalen", negativen *rival output effect* - eine Absenkung der Kostenbelastung im Inland wünschenswert ist, um die Wettbewerbsfähigkeit des ansässigen Dyopolisten zu verbessern, wirkt eine Umweltsteuer den Überinvestitionen in FuE eher dann entgegen, wenn die Regulierung zu Nettobelastungen (Ausgabenwirkung saldiert mit Innovationswirkung) führt[13]. Dadurch, daß die inländische Unternehmung bei einem relativen Kostenvergleich nach Umweltpolitik schlechter dasteht, reduziert sich in diesem Fall ihr rein strategisches Motiv für effizienzmindernde *Über*investitionen. Führt Umweltpolitik aufgrund einer positiven Innovationswirkung hingegen zu einer Kostenentlastung, resultiert aus diesem Kosteneffizienzargument ein Interesse an niedrigen Steuern, während gemäß (7.1.18.c) mit Steuerhöhungen der Porter-Effekt erzielt wird.

Allgemeiner gesagt heißt das, daß die durch die Emissionsregulierung induzierte Veränderung im Innovationsverhalten der Firmen oft eine Abschwächung oder sogar Umkehrung des ursprünglichen strategischen Interesses des Inlandes an *rent-shifting* bedeutet. Eine eindeutige Aussage über wohlfahrtssteigernde Abweichungen vom Pigou-Kriterium ist damit nicht möglich. Die Gültigkeit der Porterschen Argumentation hängt demnach davon ab, ob der internationale Wettbewerb sich gemäß der Konstellation (7.1.18.c) verhält, d.h. wenn positive Rentenumlenkungseffekte die zunehmende Ineffizienz in der Forschung und Entwicklung dominieren. Es erscheint aber darüberhinaus auch denkbar, daß nicht nur das Porter-Argument eine Empfehlung für überhöhte Emissionssteuern darstellt. In den Fällen (7.1.18.a) und (7.1.18.b) ist ein gegenüber dem umweltökonomisch optimalen ein zu hoher Emissionspreis vorteilhaft, wenn die Annäherung an das Kostenminimum den hinzunehmenden Verlust an Oligopolrente überwiegt.

Zu beachten ist ferner, daß mit einer verminderten Bruttoemissionsentwicklung ein umweltökonomisch positiver Effekt verbunden ist. Dieser ist im Nenner von (7.1.19) "enthalten" und bestimmt wesentlich das quantitative Ausmaß eventueller Abweichungen vom Pigou-Kriterium.

Zusammenfassend gilt somit, daß die in der Literatur gelegentlich vertretene Schlußfolgerung von der Innovationswirkung der Emissionsregulierung auf einen strategischen, zu strengen Steuersatz (Porter-Hpothese) im untersuchten Fall mit strategischer Substitutionalität auf der zweiten Stufe weder allgemein zu bestätigen noch von der Hand zu weisen ist. Die Vorteilhaftigkeit (aus nationaler Sicht) einer solchen Maßnahme bestimmt sich aus der Konstellation der im Einzelfall gegebenen Verhältnisse. Daher

[13] Vgl. Ulph und Ulph (1995), 19.

kann eine strategisch orientierte Bestimmung des optimalen Emissionspreises auch nur unter hohem Informationsaufwand erfolgen. Die wesentliche Information für die im konkreten Fall anzustellende Prognose einer Steuerwirkung sind dabei die Vorzeichen von $d\rho/dz$ und π_{xz}. Beide sind a priori ambivalent und es geht insbesondere darum herauszufinden, *in welcher Kombination* diese Effekte vorliegen.

In Kapitel 4 wurde gezeigt, daß der Anreiz zu strategischer Subventionierung für das einzelne Land gemildert oder sogar dem Vorzeichen nach umgekehrt wurde, wenn die Regierungen kooperieren. Zu überprüfen bleibt daher noch, ob auch im Falle von FuE-Wettbewerb die Richtung der strategischen Abweichung bei kooperativem Verhalten der Regierungen gegenüber der nicht-kooperativen Lösung umgedreht wird. Im Falle kooperativer Wohlfahrtsmaximierung berücksichtigt die inländische Umweltbehörde die Veränderung des ausländischen Firmengewinns durch ihre Umweltpolitik[14]:

(7.1.21)

$$\breve{z} = -\frac{1}{v_n}g' - \frac{U_Q}{v_n}G'\frac{dS}{ds} + \frac{xp'\frac{dX}{dz} + Xp'\frac{dx}{dz} - \left(\frac{d\rho}{dz} + zx\frac{dh}{dz}\right) - \frac{dP}{dz} + ZH\frac{dX}{dz}}{-\frac{ds}{dz}}$$

Der Vergleich mit (4.13) zeigt, daß ein kooperativ bestimmter Emissionspreis sich zunächst an dem in In- und Ausland verursachten Umweltschaden orientiert. Unter den auf die unvollständige Konkurrenz zurückzuführenden Effekten, die darüber hinaus zu beachten sind, findet sich zunächst wiederum der ausländische Grenzerlöseffekt, womit das *nationale* Rentenumlenkungsmotiv an Bedeutung verliert. Im Unterschied zu (7.1.19) steht im Zähler ferner die Veränderung der ausländischen Forschungsinvestition. Hier liefern (7.1.11) und (7.1.12) einen wichtigen Hinweis: affiziert die Umweltsteuer hauptsächlich das strategische Innovationsmotiv in (7.1.7), dann ist $\theta_z \leq 0$ und es läßt sich auf eine Zunahme der ausländischen FuE-Ausgaben schließen. Das heißt, daß die inländische Umweltpolitik das Kosteneffizienzproblem im Ausland verstärken kann. Im kooperativen Verhaltensfall berücksichtigt die Umweltbehörde diese Wirkung als eine Opportunitätskostenkomponente von Umweltsteuererhöhungen. Insofern $\theta_z \leq 0$ eine hinreichende Bedingung für den positiven Zusam-

---

[14] Siehe Anhang A.7.1.

menhang von inländischer Emissionsbesteuerung und ausländischer FuE-Tätigkeit ist, kann dies als der Regelfall aufgefaßt werden. Man erkennt also, daß bei Regierungsabsprachen die Auswirkungen der Emissionssteuer auf Rentenumlenkung und Überinvestitionen *aus der Sicht des Auslands* Niederschlag finden.

Die Bedeutung davon ist, daß bei Kooperation der Regierungen sowohl hinsichtlich des rent shifting-Motivs als auch hinsichtlich des Kosteneffizienzmotivs von der inländischen umweltpolitischen Aktivität gegenläufige Beeinflussungen der entsprechenden Anreize im Ausland ausgehen. Wie in Kapitel 4 berücksichtigt kooperativ formulierte Umweltpolitik diese trade offs. Eine Kongruenz von in- und ausländischen Interessen liegt nicht vor.

Die bisherigen Resultate zeigen, daß in die Bestimmung eines optimalen Emissionspreises zwei Arten von nicht-umweltökonomischen Überlegungen eingehen: Die erste beinhaltet die von Umweltabgaben ausgehende Kostenwirkung unter Berücksichtigung der Innovationsanreize für beide Dyopolisten, die zweite erfaßt das Problem der Überinvestition in FuE bei unvollständiger Konkurrenz. Damit waren in der bisherigen Betrachtung mit einem umweltpolitischen Instrument zwei weitere wirtschaftspolitische Intentionen verfolgt worden, die aber bezüglich der Abweichung von der umweltökonomisch effizienten Steuer oft in einem Konflikt stehen. Im ersten grundlegenden Beitrag zur Theorie der strategischen Handelspolitik - Spencer und Brander (1983) - wurde schon gezeigt, daß FuE-Subventionen wirkungsvoll für Zwecke der Rentenumlenkung eingesetzt werden können. Die Vorteilhaftigkeit der Subventionierung von Innovationsbemühungen ist dabei darin begründet, daß die zusätzlich erzielbaren Oligopolrenten größer waren als die zusätzlichen Überinvestitionen in kostensenkende FuE, die eine Subvention ebenfalls auslöst. Sobald nämlich - wie Spencer und Brander (1983) zeigen - ein weiteres, eigentliches handelspolitisches Instrument zur Verfügung steht, lohnt es sich im einfachen Drittlandsmarktmodell, dieses für Rentenumlenkungszwecke einzusetzen und im übrigen FuE zu besteuern.

Führt man diesen Gedanken fort, kann gefolgert werden, wie Umweltpolitik in Kombination mit Handelspolitik bzw. FuE-Subventionierung zu gestalten wäre. Stehen den wirtschaftspolitischen Entscheidungträgern mehrere Instrumente zur Verfügung, ließe sich die Emissionssteuer von nicht-umweltökonomischen Motiven "entlasten". Unmittelbar auf Brander und Spencer aufbauend, würden sich dann die bei der Umweltregulierung zu berücksichtigenden strategischen Zusammenhänge im Falle einer simultanen Ausfuhrsubventionierung auf die Kosteneffizienz reduzieren. Im anderen Fall, bei Bezuschussung der Ausgaben für eine verminderte Bruttoemissionsentstehung, wäre dies das Rentenanneignungsmotiv[15]. Nach wie vor wäre in keinem dieser Fälle eindeutig auf das Vorzeichen der strategischen Abweichung zu schließen, da a priori sowohl die Innovationswirkung als auch die Kostenwirkung ambivalent bleiben. Es kann jedoch aufgrund der Gegensätzlichkeit der nicht-umweltökonomischen Motive für eine gegebene Konstellation geschlossen werden, daß *die Abweichung vom Pigou-Kriterium von dem mit der Umweltpolitik kombinierten wirtschaftspolitischen Instrument abhängt.*

In einem weiteren Schritt lassen sich schließlich die Resultate zweier weiterer Beiträge zur strategischen Umweltpolitik, Conrad (1994) und Ulph (1996a), einbeziehen und vor dem Hintergrund der insgesamt sehr skeptische Behandlung expliziter FuE-Subventionen in den Abkommen zur Welthandelsordnung bzw. durch die Panels, die jene auslegen, interpretieren[16]. Aus dem bisher gesagten läßt sich folgern, daß bei strategischem Firmenverhalten eine Regierung i.d.R. kein Interesse hat, auf der zweiten Stufe zu intervenieren, um die zu hohen FuE-Investitionen nicht noch zu verstärken. Dies ist ein Resultat, das auch in dem etwas anderen Ansatz von Ulph (1996a), indem es die Ambivalenz in der Wirkungsweise der Umweltpolitik auf der zweite Stufe nicht gibt, bestätigt wird[17]. *Die Existenz dieser dem Mengenspiel vorgelagerten strategischen Entscheidungssituation verringert die strategischen Anreize für Regierungen.* Dahinter steht - was als der plausiblere Fall aufgefaßt werden kann, wie Ulph (1996a) durch numerisch Simulation bestätigt - die beabsichtigte Korrektur

---

[15] Eine Beweisführung hierzu erfolgt an dieser Stelle nicht, da trotz der höheren Komplexität des hier betrachteten Modells die Grundüberlegungen denen in Brander und Spencer (1983) gleichen. Die Komplexität steigt, insofern die Emissionssteuer nicht exakt wie eine Ausfuhrsubvention bzw. eine FuE-Subvention wirkt. Zum einen ist zu beachten, daß sowohl hinsichtlich des Innovationsanreizes als auch bezüglich der Veränderung der Grenzkosten die Umweltsteuer grundsätzlich ambivalente Effekte entwickelt. Ferner ist zu beachten, daß nur im Drittlandsmarktmodell Ausfuhrmenge und Produktionsmenge, d.h. die Bemessungsgrundlage von Umwelt- und Handelspolitik, tatsächlich gleich sind. Die Wirkungsweise grenzt sich gegenüber der FuE-Subvention schließlich dadurch ab, daß über den innovationsverändernden, indirekten Effekt die variablen Kosten auch direkt von der Umweltsteuer abhängen.

[16] Hier ist vor allem das "Übereinkommen über Subventionen und Ausgleichsmaßnahmen", das in der Uruguay-Runde beschlossen wurde, zu nennen, in dem nur Anpassungsbeihilfen als legale Subventionen aufgefaßt werden. Vgl. Helm (1995), 115-117, 166-168.

[17] Vgl. A. Ulph (1996a), 277-279.

strategisch überhöhter, ineffizienter Forschungsausgaben. Stünde hier ein die FuE-Tätigkeit unmittelbar betreffendes Instrument zur Verfügung, würde die Investition des inländischen Unternehmens daher besteuert statt subventioniert. Ist hingegen die zweite Stufe durch nicht-strategische, also kostenminimierende Auswahl des Emissionskoeffizenten beschrieben, wie es Conrad (1994) modelliert, so zeigt sich, daß eine eventuelle Subvention dann durch das Rentenumlenkungsmotiv, also die indirekte Beeinflussung des Mengenspiels der dritten Stufe, begründet wäre[18]. Es folgt daraus, daß es im Fall eines internationalen Oligopols für eine unilateral agierende Regierung entweder kein Interesse an FuE-*Subventionen* gibt, oder, daß diese zu aus multilateraler Sicht mißbräulichen Zwecken eingesetzt zu werden drohen.

7.2 Stochastischer *tournament*-Wettbewerb in Forschung und Entwicklung

Der vorangegangene Abschnitt führte Forschungs- und Entwicklungsaktivitäten in einer sehr simplen Version ein. Wesentliche charakteristische Begleitumstände technologischen Fortschritts wurden durch die Reduktion auf den rein kostensenkenden Effekt von FuE ausgeblendet. In diesem Abschnitt wird nun die Absicht verfolgt, zumindest zwei der Realität näherkommende Aspekte eines technologischen Wettbewerbs abzubilden. Zum einen wird der deterministische Zusammenhang der FuE-Technologie, also die funktionale Beziehung von Ressourcenaufwand und Ertrag (in Form eines sinkenden Emissionskoeffizienten) aufgelöst und durch eine stochastische Relation ersetzt. Zum anderen soll der den technologischen Bemühungen der Firmen oftmals unterliegende Charakter eines Wettrennens (*tournament*) einbezogen werden, der dann besteht, wenn der Erstinnovator einen besonderen Vorteil aus seinem frühen Innovationserfolg erzielt. Dies kann z.B. ein temporärer Patentschutz sein, ist aber im einzelnen auf unterschiedliche Weise begründbar[19].

---

[18] Vgl. Conrad (1994), 188.

[19] Dies ist nur eine von vielen Modellvarianten industrieökonomischer Innovationstheorie, vgl. z.B. Kreps und Spence (1985), Stadler (1989). Eine mehrstufige Variante des hier behandelten Ansatzes von Beath et al. (1989) gibt es bei Grossman und Shapiro (1987). Ein weiteres innovationstheoretisches Problem in oligopolisitischen Modellen - das der Diffusion bzw. der zeitlichen Abfolge von Innovationen - untersuchen Carraro und Topa (1991).

Der Modellansatz lehnt sich an Beath, Katsoulacos und Ulph (1989) an. Diese Autoren untersuchen in ihrem Artikel FuE-Subventionen als wirtschaftspolitisches Instrument, während im folgenden vor einem weitgehend ähnlichen oligopoltheoretischen Hintergrund die Möglichkeit der Subventionierung durch strategische Umweltpolitik beleuchtet wird. Den gleichen Untersuchungsgegenstand hat Ulph (1994), jedoch mit unterschiedlichen Hervorhebungen bezüglich der Wirkungskanäle der politischen Entscheidung[20].

Der betrachtete Zeitraum läßt sich zwar wieder in drei Perioden aufteilen, jedoch ist nun die Dauer der zweiten Stufe, auf der die Unternehmen um die Einführung einer umweltfreundlicheren Technologie rivalisieren, zufallsabhängig. Die dritte Stufe beginnt nach der Einführung einer neuen emissionssparenden Produktionsweise eines der Konkurrenten. Das momentane oligopoltheoretische Umfeld der zweiten Stufe sei beschrieben durch zwei bereits im Markt befindliche Unternehmen, deren gegenwärtige Gewinne π^0 durch ein vorangegangenes Cournot-Nash-Spiel festgelegt sind.

Auf der zweiten Stufe können die Firmen entscheiden, ob und wie stark sie sich in einem FuE-Wettbewerb engagieren wollen, in dem demjenigen Marktteilnehmer höhere zukünftige Erträge π^w (auf der 3. Stufe) zufallen, der als erster einen die Emissionssteuern reduzierenden Technikwechsel realisiert. Inwiefern der "Verlierer" dieses Wettrennens in der Zukunft ebenfalls gesteigerte oder gegebenenfalls auch verringerte Gewinne π^l erwirtschaftet, hängt von den Imitationsmöglichkeiten ab[21]. Legt man ein einfaches Oligopolmodell zugrunde (lineare durch die Parameterwerte a und b beschriebene Nachfragefunktionen, identische Kostenfunktionen, Drittlandsmarktmodell) und fügt zudem die Annahme konstanter Netto-Emissionskoeffizienten[22] hinzu, so lassen sich die Auszahlungen bestimmen als

---

[20] Ulph (1994) bezieht einerseits grenzüberschreitende Emissionen in seine Untersuchung ein, berücksichtigt aber andererseits nicht das statische Kostensenkungsmotiv von FuE. Wie im folgenden gezeigt wird, läßt sich aus der Größenordnung gerade dieses Motivs aber ein wesentlicher Rückschluß auf den strategischen Charakter der zweiten Stufe ziehen, der in dieser Arbeit von Bedeutung ist.

[21] Die Auszahlungen π^w und π^l seien, begründet durch eine symmetrische Ausgangssituation, unabhängig davon, wer der Erstinnovator ist.

[22] Der Einfachheit halber wird eine genauere Betrachtung der Schadstoffabsorptionsaktivität unterlassen. Wie in Abschnitt 7.1 steht eine die Bruttoemissionen verringernde

$$\pi^w = b \cdot x^{w2} = \frac{1}{9b}\left(a-\gamma - 2t^w + t^l\right)^2$$

(7.2.1) $$\pi^l = b \cdot x^{l2} = \frac{1}{9b}\left(a-\gamma + t^w - 2t^l\right)^2$$

$$\pi^0 = b \cdot x^{02} = \frac{1}{9b}\left(a-\gamma - t^0\right)^2$$

Diese Auszahlungen sind den Unternehmen ex ante bekannt und sie versuchen nun in jedem Zeitpunkt der 2. Stufe, zu dem noch keinem der Unternehmen eine Entdeckung geglückt ist, ihre erwarteten Gewinne zu maximieren. Ihre Handlungsalternativen bestehen dabei in den bedingten Innovationswahrscheinlichkeiten φ bzw. Φ, die angeben, wie hoch die Chancen sind, im nächsten marginalen Zeitintervall $(\sigma, \sigma + d\sigma)$ eine Technologie mit dem niedrigeren Emissionskoeffizienten h^w entwickelt zu haben, unter der Voraussetzung, daß noch keine Innovation stattgefunden hat. Die Innovationswahrscheinlichkeiten φ bzw. Φ entsprechen den in Modellen ohne akkumulierbares Wissen (learning-by-doing) verwandten "hazard rates"[23]. Bestimmmt ein Unternehmen eine für die Dauer der zweiten Stufe konstante Innovationsrate, so ist die Wahrscheinlichkeit des Innovationserfolges *bis* zum Zeitpunkt σ (und ohne einen zwischenzeitlichen Erfolg des Konkurrenten):

$$\Upsilon(\sigma;\varphi) = 1 - e^{-\varphi\sigma}$$

mit der *momentanen* Erfolgswahrscheinlichkeit

$$\upsilon(\sigma;\varphi) = \frac{\partial \Upsilon}{\partial \sigma} = \varphi e^{-\varphi\sigma},$$

so daß sich die bedingte Wahrscheinlichkeit einer Erstinnovation in σ ergibt als

Verbesserung der *Produktionsweise* im Vordergrund, nicht die Verbesserung der nachgelagerten Absorptionstechnologie.

23 Die Nicht-Akkumulierbarkeit von Wissen ist nur in einstufigen, stochastischen FuE-Wettrennen schlecht abbildbar. In mehrstufigen Innovationsmodellen ließe sich ein Zusammenhang von Entdeckung und gesamter vergangener Forschungstätigkeit herstellen. Vgl. Grossman und Shapiro (1987).

$$\frac{\upsilon(\sigma;\varphi)}{1-\Upsilon(\sigma;\varphi)}=\varphi\,.$$ [24]

Die Wahl einer Innovationswahrscheinlichkeit ist verbunden mit den momentanen FuE-Ausgaben $\rho(\varphi)$, $\rho'(\varphi)>0$ für das inländische Unternehmen bzw. $P(\Phi)$, $P'(\Phi)>0$ im ausländischen Unternehmen.

Für die Analyse des FuE-Wettbewerbs und der strategischen Einflußnahme durch die Regierungen ist es hinreichend, das Verhalten eines Unternehmens abzubilden. $\bar{\pi}(\varphi(\Phi),\Phi)$ ist der Wert der Teilnahme am FuE-Wettbewerb zum Untersuchungszeitpunkt für eine (hier: die inländische) Firma, die die Innovationsstrategie des Konkurrenten als gegeben ansieht. Es ist bei geeigneter Investitionsentscheidung

$$(7.2.1)\; r\bar{\pi}(\varphi(\Phi),\Phi)=\varphi\cdot\left(\frac{\pi^{w}}{r}-\bar{\pi}\right)+\Phi\cdot\left(\frac{\pi^{l}}{r}-\bar{\pi}\right)+\pi^{0}-\rho(\varphi).$$ [25]

Der Ertrag auf den Gegenwartswert der Teilnahme $\bar{\pi}$ entspricht dem marktüblichen Zins und setzt sich zusammen aus dem mit der bedingten Erfolgswahrscheinlichkeit gewichteten Zugewinn (Kapitalgewinn) bei Erstinnovation, dem mit der Erfolgswahrscheinlichkeit des Konkurrenten gewichteten Zugewinn des Verlierers sowie dem gegenwärtigen Oligopolgewinn π^{0} und den laufenden FuE-Ausgaben. Damit erhält man nach Umstellung die Zielfunktion

$$(7.2.2)\qquad \bar{\pi}(\varphi,\Phi)=\frac{\varphi\dfrac{\pi^{w}}{r}+\Phi\dfrac{\pi^{l}}{r}+\pi^{0}-\rho(\varphi)}{\varphi+\Phi+r}$$

und als daraus abgeleitete Bedingung erster Ordnung (bzw. implizite Reaktionsfunktion $\varphi=\psi(\Phi,z,Z)$):

$$(7.2.3)\quad \Phi\left(\frac{\pi^{w}-\pi^{l}}{r}\right)+\pi^{w}-\pi^{0}+\rho(\varphi)-(\varphi+\Phi+r)\rho'(\varphi)=0.$$

---

24 Vgl. Beath et al. (1989), 75f.

25 Vgl. Grossman und Shapiro (1987), 374f.

Das Nash-Gleichgewicht der FuE-Bemühungen der Dyopolisten ist wiederum durch den Schnittpunkt der Reaktionsfunktionen beschreibbar, jedoch stellen sich für diese nun variable Eigenschaften ein. Implizite Differentiation zeigt, daß

$$\text{(7.2.4)} \qquad \operatorname{sign} \psi_{\Phi} = \operatorname{sign}\left[\frac{1}{r}\left(\pi^{w} - \pi^{l}\right) - \rho'(\varphi)\right] \quad ^{26}$$

Mit Blick auf (7.2.3) lassen sich die beiden bestimmten Werte $\overline{\varphi}$ und $\widetilde{\varphi}$ definieren:

$$\text{(7.2.5a)} \qquad \rho'(\overline{\varphi}) = \frac{1}{r}\left(\pi^{w} - \pi^{l}\right)$$

$$\text{(7.2.5b)} \qquad \rho'(\widetilde{\varphi}) = \frac{\pi^{w} - \pi^{0} + \rho(\widetilde{\varphi})}{\widetilde{\varphi} + r}$$

$\overline{\varphi}$ ist die beste Antwort auf $\Phi \to \infty$, $\widetilde{\varphi}$ entspricht der Nullstelle der Reaktionskurve, $\widetilde{\varphi} = \psi(0)$[27]. Gemäß Beath et al. (1989) lassen sich die beiden Werte gut interpretieren: Wählt der Konkurrent eine sehr große Erfolgswahrscheinlichkeit ($\Phi \to \infty$), so steht eine Entwicklung durch ihn unmittelbar bevor. In diesem Fall orientiert sich die inländische Unternehmung bei ihrer Auswahl von φ ausschließlich an der Differenz der Gewinnsituationen von Gewinner und Verlierer des FuE-Wettrennens. Zeigt sich der Konkurrent hingegen uninteressiert an einer Teilnahme im FuE-Wettbewerb ($\Phi = 0$), so steht die Gewinnsteigerung durch Kostensenkung $\Delta\pi^{pi} = \pi^{w} - \pi^{0}$ (abzüglich der anfallenden Gesamtkosten), wie sie in Abschnitt 7.1 ausführlich besprochen wurde, als Anreiz eigener Forschungstätigkeit im Vordergrund[28]. (7.2.3) - (7.2.5b) zeigen nun zusammengenommen auf, daß folgende Konstellationen denkbar sind:

$$\text{(7.2.6)} \quad \psi(\Phi,\cdot) = \overline{\varphi} \Rightarrow \begin{cases} \widetilde{\varphi} = \overline{\varphi} & [\text{wg.}(7.2.3),(7.2.5b)] \\ \psi_{\Phi} = 0 & [\text{wg.}(7.2.4)] \end{cases} \qquad \forall \Phi \geq 0$$

---

[26] Siehe Anhang A.7.2.

[27] Der Wertebereich der Reaktionsfunktion ist damit durch Null- und Polstelle auch auf den ökonomisch sinnvollen Bereich eingeschränkt.

[28] In Beath et al. (1989) werden den beiden unterschiedlichen Anreizen die Bezeichnungen *competitive threat* und *profit incentive* gegeben.

und analog

$$(7.2.7a) \qquad \psi(\Phi,\cdot) < \bar{\varphi} \Rightarrow \begin{cases} \tilde{\varphi} \leq \psi(\Phi,\cdot) < \bar{\varphi} \\ \psi_{\Phi} > 0 \end{cases} \qquad \forall \Phi \geq 0$$

$$(7.2.7b) \qquad \psi(\Phi,\cdot) > \bar{\varphi} \Rightarrow \begin{cases} \tilde{\varphi} \geq \psi(\Phi,\cdot) > \bar{\varphi} \\ \psi_{\Phi} < 0 \end{cases} \qquad \forall \Phi \geq 0$$

Diese Fallunterscheidung macht deutlich, daß die in Abschnitt 7.1 vorgefundene strategische Substitutionalität der FuE-Entscheidungen (die Reaktionskurven hatten negative Steigungen) in einem tournament-Modell in strategische Komplementarität umschlagen kann. Die Steigung der Reaktionskurven wird bestimmt durch die relative Größenordnung der beiden Anreizarten. Strategische Substitutionalität wird gelegentlich als submissives, strategische Komplementarität als aggressives Reaktionsverhalten bezeichnet[29]. Es ist nun erkennbar, daß bei Innovationswettrennen beide Verhaltensarten aus der gleichen gewinnoptimierenden Anpassungsregel abgeleitet werden können und damit nicht aus unterschiedlichen Verhaltensweisen sondern aus unterschiedlichen Anreizkonstellationen resultieren[30].

Wie lassen sich nun Aussagen über die Relation der Innovationsanreize machen? Wesentlich hierfür wird der Grad der Ausschließbarkeit eines erfolgten technologischen Fortschritts bzw. die Geschwindigeit der Imitation sein. Bei effektivem Patentschutz läßt sich so auf $\pi^w > \pi^0 > \pi^l$ schließen. Der Gewinn des Verlierers verringert sich aufgrund des Verlustes von Marktanteilen gegenüber der Ausgangssituation. In einer solchen Situation muß ein Unternehmen den *competitive threat*, den eine Niederlage im FuE-Wettrennen darstellt, ernstnehmen: damit ist $\bar{\varphi} > \tilde{\varphi}$ wahrscheinlich. Anders verhält es sich, wenn $\pi^w \approx \pi^l > \pi^0$, was bei schneller Diffusion technologischen Wissens plausibel ist. Hier tritt free rider-Verhalten zu tage, das eigentliche Interesse an FuE reduziert sich auf den *profit incentive* ($\tilde{\varphi} > \bar{\varphi}$). Abb 7.1. zeigt diese beiden Fälle für $\psi(\Phi, \cdot)$[31].

---

[29] Vgl. Cheng (1984)/(1987)

[30] Beachte, daß in Kapitel 4 das unterschiedliche Reaktionsverhalten zwar zunächst auf die Trennung von Cournot- bzw. Bertrandwettbewerb zurückgeführt worden war, dann aber mittels der Konjekturalvariablen ebenfalls einheitlich interpretier wurde (Erwartungsoptimismus bzw. Erwartungspessimismus)

[31] Vgl. Beath et al. (1989), 77-80

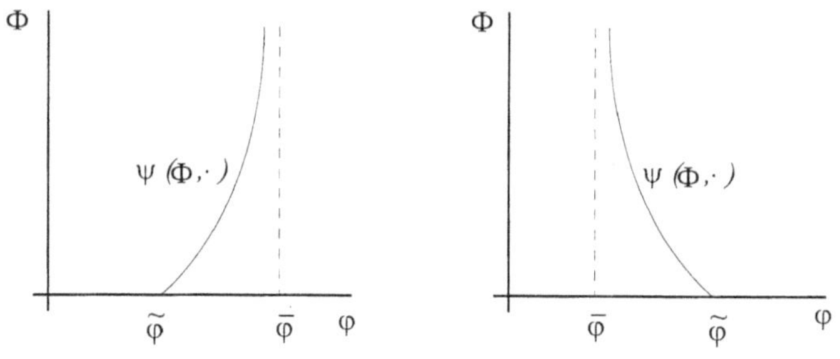

(Abb. 7.1)

Grundsätzlich können die Reaktionskurven der Dyopolisten auch gegensätzliche Vorzeichen der jeweiligen Ableitungen besitzen, womit insgesamt vier Gleichgewichtsvarianten möglich sind. Es wird im folgenden jedoch von den zwei Szenarien "Patentschutz (P)" und "schnelle Imitation /Diffusion (I)" ausgegangen, in denen symmetrische Anreizkonstellationen für die beiden Dyopolisten vorliegen.

Es ist nun möglich, das Nash-Gleichgewicht in den Innovationsstrategien zu beschreiben. Dazu werden die Reaktionsfunktionen in ihrer allgemeinen Schreibweise zugrundegelegt:

$$\begin{aligned} \varphi &= \psi(\Phi, z, Z) \\ \Phi &= \Psi(\varphi, z, Z) \end{aligned} \tag{7.2.8}$$

Unter Verwendung von (7.2.3) und der entsprechenden Bedingung erster Ordnung des ausländischen Unternehmens ergeben sich nach impliziter Differentiation die Vorzeichen der Ableitungen[32]:

$$\begin{aligned} &(P)\ \ \psi_\Phi > 0, \psi_z > 0, \psi_Z > 0; \Psi_\varphi > 0, \Psi_z > 0, \Psi_Z > 0 \\ &(I)\ \ \psi_\Phi < 0, \psi_z > 0, \psi_Z < 0; \Psi_\varphi < 0, \Psi_z < 0, \Psi_Z > 0 \end{aligned} \tag{7.2.9}$$

Der Vorgehensweise in Abschnitt 7.1 entsprechend läßt sich nun eine Gleichgewichtsanalyse anhand von[33]

---

[32] Siehe Anhang A.7.2.

[33] Siehe die ausführliche Schreibweise in Anhang A.7.3.

$$(7.2.10)\qquad \begin{bmatrix} \frac{d\varphi}{dz} & \frac{d\varphi}{dZ} \\ \frac{d\Phi}{dz} & \frac{d\Phi}{dZ} \end{bmatrix} = \begin{bmatrix} 1 & -\psi_{\Phi} \\ -\Psi_{\varphi} & 1 \end{bmatrix}^{-1} \times \begin{bmatrix} \psi_z & \psi_Z \\ \Psi_z & \Psi_Z \end{bmatrix}$$

vornehmen. Die Stabilitätsbedingung lautet[34]

$$(7.2.11)\qquad 1-\psi_{\Phi}\Psi_{\varphi} > 0\,.$$

Die komparativ-statischen Auswirkungen der Emissionsbesteuerung lauten[35]

$$\text{(P)}\quad \frac{d\varphi}{dz} > 0,\ \frac{d\varphi}{dZ} > 0,\ \frac{d\Phi}{dz} > 0,\ \frac{d\Phi}{dZ} > 0$$
$$\text{(I)}\quad \frac{d\varphi}{dz} > 0,\ \frac{d\varphi}{dZ} < 0,\ \frac{d\Phi}{dz} < 0,\ \frac{d\Phi}{dZ} > 0$$

Unabhängig von der relativen Größenordnung der beiden Anreizarten *competitive threat* und *profit incentive* führt eine Emissionspreiserhöhung zu höheren Ausgaben für FuE im Inland. Demhingegen ist die Frage, ob die inländische Umweltpolitik die FuE-Tätigkeit des ausländischen Unternehmens verstärkt, im Unterschied zum non-Tournament-Ansatz in 7.1 nicht mehr allgemein zu bejahen. Dies gilt nunmehr nur noch für den Fall (hinreichend) eingeschränkter Imitationsmöglichkeiten, denn nur dann vergrößert eine Umweltabgabe den dynamischen Anreiz für beide Konkurrenten. Das wesentliche Erklärungsmoment, das in 7.2 durch den Charakter eines Wettrennens in den FuE-Wettbewerb eingeführt wird, ist, daß Umweltpolitik zwar in allen drei Marktsituationen die Gewinne verringert, die Gewinndifferenzen $\pi^{w}-\pi^{l}$ und $\pi^{w}-\pi^{0}$ jedoch in eindeutiger Weise verändert. Bei Patentschutz sind diese eindeutig positiv. Liegen hingegen gute Bedingungen für technologische Diffusion vor, ist der *competitive threat* irrelevant und die Unternehmen profitieren durch Imitation von den Innovationen des Konkurrenten. Da zwischen der Stringenz der inländischen Emissionsregulierung und der vom inländischen Dyopolisten gewählten Innovationswahrscheinlichkeit ein positiver Zusammenhang be-

[34] Hierzu ist die Konvexität der FuE-Kostenfunktion notwendig.

[35] Siehe Anhang A.7.3.

steht, reagiert das ausländische Unternehmen wie ein free-rider und reduziert seine eigenen Forschungsbemühungen.

Es ist nun möglich, die erste Stufe des gesamten Spiels zu betrachten. Es wird der in Abschnitt 7.1 gewählte Rahmen beibehalten, so daß insbesondere Konsumentenrenteneffekte an dieser Stelle keine Rolle spielen. In allgemeiner Schreibweise ist die Zielfunktion der umweltpolitischen Regulierungsbehörde beschrieben mit

$$(7.2.12) \qquad \overline{u} = \frac{\varphi \frac{u^w}{r} + \Phi \frac{u^l}{r} + u^0 - \rho(\varphi)}{\varphi + \Phi + r}$$

wobei $u^i = u^i[\pi^i, \tau^i, g(s^i)]$, $i = w, l, 0$. Wählt man $\bar{i} = \overline{u}/v_n$ zum Maßstab einer Wohlfahrtsänderung, ergibt sich als Optimalitätsbedingung[36]

(7.2.13)

$$\hat{z} = -\frac{1}{v_n} g' + \frac{\underset{(2.)}{\left(\overline{\pi}_X \frac{dX}{dz}\right)^e} \underset{(3.)}{- \frac{d\rho}{dz}} + \underset{(4.)}{\frac{\partial \bar{i}}{\partial \varphi}\left(\Delta u^{ct}, \Delta u^{pi}\right)\frac{d\varphi}{dz}} + \underset{(5.)}{\frac{\partial \bar{i}}{\partial \Phi}\left(\Delta u^{ct}, \Delta u^{pi}\right)\frac{d\Phi}{dz}}}{-\left(\frac{ds}{dz}\right)^e}$$

(1.) (2.) (3.) (4.) (5.)

Der Vergleich von (7.2.13) mit (7.1.19) zeigt, daß die aus dem deterministischen Modell schon bekannten "statischen" Komponenten (1.), (2.) und (3.) erneut erscheinen, wobei der Umweltqualitätseffekt und der *rival output effect* nunmehr in der Form von Erwartungswerten erfaßt werden. Demhingegen nimmt der dynamische Effekt - (4.) und (5.) - nun eine andere Qualität an. Hier stellt sich aus gesellschaftlicher Sicht eine Abwägungsaufgabe dar, die der des Unternehmens entspricht: Zum einen ist hier die direkte Wohlfahrtsänderung durch Innovation gegenüber dem status quo relevant (Δu^{pi}), zum anderen die Wohlfahrtsänderung infolge veränderter relativer Wettbewerbspositionen bei einer unmittelbar bevorstehenden, patentgeschützten Einführung einer umweltfreundlichen Technologie (Δu^{ct}). Die dynamischen Effekte (4.) und (5.) - in einem Fall handelt es sich um die Auswirkungen einer Innovation im Inland, im

---

[36] Siehe Anhang A.7.4.

anderen Fall um die einer ausländischen Erfindung - umfassen neben der Entwicklung der Gewinnsituation der Unternehmen auch die sozialen Kosten bzw. sozialen Erträge eines Technikwechsels.

Zunächst aber ist das Vorzeichen von $(ds/dz)^e$ eindeutig als negativ identifizierbar:

$$\left(\frac{ds}{dz}\right)^e = -\frac{2}{3b}\left(\frac{\varphi}{r}h^w + \frac{\Phi}{r}h^l + h^0\right) < 0$$

Ebenso läßt sich eindeutig ermitteln

$$\left(\frac{dX}{dz}\right)^e = \frac{1}{3b}\left(h^w + h^l + h^0\right) > 0,$$

so daß der *rival output effect* immer negativ ist. Aus der Analyse des Nash-Gleichgewichts der zweiten Stufe ist ferner bekannt, daß in jedem Fall $d\rho/dz > 0$, weshalb eine striktere Emissionsregulierung einen zusätzlichen FuE-Anreiz darstellt. Die Effekte (2.) und (3.) sind wie in Abschnitt 7.1 gegenläufig (hier: uneingeschränkt), was bedeutet, daß der *strategic over-investment effect* erneut dem Rentenumlenkungsmotiv entgegenwirkt.

Wesentlich komplizierter ist die Bestimmung der dynamischen Effekte (4.) und (5.), für die die Bedingungen der Diffusion technologischen Wissens relevant werden. Aufgrund der formalen Ähnlichkeit von $\partial\bar{i}/\partial\varphi$ und $\partial\bar{i}/\partial\Phi$ mit $\partial\bar{\pi}/\partial\varphi$ und $\partial\bar{\pi}/\partial\Phi$ lassen sich für beide Ableitungen die beiden Anreizarten *competitive threat* und *profit incentive* in modifizierter Form ausmachen. Es ist

$$\frac{\partial\bar{i}}{\partial\varphi} = \frac{\partial\bar{i}}{\partial\varphi}\left(\Delta u^{ct}, \Delta u^{pi}\right), \quad \frac{\partial\bar{i}}{\partial\Phi} = \frac{\partial\bar{i}}{\partial\Phi}\left(\Delta u^{ct}, \Delta u^{pi}\right)$$

mit

(7.2.14)

$$\Delta u^{ct} = \begin{cases} \dfrac{u^w - u^l}{r} - \rho' & \text{bei Innovation im Inland} \\[2ex] \dfrac{u^l - u^w}{r} & \text{bei Innovation im Ausland} \end{cases}$$

$$\Delta u^{pi} = \begin{cases} u^{w} - u^{0} + \rho - (\varphi + \Phi + r)\rho' & \text{bei Innovation im Inland} \\ u^{l} - u^{0} + \rho & \text{bei Innovation im Ausland} \end{cases}$$

Die Szenarien (P) und (I) erlauben es, eine Reihung der (Netto-) Emissionen in den drei Marktsituationen vorzunehmen. Unter der Annahme, daß die Absenkung der Emissionskoeffizienten einen größeren Einfluß auf die Emissionsentwicklung hat als die (möglicherweise gegenläufig wirkende) Variation der Produktionsmengen, erhält man

$$\text{(P)} \quad s^{w} < s^{l} < s^{0}$$
$$\text{(I)} \quad s^{w} \approx s^{l} < s^{0}$$

Verwendet man diese Reihungen, erhält man Aussagen darüber, inwiefern aus gesellschaftlicher Sicht die Berücksichtigung der Umweltqualitätseffekte die von der inländischen Unternehmung wahrgenommenen Innovationsanreize verstärkt oder verringert[37]. Aus einer möglichen Abweichung in der Beurteilung statischer und dynamischer Konsequenzen eines Technikwechsels resultiert dann ein Interesse seitens der Umweltbehörde an einer Korrektur der von den Dyoplisten gewählten Innovationsstrategien.

Insofern die privaten Akteure ihre Erfolgswahrscheinlichkeiten gewinnoptimal wählen ($\pi_{\varphi} = 0$ für (P) und (I)), ist die Ableitung $\partial \bar{i} / \partial \varphi \neq 0$, wenn Umweltqualitätseffekte in Δu^{ct} und Δu^{pi} zu berücksichtigen sind. Dies ist in beiden Szenarien der Fall, wobei unmittelbar erkennbar ist, daß $\partial \bar{i} / \partial \varphi$ immer positiv ist, denn eine im Inland realisierte Innovation stellt für beide Anreizarten einen positiven sozialen Ertrag dar, da sie die Emissionsbelastung reduzieren hilft. $\partial \bar{i} / \partial \Phi$ hingegen hat kein ohne weiteres zu bestimmendes Vorzeichen. Gemäß Beath et al. (1989) sowie den oben angestellten Überlegungen ist von folgenden Beziehungen auszugehen[38]:

$$\text{(P)} \quad \frac{\partial \bar{i}}{\partial \Phi} < 0$$
$$\text{(I)} \quad \frac{\partial \bar{i}}{\partial \Phi} > 0$$

---

[37] Der Einfachheit halber werden hierbei nur die Umweltqualitätseffekte und nicht die Veränderungen des staatlichen Steueraufkommens betrachtet.

[38] Vgl. Beath et al. (1989), 78-82.

Bei Patentschutz muß die Umweltbehörde fürchten, bei einer ausländischen Erstinnovation von einem umweltfreundlichen Technikwechsel längere Zeit ausgeschlossen zu bleiben. Es liegt somit auch aus umweltökonomischer Sicht eine kompetitive "Bedrohung" durch das FuE-Wettrennen vor. Dominiert diese dynamische umweltpolitische Befürchtung die auftretende Entlastung der Umweltressourcen durch kleinere Produktionsmengen bei verringerten Marktanteilen, dann unterscheidet sich die gesellschaftliche Einschätzung ausländischer FuE-Tätigkeit qualitativ nicht von der privaten: $\partial \bar{i} / \partial \Phi < 0$.

Bestehen gute Imitationsmöglichkeiten verliert das Motiv *competitive threat* an Bedeutung. Die Übernahme einer ausländischen Erfindung bringt dann unter umweltpolitischen Gesichtspunkten einen Vorteil, so daß auch in diesem Szenario qualitativ keine Diskrepanz zwischen privater und sozialer Bewertung ausländischer Forschung entsteht: $\partial \bar{i} / \partial \Phi > 0$.

Damit sind alle Informationen, die zur Bestimmung der dynamischen Effekte in (7.2.13) erforderlich sind, bekannt. Die Komponente (4.) ist immer positiv, die Komponente (5.) wahrscheinlich meistens negativ. Gerade dann, wenn von ausländischer FuE-Tätigkeit eine "Bedrohung" der inländischen Wohlfahrt ausgeht, stellen Emissionssteuererhöhungen einen Innovationsanreiz für das gegnerische Unternehmen dar. Es besteht damit ein Dilemma für die Umweltbehörden, mittels Umweltpolitik die aus nationaler Sicht erstrebenswerten Anreize für in- und ausländische Teilnehmer des Technologiewettrennens zu setzen. Dies ist unabhängig von der jeweiligen Gestaltung des Patentrechts[39].

Es ist ist nun offensichtlich, daß die Optimalitätsbedingung einer kooperativ vereinbarten Emissionssteuer gegeben ist mit

(7.2.15)

$$\breve{z} = -\frac{g'}{v_n} - \frac{U_Q G}{v_n}\frac{dS^e}{ds^e} + \frac{\left(\bar{\pi}_X \frac{dX}{dz}\right)^e + \left(\bar{\Pi}_x \frac{dx}{dz}\right)^e - \frac{d\rho}{dz} - \frac{dP}{dz} + \underbrace{\left(\frac{\partial \bar{i}}{\partial \varphi} + \frac{\partial \bar{I}}{\partial \varphi}\right)\frac{d\varphi}{dz}}_{(4.a)} + \underbrace{\left(\frac{\partial \bar{i}}{\partial \Phi} + \frac{\partial \bar{I}}{\partial \Phi}\right)\frac{d\Phi}{dz}}_{(5.a)}}{-\left(\frac{ds}{dz}\right)^e}$$

[39] Unmittelbar erkennbar ist, daß dieses Resultat für die hier nicht näher dargestellten asymmetrischen Gleichgewichtsvarianten (uneinheitliches Steigungsverhalten der Reaktionsfunktionen der zweiten Stufe) nicht mehr gilt. Hier ist aber darauf hinzuweisen, daß im Bereich der intellektuellen Eigentumsrechte eine Tendenz zur internationalen Koordination, also zur Angleichung der Rechtsbestimmungen, vorliegt.

Wie sind hier die dynamischen Effekte zu beurteilen? Ob die Wohlfahrt des Auslandes durch eine verstärkte Forschungstätigkeit im Inland vor- oder nachteilhaft betroffen wird, hängt - wie gezeigt wurde - davon ab, ob technologische Neuerungen schnell diffundieren können. Die negativen Konsequenzen eines durch effektiven Patentschutz ausgeschlossenen Wissenstransfers auf das Ausland werden bei Kooperation berücksichtigt, so daß die Regierung im Unterschied zum nicht-kooperativen Fall nicht mehr eindeutig an einer Innovationsstimulierung im Inland interessiert ist. Die Komponente (4.a) bildet diese Überlegung ab, während (5.a) die Rückkopplung (Feed-back-Wirkung) zusätzlicher, ausländischer Innovationsbemühung auf das eigene Land darstellt. Ist andererseits Imitation möglich, so ergibt ein Blick auf die dann zu erwartenden Vorzeichen der Effekte, daß die Regierungen zwar gerne eine höhere Erfolgswahrscheinlichkeit im Inland fördern möchte, gleichzeitig Umweltpolitik aber demotivierend auf die ebenso erwünschten Forschungstätigkeiten im Ausland wirkt. Hier können die Regierungen aufgrund der Nicht-Ausschließbarkeit des technologischen Wissens ein Trittbrettfahrer-Verhalten der Unternehmen nicht verhindern und geraten somit in einen Zielkonflikt bezüglich der erwünschten Beeinflussung in- und ausländischer FuE. Somit ist die Ambivalenz der Innovationswirkung von Emissionsregulierung auch bei kooperativem Verhalten der Umweltbehörden gegeben. Wiederum ist die Wahl eines bestimmten Regimes der Behandlung intellektueller Eigentumsrechte a priori nicht begründbar.

Ulph (1994) weist auf eine spezielle Lösung des kooperativen Problems hin, die für die in dieser Arbeit untersuchten Fragestellungen besonders interessant erscheint. Im bisherigen Modellrahmen waren durchgängig Symmetrieannahmen getroffen worden. So war die betrachtete Ausgangslage identisch, die Gewinnfunktion des Gewinners wie auch des Verlierers des FuE-Teilspiels waren unabhängig davon, *welcher* der beiden Dyopolisten zuerst reüssierte. Daraus folgte schließlich eine Symmetrie in der relativen Größenordnung der Anreizarten und die damit mögliche Einschränkung der Gleichgewichtsvarianten der zweiten Stufe. Für diesen analytisch einfachen Fall zeigt Ulph (1994) auf, daß die oben als "dynamisch" bezeichneten Effekte kooperativer Umweltpolitik völlig verschwinden, wenn die beteiligten Regierung *identische* Umweltsteuern erheben[40]. Sind die Steuersätze zweier sich koordinierender Länder gleich, so hat jedes Unternehmen eine Wahrscheinlichleit von 0,5, das FuE-Spiel zu gewinnen. Deshalb hat kooperative Umweltpolitik im Sinne harmoni-

---

[40] Vgl. Ulph (1994), 225f.

sierter Emissionspreise keinen Einfluß auf die relativen Erfolgswahrscheinlichkeiten der Teilnehmer. Damit zeigt Ulph (1994) einen potentiellen Vorteil der Harmonisierung auf: wenn den Ländern damit die Möglichkeit der Einflußnahme genommen wird, entfallen alle auf die in der Rivalität des FuE-Wettbewerbs zurückzuführenden nationalen Interessen an technologiepolitischen Interventionen.

Dieses Argument für Harmonisierung verliert jedoch dann an Gültigkeit, sobald eine asymmetrische Ausgangslage zugelassen wird. Besitzen die Unternehmen beispielsweise unterschiedliche FuE-Technologien, werden sie vor Umweltpolitik gemäß (7.2.3) unterschiedliche Innovationsstrategien wählen: $\varphi \neq \Phi$. Die Erfolgswahrscheinlichkeiten sind aber Gewichtungsfaktoren für die von Emissionssteuern ausgehenden Anreizwirkungen[41]. Selbst wenn die Steuersätze identisch sind, entwickeln sich dann unterschiedliche Innovationsstimuli für die Dyopolisten, wodurch die relativen Gewinnwahrscheinlichkeiten affiziert werden. Abgesehen davon wäre eine Übereinstimmung harmonisierter Emissionssteuern mit den Optimalitätsbedingungen (7.2.15) beider beteiligten Länder unwahrscheinlich, wenn unterschiedliche Umweltqualitätsfunktionen vorliegen.

7.3 Zusammenfassung der Resultate

In Kapitel 7 wurden einige dynamische bzw. langfristigere Auswirkungen der Umweltpolitik in internationalen oligopolistischen Märkten abgebildet. Bestand in den bisherigen Betrachtungen für die Unternehmen bei gegebenem Kostenaufwand ein Austauschverhältnis zwischen Nettoemissionen und Ausbringungsmenge, so wurde ihnen nun die Möglichkeit zu innovativem Anpassen an die Emissionsregulierung eingeräumt. Dies erfolgte auf einer dem Marktspiel vorgelagerten zweiten Entscheidungsstufe. Insofern die Investitionen in eine Verminderung der Emissionskoeffizienten die variablen Kosten senken, sind sie Determinanten des späteren Mengengleichgewichts und erhalten interdependenten Charakter. Für die Umweltbehörde implizierte dies, daß sie neben den direkten Effekten einer Emissionssteuer auf das Mengengleichgewicht nun auch die indirekten Effekte über das Nash-Gleichgwicht in FuE-Tätigkeit der Konkurrenten zu antizipieren hat. Die Modellierungen des Innovationswettbewerbs erfolgte zunächst in einer nicht-verdrängenden Version (Abschnitt 7.1), später wurde sie mit dem Charakter des Wettrennens um eine Erstinnovation versehen (Abschnitt 7.2).

41 Siehe Anhang A.7.2-3.

Im Ansatz des *non tournament*-Wettbewerbs wurde untersucht, ob mit einer Emissionssteuer eine zweite "Dividende" in Form der Verbesserung der wettbewerblichen Position des inländischen Unternehmen durch die induzierten Umweltschutzinvestitionen erreichbar ist. Es stellte sich heraus, daß die Wirkungen der Umweltpolitik aufgrund der Existenz zweier strategischer Stufen eine grundsätzliche Ambivalenz besitzen. Zum einen ist die Veränderung des Innovationsanreizes der inländischen Unternehmung selbst nicht eindeutig, zum andern bewirkt die Verschiebung der ausländischen Reaktionskurve - bei strategischer Substitutionalität - in der Bestimmung der gleichgewichtigen Innovationsanstrengungen möglicherweise einen gegenläufigen Einfluß.

Die Veränderung des FuE-Nash-Gleichgewichts gibt Auskunft über die indirekte Beeinflussung des Mengenspiels der dritten Stufe. Hier wurde erkennbar, daß nur eine sehr wirksame Emissionsvermeidung die Grenzgewinne nach Steuern erhöhen kann. Die Absatzmenge beider Dyopolisten können steigen, so daß eine Marktanteilsausdehnung nicht mehr zu lasten des anderen gehen muß. Führt die Emissionssteuer zu einem Verlust an Oligopolrente muß auch nicht mehr der aus Kapitel 4 bekannte positive terms of trade-Effekt auftreten, was in diesem Fall die Opportunitätskosten der Umweltpolitik wesentlich erhöht.

Die Analyse der unilateral vorteilhaften Umweltsteuer ergab dann, daß die Umweltbehörde neben dem Rentenumlenkungsmotiv die infolge des unvollständigen Wettbewerbs erhöhten Stückkosten berücksichtigt. Typischerweise enstehen hieraus zwei gegenläufige Motive für strategische Steuern, womit als wichtigstes Resultat festgehalten werden kann, daß das Vorzeichen der Abweichung vom umweltökonomischen Optimum zwar unklar ist, aber generell das Interesse der Regierungen an strategischer Beeinflussung sinkt.

Bei kooperativer Verhaltensweise liegt auch bei FuE-Wettbewerb eine Situation wohlfahrtsökonomisch gegenläufiger Auswirkungen in In- und Ausland vor, so daß strategisches Verhalten bei internationaler Absprache der Regierungen wie in den statischen Untersuchungen zuvor an Bedeutung verliert. Es kommt hinzu, daß die strategisch überhöhten Innovationsausgaben des ausländischen Unternehmens für kooperativ gesetzte Umweltsteuern eine Opportunitätskostenkomponente darstellen, deren Vorzeichen i.d.R. positiv sein dürfte.

Weitere Überlegungen betrafen den kombinierten Mitteleinsatz. In der realen Welt, in der simultan eine Reihe unterschiedlicher Marktinterventionen stattfindet, hängt das Vorzeichen strategischer Umweltpolitik offenbar auch vom *policy mix* ab. Eine interessante Implikation des Ansatzes in

7.1 war, daß er kein Unterstützung für die Forderung lieferte, FuE-Subventionen, die zur ökologischen Verbesserung der schadstoffproduzierender Prozesse beitragen, in handelspolitischen Abkommen zuzulassen. Hier sorgen der Wettbewerb und die Emissionsbesteuerung für genügend Anreize bei den Unternehmen, entsprechende Innovationsanstrengungen zu vorzunehmen.

Abschnitt 7.2 wandte sich einer Form des FuE-Wettbewerbs zu, die den Erstinnovator in besonderer Weise entlohnt. Zunächst wurde der deterministische Zusammenhang der Technologieproduktionsfunktion aufgelöst, was zur Folge hat, daß sich jeder Dyopolist mit den beiden Situationen des Gewinners bzw. Verlierers des Wettrennens um den früheren Innovationserfolg befassen muß. Die eigenen Erfolgswahrscheinlichkeiten werden so zu den strategischen Variablen der zweiten Stufe.

Das Nash-Gleichgewicht in diesen "hazard rates" erlaubt eine differenzierte Darstellung situationsbedingter Verhaltensweisen der Unternehmen. Neben dem aus 7.1 bekannten Interesse an Innovation zur Kostensenkung tritt ein aus dem rivalisierenden Charakter des Wettbewerbs resultierender dynamischer Anreiz, der jedoch situationsabhängig von großer wie kleiner Bedeutung sein kann. Unterscheidendes Kriterium dieser Ausgangslagen waren die Bedingungen für einen Wissensübertrag zwischen den beteiligten Unternehmen. Die Bedeutung der Umweltpolitik für das Nash-Gleichgewicht der zweiten Stufe wurde dann für zwei Szenarien (Patentschutz und schnelle Diffusion) bestimmt. Im Unterschied zur Analyse in 7.1 hat nun die Emissionssteuer einen eindeutig innovationsstimulierenden Effekt im Inland (die Innovation hat hier eine viel größerer Bedeutung als im "statischen Ansatz" in 7.1), während bei mangelndem Schutz intellektuellen Eigentums im Ausland free rider-Verhalten auftreten kann.

Die Umweltbehörde antizipiert, nach Abschluß des innovatorischen Wettbewerbs an die Marktposition und Produktionstechnologie des inländischen Unternehmens gebunden zu sein. Hieraus entsteht unter Berücksichtigung der sozialen Kosten der Güterproduktion ein mögliches Interesse an Beeinflussung der von den privaten gewählten Erfolgswahrscheinlichkeiten. Jedoch gerät die Umweltpolitik hier aufgrund der strategischen Interdependenz in ein Dilemma und a priori ist nicht auszumachen, welche strategischen Abweichungen aus den dynamischen Erwägungen resultieren. Auch läßt sich nur bei quantitativer Kenntnis der Zusammenhänge eine Empfehlung für eines der beiden institutionellen Szenarien zum Wissenstransfer ableiten. Beide Ergebnisse übertragen sich auf kooperative Umweltpolitik.

Abschließend mußte ein Lösungsvorschlag, der die Harmonisierung der Emissionssteuern befürwortet, abgelehnt werden, da dieser nur unter unrealistischen Voraussetzungen - insbesondere hinsichtlich der nationalen Umweltknappheiten - sinnvoll wäre.

Anhang zu Kapitel 7

A.7.1 Herleitungen von (7.1.19) und (7.1.21)

Es ist

$$\frac{di}{dz} = \left(p + xp' - \gamma_x\right)\frac{dx}{dz} + xp'\frac{dX}{dz} - \gamma_{s'} s_z^r - s \cdot dz - z \cdot \frac{ds}{dz} - \frac{d\rho}{dz} + s \cdot dz + z \cdot \frac{ds}{dz} + \frac{1}{v_n} g' \frac{ds}{dz}$$

$$= zh\frac{dx}{dz} + xp'\frac{dX}{dz} - \gamma_{s'} s_z^r - \frac{d\rho}{dz} + \frac{1}{v_n} g' \frac{ds}{dz} = 0$$

und damit

$$-\hat{z}\left(\frac{ds}{dz} - x\frac{dh}{dz}\right) = \frac{1}{v_n} g' \frac{ds}{dz} - \frac{d\rho}{dz} + xp'\frac{dX}{dz} \qquad \text{bzw.}$$

$$\hat{z} = -\frac{1}{v_n} g' + \frac{xp'\frac{dX}{dz} - \frac{d\rho}{dz} - zx\frac{dh}{dz}}{-\frac{ds}{dz}}$$

Im kooperativen Fall ist

$$\frac{d(i+I)}{dz} = zh\frac{dx}{dz} + xp'\frac{dx}{dz} - \gamma_{s'} s_z^r - \frac{d\rho}{dz} + \frac{1}{v_n} g' \frac{ds}{dz} + ZH\frac{dX}{dz} + xp'\frac{dx}{dz} - \frac{dP}{dz} + \frac{U_Q}{v_n} G' \frac{dS}{dz}$$

Hieraus folgt

$$\breve{z} = -\frac{1}{v_n} g' - \frac{U_Q}{v_n} G' \frac{dS}{ds} + \frac{xp'\frac{dX}{dz} + Xp'\frac{dx}{dz} - \left(\frac{d\rho}{dz} + zx\frac{dh}{dz}\right) - \frac{dP}{dz} + ZH\frac{dX}{dz}}{-\frac{ds}{dz}}$$

A.7.2 Partielle Ableitungen der Reaktionsfunktionen im Tournament-Wettbewerb:

$$\psi_\Phi = \frac{\frac{1}{r}\left(\pi^w - \pi^l\right) - \rho'}{(\varphi + \Phi + r)\rho''}, \quad \psi_z = \frac{\frac{\Phi}{r}\frac{\partial\left(\pi^w - \pi^l\right)}{\partial z} + \frac{\partial\left(\pi^w - \pi^0\right)}{\partial z}}{(\varphi + \Phi + r)\rho''},$$

$$\psi_Z = \frac{\frac{\Phi}{r}\frac{\partial\left(\pi^w - \pi^l\right)}{\partial Z} + \frac{\partial\left(\pi^w - \pi^0\right)}{\partial Z}}{(\varphi + \Phi + r)\rho''}$$

Das Vorzeichen von ψ_Φ bestimmt sich gemäß (7.2.4). Ferner ist

$$\frac{\partial\left(\pi^w - \pi^l\right)}{\partial z} = \frac{4}{9b}\left(h^l - h^w\right) \geq 0, \quad \frac{\partial\left(\pi^w - \pi^0\right)}{\partial z} = \frac{4}{9b}\left(h^0 - h^w\right) > 0$$

$$\frac{\partial\left(\pi^w - \pi^l\right)}{\partial Z} = \frac{2}{9b}\left(h^l - h^w\right) \geq 0, \quad \frac{\partial\left(\pi^w - \pi^0\right)}{\partial Z} = \frac{2}{9b}\left(h^l - h^0\right) \gtrless 0$$

Für die Szenarien gilt:

(P) $h^w < h^l \approx h^0$

(I) $h^w \approx h^l < h^0$

Setzt man dies ein, ergibt sich (7.2.9). Die partiellen Ableitungen der ausländischen Reaktionsfunktion ergeben sich analog.

A.7.3 Herleitung der komparativ-statischen Effekte aus (7.2.10):

$$\begin{bmatrix} \frac{d\varphi}{dz} & \frac{d\varphi}{dZ} \\ \frac{d\Phi}{dz} & \frac{d\Phi}{dZ} \end{bmatrix} = \frac{1}{\Delta}\begin{bmatrix} -\mathrm{P}''(\varphi + \Phi + r) & \rho' - \frac{1}{r}\left(\pi^w - \pi^l\right) \\ \mathrm{P}' - \frac{1}{r}\left(\pi^w - \pi^l\right) & -\rho''(\varphi + \Phi + r) \end{bmatrix}$$

$$\times \begin{bmatrix} -\left[\frac{\Phi}{r}\frac{\partial\left(\pi^w - \pi^l\right)}{\partial z} + \frac{\partial\left(\pi^w - \pi^0\right)}{\partial z}\right] & -\left[\frac{\Phi}{r}\frac{\partial\left(\pi^w - \pi^l\right)}{\partial Z} + \frac{\partial\left(\pi^w - \pi^0\right)}{\partial Z}\right] \\ -\left[\frac{\varphi}{r}\frac{\partial\left(\pi^w - \pi^l\right)}{\partial z} + \frac{\partial\left(\pi^w - \pi^0\right)}{\partial z}\right] & -\left[\frac{\varphi}{r}\frac{\partial\left(\pi^w - \pi^l\right)}{\partial Z} + \frac{\partial\left(\pi^w - \pi^0\right)}{\partial Z}\right] \end{bmatrix}$$

$$= \frac{1}{\Delta}\begin{bmatrix} \overline{\Pi}_{\Phi\Phi} & -\overline{\pi}_{\varphi\Phi} \\ -\overline{\Pi}_{\Phi\varphi} & \overline{\pi}_{\varphi\varphi} \end{bmatrix}\begin{bmatrix} -\overline{\pi}_{\varphi z} & -\overline{\pi}_{\varphi Z} \\ -\overline{\Pi}_{\Phi z} & -\overline{\Pi}_{\Phi Z} \end{bmatrix}$$

mit:

$$\Delta = [-\rho''(\varphi+\Phi+r)][-\mathrm{P}''(\varphi+\Phi+r)] - \left[\mathrm{P}' - \frac{1}{r}(\pi^w - \pi^l)\right]\left[\rho' - \frac{1}{r}(\pi^w - \pi^l)\right]$$

Daraus ergibt sich:

$$\frac{d\varphi}{dz} = \frac{1}{\Delta}\left(-\overline{\Pi}_{\Phi\Phi}\overline{\pi}_{\varphi z} + \overline{\pi}_{\varphi\Phi}\overline{\Pi}_{\Phi z}\right) > 0,$$

$$\frac{d\varphi}{dZ} = \frac{1}{\Delta}\left(-\overline{\Pi}_{\Phi\Phi}\overline{\pi}_{\varphi Z} + \overline{\pi}_{\varphi\Phi}\overline{\Pi}_{\Phi Z}\right) \begin{cases} (\mathrm{P}): & > 0 \\ (\mathrm{I}): & < 0 \end{cases}$$

Die Vorzeichen von $d\Phi/dz$ und $d\Phi/dZ$ lassen sich analog ermitteln.

A.7.4 Herleitung von (7.2.13):

$$\frac{di}{dz} = \frac{1}{\varphi+\Phi+r}\Bigg\{z\left[\frac{\varphi}{r}h^w\frac{dx^w}{dz} + \frac{\Phi}{r}h^l\frac{dx^l}{dz} + h^0\frac{dx^0}{dz}\right] + \left[\frac{\varphi}{r}x^w p'\frac{dX^l}{dz} + \frac{\Phi}{r}x^l p'\frac{dX^w}{dz} + h^0 p'\frac{dX^0}{dz}\right]$$

$$+\frac{1}{v_n}\left[g'(s^w)\frac{\varphi}{r}h^w\frac{dx^w}{dz} + g'(s^l)\frac{\Phi}{r}h^l\frac{dx^l}{dz} + g'(s^0)h^0\frac{dx^0}{dz}\right] - \frac{d\rho}{dz}$$

$$+\frac{\Phi\left(\dfrac{u^w-u^l}{r}\right) + u^w - u^0 + \rho - (\varphi+\Phi+r)\rho'}{\varphi+\Phi+r}\frac{d\varphi}{dz} + \frac{\varphi\left(\dfrac{u^l-u^w}{r}\right) + u^l - u^0 + \rho}{\varphi+\Phi+r}\frac{d\Phi}{dz}\Bigg\}$$

Berücksichtigt man folgende Definitionen

$$\left(\frac{ds}{dz}\right)^e = \frac{\varphi}{r}h^w\frac{dx^w}{dz} + \frac{\Phi}{r}h^l\frac{dx^l}{dz} + h^0\frac{dx^0}{dz}$$

$$\left(\overline{\pi}_X\frac{dX}{dz}\right)^e = \frac{\varphi}{r}x^w p'\frac{dX^l}{dz} + \frac{\Phi}{r}x^l p'\frac{dX^w}{dz} + h^0 p'\frac{dX^0}{dz}$$

$$\frac{\partial \bar{i}}{\partial \varphi}\left(\Delta u^{ct}, \Delta u^{pi}\right) = \frac{\Phi\left(\dfrac{u^{w} - u^{l}}{r}\right) + u^{w} - u^{0} + \rho - (\varphi + \Phi + r)\rho'}{\varphi + \Phi + r}$$

$$\frac{\partial \bar{i}}{\partial \Phi}\left(\Delta u^{ct}, \Delta u^{pi}\right) = \frac{\varphi\left(\dfrac{u^{l} - u^{w}}{r}\right) + u^{l} - u^{0} + \rho}{\varphi + \Phi + r}$$

so ergibt sich nach Umformen unter Berücksichtigung der gewinnmaximalen Bedingungen der dritten Stufe und mit der vereinfachten Schreibweise

$$g'\left(\frac{ds}{dz}\right)^{e} = g'\left(s^{w}\right)\frac{\varphi}{r}h^{w}\frac{dx^{w}}{dz} + g'\left(s^{l}\right)\frac{\Phi}{r}h^{l}\frac{dx^{l}}{dz} + g'\left(s^{0}\right)h^{0}\frac{dx^{0}}{dz}$$

die Bedingung (7.2.13).

Kapitel 8

Beurteilung der Resultate

Die Gegenüberstellung des vollständigen und des oligopolistischen Wettbewerbs als alternative Marktformen-Ausprägungen bei der Erfassung der Zusammenhänge von Umweltpolitik und Außenhandel zeigte, wie sehr die mit einem theoretischen Gedankengebäude implizit oder explizit verbundenen Vorstellungen die abgebildeten wirtschaftspolitischen Wirkungszusammenhänge und wohlfahrtstheoretischen Beurteilungen bedingen. So ist beispielsweise die Modellierung des Umweltproblems in Form der Einfügung assimilativer Dienste in die Faktorausstattung eines Landes letztlich mit den daraus ableitbaren länderspezifischen und im allgemeinen diversen Emissionspreisen eng verbunden. Jedoch stellt sich der in der Einleitung beschriebene Ansatz des zielgerichteten wirtschaftspolitischen Eingreifens als wertvolle, beide Wettbewerbsformen überspannende Leitidee dar. Denn das Problem der allokativen Verwebung der beiden Regulierungsbereiche Außenhandel und Umwelt erschließt sich weitgehend durch die Einschätzung dessen, was first-, second- oder third-best ist. Unter Verwendung dieser Leitidee, so lautet die abschließende These, lassen sich wirtschaftspolitische - im wesentlichen ordnungspolitische - Grundaussagen ableiten, die die Resultate beider Hauptteile der Arbeit berücksichtigen.

Zunächst werden im folgenden die Ergebnisse der beiden Hauptteile jeweils für sich gesammelt und im Zusammenhang interpretiert. Danach können mehrere Schlußfolgerungen zur Gestaltung von umwelt- und handelspolitischen Instrumenten gezogen werden. Ein Ausblick soll institutionelle Rahmenbedingungen und Fragen der internationalen Koordination kurz beleuchten.

8.1 Umwelt- und Handelspolitik bei vollständigem Wettbewerb

In Hauptteil 1 wurde gezeigt, wie sich Umweltschutz in den Begriffsapparat der an die allgemeine Gleichgewichtstheorie angelehnten realen Außenwirtschaftstheorie einfügen läßt. Die exogenen Bestimmungselemente des allgemeinen Gleichgewichts (Faktorausstattung, Präferenzen und Technologie) wurden in geeigneter Weise durch die Konzepte Assimilationskapazität, Umweltpräferenz und Brutto-/Netto-Emissionsintensität ergänzt. Es konnte dann die Übertragbarkeit der grundlegenden Theoreme der realen Außenwirtschaftstheorie auf diesen erweiteren Modellrahmen geprüft werden. So ist das Heckscher-Ohlin-Theorem in seiner Formulierung anhand relativer Faktorpreise eine weitgehend gültige Richtlinie für effizienzsteigernde internationale Arbeitsteilung. Teilweise Übertragungen des Stolper-Samuelson- und des Rybczynski-Zusammenhangs gelangen ebenfalls. Einschränkungen hinsichtlich dieser konzeptionellen Anwendbarkeit der traditionellen Außenwirtschaftstheorie ergeben sich hier zum einen aus der Existenz der Umweltschutzaktivitäten, die die auf den typischen Faktorreallokationsvorgängen basierenden Deduktionen verkomplizieren: Hiervon betroffen sind vergleichende Aussagen über die marginalen Transformationsbedingungen gegebener Produktionsstrukturen sowie die vollständige Übertragbarkeit des Stolper-Samuelson- und des Rybczynski-Theorems. Abnehmende Skalenerträge in der Produktion begrenzen zum anderen die Allgemeingültigkeit des Heckscher-Ohlin-Resultates und des Faktorpreisausgleichs[1]. Natürlich darf nicht vergessen werden, daß die komparativen Produktionsvorteile auch ricardianisch, d.h. durch unterschiedliche technologische Möglichkeiten der am Handel beteiligten Länder geprägt sind. Hier wurde auf die prima facie auffällige Einschränkung hingewiesen, daß ein Land mit der relativ besseren end-of-pipe Technologie nicht einen komparativen Vorteil in der Herstellung emissionsintensiver Gütern haben muß.

Problematisch wären demnach oberflächliche wirtschaftspolitische Schlußfolgerungen, etwa in der Form, daß von physikalischen Indikatoren der relativen Umweltknappheit (wie z.B. der häufig in diesem Zusammenhang benutzten Kennzahl Fläche pro Kopf) auf Ansiedelungsbedingungen geschlossen wird. Dies könnte die ökologisch unerwünschte Folge haben, daß ein Land, das über eine relative knappe Umweltausstattung verfügt, dennoch die Herstellung emissionsintensiver Güter ausweitet. Ebenso ist

---

1 Für die Ungültigkeit des Faktorpreisausgleichstheorems ist ferner verantwortlich, daß die Assimilationskapazitäten nicht-handelbare Faktorleistungen repräsentieren.

die bestimmte Vorhersage, daß nach Umweltpolitik eine Ausdehnung des umweltfreundlichen Sektors erfolgt, im allgemeinen nicht möglich.

Die Resultate besitzen dennoch einigen wirtschaftspolitischen Gehalt. Eine „Heckscher-Ohlin-bestimmte" internationale Arbeitsteilung zeigt, daß Umweltpolitik, die den Faktorpreis der Emissionen direkt oder indirekt bestimmt, die komparative Vorteile beeinflußt. Wenn nun aber komparative Vorteile endogen sind, stellt sich die Frage nach dem Auswahlkriterium für eine sinnvolle Bestimmung. Der vollkommene Wettbewerb stellt sicher, daß es eine Pigou-Steuer ist, die reale komparativen Vorteile zum Ausdruck bringt. Der Umweltpolitik kommt eine zum Außenhandel *komplementäre* Stellung zu, da sie bei vollständiger Internalisierung Effizienzpreise und damit Gewinne aus internationalem Handel sicherstellt. Es konnte auch gezeigt werden, daß Schadstoffakkumulation die Existenz konstanter *permanenter komparativer Vorteile* nicht ausschließt.

Findet sich ein Land gemäß seines komparativen Vorteils in die internationale Arbeitsteilung ein, so löst der mit der Spezialisierung einhergehende Struktureffekt einen Anpassungsbedarf für die wohlfahrtsoptimierende Umweltpolitik aus. Eine Angleichung der so gesetzten Emissionspreise findet statt. Da aber die individuellen Präferenzen (die aufgrund der unmittelbaren konsumptiven Nutzbarkeit der Umwelt den Emissionspreis direkt beeinflussen) genauso wie die physikalischen Assimilationsbedingungen ein individuelles Charakteristikum eines Landes darstellen, ist die resultierende Freihandelssituation i.d.R. durch länderspezifische Emissionspreise gekennzeichnet.

Die letzten beiden Ergebnisse offenbaren zusammengenommen die wirtschaftspolitische Vision, die hinter dem Freihandelsprinzip steht: unterschiedliche Emissionspreise stellen keine wettbewerbsverzerrenden Daten dar. Ein Land fügt sich unter den individuellen Gegebenheiten in einen arbeitsteiligen Prozess ein, der ihm eine Tauschmöglichkeit gemäß komparativer (und nicht absoluter) Vorteile ermöglicht. *Sektorale Wettbewerbsfähigkeit*, das heißt eine gute Position im direkten Vergleich der Produktionsbedingungen einer bestimmten Industrie in unterschiedliche Ländern, ist hier keine leitbildvermitteltende Idee. Umweltpolitik beeinträchtigt so auch nicht die Ökonomie als ganzes, sondern verbessert die Exportchance komparativ umweltfreundlicher Industrien.

Das wesentliche Resultat der Komplementarität begründet sich damit, daß sowohl eine am ökologischen Kriterium orientierte Umweltpolitik als auch Freihandel die allokative Effizienz im Inland unterstützende Politiken sind. Das bedeutet auch, daß umweltökonomische Leitlinien nicht durch den bloßen Umstand des internationalen Handels verändert werden: es gibt keinen "pollute-thy-neighbour"-Charakter der Umweltpolitik, da eine von realen komparativen Vorteilen geprägte internationale Arbeitsteilung wünschenswert ist. Ferner sind Schlußfolgerungen wie

> " A country that internalizes environmental costs into its prices will be at a disadvantage, at least in the short run, in unregulated trade with a country that does not internalize environmental costs. Therefore, national protection of a basic policy of internalization of environmental cost constitutes a clear justification for tariffs on imports from a country which does not internalize its environmental costs. This is not "protectionism" in the usual sense of protecting an inefficient industry, but rather *the protection of an efficient national policy of internalization of environmental cost*" (Daly und Goodland (1994), 77f.)

vor diesem Hintergrund jedoch falsch, da Handelspolitik nicht pareto-superior zu Freihandel sein *muß*, wenn die Umweltexternalität nicht vollständig internalisiert ist (Handel bedeutet aufgrund der von ihm ausgelösten Struktureffekte eine potentielle Akzentuierung der Wohlfahrtsverluste durch die ursprüngliche inländische Verletzung der Marginalbedingungen, der ein Tauschgewinn aus Handel gegenübersteht), und da - was das wichtigere Argument darstellt - die Reaktion auf unvollständige Internalisierung mit handelseinschränkenden Maßnahmen bestenfalls second-best ist. Wenn hingegen Daly und Goodland mit "efficient national policy" eine vollständige Internalisierungslösung vor Augen haben, dann gibt es im allgemeinen Modell - wie Abschnitt 3.1.4. zeigte - keine wohlfahrtstheoretische Begründung für Handelspolitik. Vollständiger Wettbewerb stellt sicher, daß unilateral und unabhängig von eventuell permissiver Umweltpolitik der Handelspartner ein Anreiz besteht, freien Handel zu treiben. Eine unvollständige Internalisierung kann nur als eine preissenkende Subventionierung der Importe aufgefaßt werden.

Dies, im Verbund mit der Einsicht in die individuell ausgeprägten Produktions- und Nachfragebedingungen eines Landes, führt auch zu der Forderung nach nationaler Souveränität der Umweltpolitik in ausschließlich inländischen Belangen. Dies entspricht dem zweiten Prinzip der Rio-Deklaration von 1992. Der Vorteil international ungehinderten Handels würde durch nivellierende, koordinierte Umweltpolitik konterkariert. Aus kollektiver Sicht ist lediglich eine Harmonisierung der rechtlichen Rahmenbedingungen der Umweltpolitik wünschenswert[2]. Hier wären eine ein-

---

2 Vgl. von Böventer (1988), 128ff., der eindringlich darauf hinweist, daß die Vereinheitlichung rechtlicher Rahmenbedingungen zu trennen ist von einer Anpassung der Steuersätze oder Standards.

heitliche Anwendung des polluter pays-Prinzips, die Ausgestaltung von Eigentumsrechten aber auch Demokratisierungsfortschritte, die der Umweltpräferenz zum Ausdruck verhelfen, zu nennen.

Abweichungen von der Orientierungsregel nach Pigou lassen sich im traditionellen Rahmen nur durch die Marktmacht eines Landes gegenüber seinen Handelspartnern ableiten. Insofern die Verzerrung der Effizienzbedingungen im grenzüberschreitenden Handel liegt, wäre aus inländischer Sicht ein Zoll das bestgeeignete Instrument. Steht dieser aufgrund von internationalen Vereinbarungen nicht zur Verfügung, kann bei geringerer Wirksamkeit eine in geeigneter Weise gewählte, vom umweltökonomischen Optimum abweichende Umweltpolitik als Substitut dienen. Eine ähnliche, in der Literatur zur strategischen Umweltpoltik kaum erwähnte Argumentation kann aus dem Versuch, die Entlohnungsbedingungen unter Berücksichtigung des Wanderungssaldos bei international mobilen Faktoren (in Kapitel 3: Arbeit) zu verbessern, hergeleitet werden[3]. Hier ist der Erklärungsansatz dem Optimalzollargument verwandt, indem monopolistischer Einfluß auf das Faktorangebot ausgeübt werden kann. Die Richtung der gewählten Abweichung von einer Pigou-Steuer ist demnach auch in beiden Fällen ambivalent. Die vorteilhafte Beeinflussung z.B. der terms of trade verlangt eine zu strenge Umweltpolitik in demjenigen Land, das emissionsintensive Güter exportiert und eine zu permissive Politik bei Export von umweltfreundlichen Produkten. Die Wirkung einer als Substitut des Optimalzolls dienenden Emissionssteuer ist nicht "produktionsseitig" sondern erfolgt auf der Erlösseite in einer künstlichen Verknappung der jeweiligen Exportprodukte am Weltmarkt. Daher kann mit diesem Argument nicht auf ein *allseitiges*, also von allen am Handel beteiligten Ländern praktiziertes Ökodumping geschlossen werden. Tatsächlich dürften diese Überlegungen in der Erklärung von Regierungsverhalten jedoch keine Rolle spielen. Der insgesamt geringe Anteil der Umweltschutzkosten an den Gesamtkosten der Produktion stellt hierfür einen zu kleinen Hebel dar[4].

Bedient sich ein Land des handelspolitischen Instrumentariums im engeren Sinn, so kann aus einzelstaatlicher Sicht in grenzüberschreitenden Externalitäten wie dem Advektionsverhalten von Schadstoffen eine Begründung für Subventionszahlungen auf umweltintensive Exporte bzw. für Zölle auf umweltintensive Importe abgeleitet werden. Umweltpolitik gro-

---

3 Vgl. Rauscher (1997), 59-63.

4 Vgl. die Schätzungen der Anteile der Umweltschutzkosten an den Gesamtkosten einiger Branchen in Steininger (1994), 29.

ßer Länder verursacht einen carbon leakage-Effekt: die induzierten Veränderungen der Importnachfragen bewirken eine strukturelle Anpassung des Auslands zugunsten der dort angesiedelten umweltintensiven Produktionsverfahren und so einen erhöhten Reimport von Emissionen. Da dieser Zusammenhang sich über die Marktunvollkommenheit am Weltmarkt erklärt, ist das direkte wirtschaftspolitische Instrument eine handelspolitische Intervention. Diese zerstört sowohl die weltweite Effizienz wie auch die einzelstaatliche first-best-Bedingung (1.1), so daß in einem globalen Effizienzgleichgewicht, das durch kooperative Umweltpolitik und handelspolitisches laissez-faire beschrieben ist, nötigenfalls Seitenzahlungen zur Herstellung der individuellen Rationalität der Teilnehmer möglich sind. Insofern diese supranationale Sichtweise zum Tragen kommt, ist Freihandel die beste die Umweltpolitik begleitende Handelspolitik.

8.2 Umwelt- und Handelspolitik bei oligopolistischem Wettbewerb

Die Integration der Umweltproblematik erfolgt im partialanalytischen Modell über die in die Gewinnfunktion der einzelnen Unternehmen eingehenden Umweltschutz- und Steuerausgaben. Dementsprechend wird mit der Annahme eines umweltneutralen und vollständig kompetitiven Numéraire-Sektors im Hintergrund nur der Schadstoffausstoß der oligopolistischen Industrie als Umweltschaden erfaßt. Auf diese Weise läßt sich die partialanalytische Methode internationaler industrieökonomischer Modelle nutzen.

Neben dem Übergang von der Total- zur Partialanalyse, wodurch das Augenmerk in den Untersuchungen des zweiten Hauptteils sich nicht mehr auf sektorale Verschiebungen richtet, liegt der wesentliche Unterschied zwischen den beiden in dieser Arbeit verglichenen theoretischen Herangehensweisen im Prinzip in der im zweiten Hauptteil hinzukommenden Marktunvollkommenheit beim inländischen und ausländischen Angebot und in der strategischen Analyse des Anbieterverhaltens.

Die Kapitel 4 - 7 gaben einen Überblick über die Eignung der Emissionsbesteuerung unter Berücksichtigung handelspolitischer Motive und des staatlichen Budgets. Ausgehend vom einfachen Drittlandsmarktmodell erfaßte die Analyse im weiteren Verlauf grenzüberschreitende Emissionen, unterschiedliches Wettbewerbsverhalten der Oligopolisten, das Konsumenteninteresse, intra-industriellen Handel, die Endogenität von Marktstrukturen, interdependentes Regierungsverhalten und letztlich den internationalen Wettbewerb in Forschung und Entwicklung. Dabei wurden

Motive für den kombinierten Einsatz von Emissionssteuern mit Zoll- und Subventionspolitik geprüft sowie kooperatives und nicht-kooperatives Vorgehen der Regierungen verglichen. Es ergab sich daraus eine Menge von Einzelresultaten, die es nun in einer Gesamtansicht zu beurteilen gilt.

8.2.1 Normative Schlußfolgerungen

Die in Kapitel 4 vorgenommene Verallgemeinerung des Wettbewerbsverhaltens zeigte auf, daß die Ausgestaltung einer um Rentenumlenkung bemühten strategischen Umweltpolitik verhaltensabhängig ist. Das Prinzip des zielgerichteten Eingreifens wurde zunächst bestätigt: Mit Emissionssteuern kann es zwar gelingen, Oligopolrenten ins Inland umzulenken, dies aber stellt sich - insofern mit der strategisch optimalen Umweltpolitik dem inländischen Dyopolisten nicht in die Position des quasi-Stackelberg-Führers verholfen wird - als eine unterlegene Instrumentenauswahl heraus. Jedoch wird diese second-best-theoretische Einschätzung wesentlich um die strategische Analyse interdependenten Verhaltens ergänzt. Eine Vorzeichenbestimmung der Abweichung von der umweltökonomischen Regel leistet erst die spieltheoretische Betrachtung die die Verhaltensweisen der Unternehmen differenziert zu modellieren hilft. Auch der qualitative Grenzfall eines Verzichts auf strategische Interventionen - gemäß der von Welzel vorgeschlagenen Definition von Handelspolitik[5] sozusagen eine Freihandelssituation - ist für das Gleichgewicht in konsistenten Reaktionserwartungen darstellbar. Das Bhagwati-Johnson-Prinzip hilft also zur Einstufung der unterschiedlichen Instrumente gemäß ihrer effizienzverringernden Nebenwirkungen - etwa in der Abwägung Öko-Steuer versus Öko-Zoll -, es stößt aber auf Grenzen in strategischen Umfeldern. Hauptteil II zeigt in einer detaillierten Analyse die herausragende Bedeutung der möglichen Formen von strategischer Interdependenz für die Auswirkungen von Politikmaßnahmen auf. Der methodische Vorteil spieltheoretischer Modellierung ist, ad-hoc-Annahmen zur Abbildung unterschiedlicher Verhaltensweisen zuzulassen. Es läßt sich so eine Vielfalt von Oligopolsituationen mit spezifischen Gleichgewichtslösungen erzeugen, die dazu dienen kann, die Vielfalt der Erscheinungen wettbewerblichen Verhaltens in der Wirklichkeit einzufangen.

Während die wirtschaftspolitische Leitidee zielgerichteten Mitteleinsatzes in diesem Sinn ergänzt und verfeinert wird, wird sie durch die Ergebnisse der Untersuchungen *kombinierten* Instrumenteneinsatzes erheb-

---

5 Siehe Kapitel 1.

lich bestärkt. Insofern die Aufmerksamkeit auf potentielle Nebenwirkungen einer Intervention gerichtet ist, wird erkennbar, ob Instrumente sich gegenseitig ersetzen oder doch eher ergänzen. In Bezug auf Umwelt- und Handelspolitik wurde dies in den Kapiteln 5 und 6 deutlich, hinsichtlich der Verbindung mit FuE-Subventionen in Kapitel 7 - teilweise implizit - betrachtet. So sind bei dem als Referenzfall dienenden kooperativen Verhalten der Regierungen positive Zollsätze nur noch durch unvollständige Internalisierung zu rechtfertigen, was wie in Hauptteil 1 letztlich ein schwaches Argument darstellt. Die jeweilige Kombination mit einem Zoll oder einer FuE-Subvention entlastet die Umweltpolitik bei FuE-Wettbewerb jeweils von einem mit diesen Instrumenten direkter zu verfolgenden nicht-umweltökonomischen Ziel, wodurch sich das Vorzeichen der strategischen Abweichung aus dem angewandten policy-mix erklärt. Allgemein ist in der mangelnden Robustheit bestimmter strategischer Vorgehensweisen bei Veränderung der zugrundeliegenden Annahmen ein gewichtiges Argument gegen strategisches Regierungsverhalten zu sehen.

Was innerhalb der ausgeführten Modelle nicht differenziert abgebildet wurde, stellt ein weiteres Hindernis für jedwede strategische Handhabung der Umweltpolitik dar: die realistischerweise eingeschränkte Informationsausstattung der Umweltbehörden. Wie mehrfach abgebildet wurde, reagiert die strategische Optimalitätsbedingung sensitiv auf die tatsächlich vorhandene Art der strategischen Interdependenz. Die Form der besten Unterstützung des inländische Dyopolisten hängt zunächst von der Wahl der unmittelbaren Wettbewerbsstrategie (Mengen oder Preise) der Unternehmen ab, von der Form der Erlös- und Kostenfunktionen und von der Art und Anzahl der strategischen Entscheidungssituationen ab. Hinzukommen muß die Kenntnis der ausländischen Politikmaßnahmen (oder sogar der Verhaltensweise der ausländischen Umweltbehörde), der eventuellen grenzüberschreitenden Externalitäten und der Wirkung anderer potentieller Politikmaßnahmen. In der Wirklichkeit besitzt eine Regierungsbehörde hierüber nur einen limitierten Kenntnisstand und der Zugang zu einzelnen Daten erweist sich als kostspielig. Letzteres kann etwa in asymmetrischer Informationsverteilung zwischen Firmen und Regierung, aus der Effizienzverluste bei der Implementierung strategischer Umweltpolitik resultieren können, verursacht sein. Für eine durch Informationsmangel geprägte Ausgangssituation ergibt sich daher - zunächst auf nationaler Ebene - als eine realistische Politikempfehlung die Orientierung am umweltökonomischen Optimum.

Eine - auch aus polit-ökonomischen Gründen - populäre Idee, strategisch überhöhte Emissionspreise zu nutzen, um dynamische Anreize zu fördern, stellte sich eher als theoretischer Sonderfall heraus. Grundsätzlich herrschen im Zusammenhang von Umweltsteuern und privaten FuE-Investitionen Ambivalenzen vor, die das genannte Informationsproblem nochmals verstärken, da nur unter guter Kenntnis der quantitativ oftmals gegenläufigen Effekte eine verläßliche Prognose über dynamisch-wettbewerbliche Auswirkungen der Umweltpolitik getätigt werden kann. Die grundsätzlichen Ambivalenzen finden sich auch in der Beurteilung unterschiedlicher Regime des Technologietransfers (Patentschutz vs. unbehinderte Imitation).

Die normative Auswertung muß schließlich den vom Marktverhalten der Unternehmen i.d.R. unabhängigen, adversen Effekt auf die Konsumbedingungen der Umweltpolitik berücksichtigen. Das alte Buchanan-Resultat zeigte schon auf, daß unvollkommene Angebotsbedingungen deren Implementierung infolge zusätzlichen Konsumverzichts unter dem Gesichtspunkt der Opportunitätskosten "verteuert".

Kapitel 6 zeigt allerdings, daß eine auch nach den beiden letzten Überlegungen sinnvoll erscheinde Orientierung an der Pigou-Regel nicht uneingeschränkt den Status einer "Daumenregel" á la Krugman[6] erlangen kann, da der unvollständige Wettbewerb bei beschränktem Marktzutritt typischerweise durch Unteilbarkeiten gekennzeichnet ist. Bei wenigen Anbietern verursacht ein Wechsel in der Belieferungsstrategie i.d.R. unstetige Auswirkungen auf die Komponenten der Wohlfahrtsfunktion. Solche Wohlfahrtseffekte erster Ordnung können zur Folge haben, daß eine "Vertreibung" ausländischer Produzenten aus dem Inland mittels Umweltpolitik wünschenswert ist, und daß sich ein wohlfahrtstheoretisch suboptimaler Standortwettbewerb zwischen Regierungen entwickelt. Umweltpolitik kann bei diskontinuierlichen Firmenentscheidungen allgemein nicht mehr nur durch Marginalbedingungen angeleitet werden.

8.2.2 Positive Einschätzung

Aus positiver Sicht ist sicherlich zu vermerken, daß die in Bezug auf den ersten Hauptteil als empirisch eher irrelevant eingestuften internationalen Strukturzusammenhänge bei oligopolistischem Wettbewerb wichtiger werden. Das quantitative Ausmaß von Mengenreaktionen kann hier größer sein. Damit werden terms of trade-Überlegungen und der carbon leakage-Effekt bedeutsamer. Sind grenzüberschreitende Umweltsysteme eine weit-

6 Siehe das Krugman-Zitat in Kapitel 1.

gehend zutreffende Beschreibung der Welt, so können sie - im Unterschied zu Hauptteil 1 - eine Erklärung allgemein praktizierten Dumpings bieten.

Hinsichtlich der Fragestellung, ob in Handelspolitik ein ökologisch wünschenswertes Instrumentarium bei unvollständigem Wettbewerb bestehen kann, muß aus positiver Sicht die Schwierigkeit der praktischen Umsetzung genannt werden. Gleichung (5.15) beinhaltet dieses *pollution content*-Motiv, zeigt aber gleichzeitig, welche Größen zur Bestimmung des Zollsatzes bekannt sein müßten (neben der Schadensfunktion die in- und ausländischen Emissions- und Advektionskoeffizienten). Es ist also außerordentlich schwierig, den eigentlichen "pollution content" zu berechnen. Darüberhinaus sind derartige Öko-Zölle im allgemeinen eine Form diskriminierender Handelspolitik, die gegen den Gleichbehandlungsgrundsatz des GATT verstoßen.

In Bezug auf die umweltpolitische Interventionsform wurde durchgehend davon ausgegangen, daß eine ideale marktkonforme Implementierung in Emissionssteuern (alternativ wäre eine allokativ identische Lösung mit handelbaren Zertifikaten denkbar) stattfinden kann. Dies entspricht nicht der Erfahrung in der praktizierten Umweltpolitik. Daher wäre zu fragen, ob die i.d.R. angewandte Auflagenpolitik mit fixen Mengenvorgaben zu gleichen Ergebnissen führen würde. Hier zeigen Althammer und Buchholz (1997) zwar deren Äquivalenz mit einer Steuerlösung in einem einfachen zweistufigen Grundmodell, jedoch deuten die Ergebnisse von Ulph (1996b) darauf hin, daß die Äquivalenz verloren geht, sobald z.B. wie in Kapitel 7 eine strategische Investitionsmöglichkeit berücksichtigt wird[7]. Ein Beispiel für diese eingeschränkte Analogie in der Wirksamkeit ist, daß mit Mengenvorgaben der Anreiz zu strategischen Überinvestitionen noch besser reduziert werden kann als mit einer Emissionssteuer. Damit wäre das Ergebnis, daß strategisches Verhalten der Firmen auf einer mittleren Stufe vor dem eigentlichen Marktspiel das strategische Interesse der Regierungen senkt, in Frage gestellt.

Schließlich ist es das ökologische Problem selbst, das sich einer quantitativen Erfassung weitgehend entzieht. Dies geht im betrachteten Zusammenhang von Umwelt und Außenwirtschaft bei oligopolistischem Angebot über die bekannten Schwierigkeiten in der Ermittlung von Schadensfunktionen hinaus, denn zusätzliche Erschwernisse verbinden sich mit den in Kapitel 6 behandelten Unteilbarkeiten und ferner mit grenzüberschreitenden Öko-Systemen, die lokale internationale Externalitäten entstehen lassen. Auf welch schwierigem Terrain man sich z.B. bei letzteren nur für den

---

7 Vgl. Althammer und Buchholz (1995), 302f. bzw. A. Ulph (1996b), 336-346.

Zweck der Informationsgewinnung bewegt, zeigt Durth (1996)[8]. Nur kurz erwähnt werden sollte auch, daß eine stetig differenzierbare Umweltqualitätsfunktion wie sie in (2.5) oder (4.11) angenommen wurde, so nicht existiert. Damit ist die Marginalanalyse beispielsweise auch durch Mindestbestände (sog. threshold values), die Sprungstellen der Umweltqualität erzeugen, in ihrer Anwendbarkeit limitiert.

8.2.3 Allgemeine Kritik der strategischen Handelspolitik

Die vorangegangenen Überlegungen laufen auf die "Daumenregel Pigou-Steuer" - wenn nicht gar auf den weniger anspruchsvollen Preis-Standard-Ansatz - hinaus, weil viele Gründe dafür sprechen, daß eine korrekte Handhabung des Instruments Umweltsteuer für multiple wohlfahrts- und insbesondere handelspolitische Zwecke kaum zu gelingen vermag. Dies entspricht auch der allgemein kritischen Haltung, die in der theoretischen Literatur gegenüber strategischer Handelspolitik zum Ausdruck kommt. Eine Reihe von Argumenten, die in 8.2.2 noch nicht genannt wurden, treffen gleichermaßen auf Umweltpolitik zu:

- In einer Ausgangssituation mit freiem Markteintritt ist die Wirkungsweise strategischer Interventionen in Frage gestellt. Steigt die Profitabilität einer Branche, führt dies zum Eintritt weiterer Produzenten, was bei zunehmenden Skalenerträgen die Durchschnittskosten des Angebots erhöht[9]. Darüberhinaus entstehen adverse Marktgrößeneffekte: je größer die Zahl der im Inland subventionierten Firmen ist, umso höher ist der Wettbewerbsgrad. Damit sinkt aber der erzielbare Verkaufspreis, womit eine negative Auswirkung auf die terms of trade eintritt[10]. Auf einen sehr ähnlichen Effekt wird in Kapitel 4 in Zusammenhang mit der kooperativen Lösung hingewiesen, in der mit vergleichsweise strenger Umweltpolitik eine Kartellvereinbarung "simuliert" wird. Bei freiem Markteintritt ist es allgemein nicht mehr gewährleistet, daß der nachteilhafte terms of trade-Effekt einer Exportsubventionierung durch die Aneignung von Oligopolrenten dominiert wird.
- Die Partialanalyse verschleiert möglicherweise negative Auswirkungen auf andere Sektoren der Ökonomie. Sind international konkurrierende Industrien durch den Einsatz eines spezifischen Faktors gekennzeichnet (z.B. Humankapital), so führt eine isolierte Förderung einer Teilbranche

---

8 Vgl. Durth (1996), 545ff.

9 Vgl. Horstman und Markusen (1986).

10 Vgl. Dixit und Kyle (1985).

in der Industrie zu besseren Entlohnungsbedingungen für diesen Produktionsfaktor in dieser. Die anderen Branchen werden durch den Abzug des spezifischen Faktors oder durch seine erhöhte Entlohnung einen adversen Effekt dieser strategischen Intervention erfahren. Dies spricht gegen die strategische Unterstützung einzelner Branchen[11]. Ein anderer, totalanalytische Auswirkungen einbeziehender Vorbehalt besteht gegenüber der Formulierung der Nutzenfunktion gemäß (4.9): Die Erhebung des Steueraufkommens verursacht Verzerrungen. Daher sollten die öffentlichen Mittel in den Optimierungsbedingungen mit einem Schattenpreis größer Eins berücksichtigt werden, wodurch auch die Umweltpolitik aufgrund ihres Finanzierungsbeitrages affiziert wäre[12].

- Völlig unerwähnt bleiben oft beschäftigungs- und verteilungspolitische Implikationen der Industriepolitik, obwohl natürlich zumindest sektorale Beschäftigungs- und Entlohnungbedingungen beeinflußt werden. Die Erhöhung der Zahl der in einer Industrie beschäftigten Personen kann als wünschenswerte Grundlage für strategische Förderung begriffen werden. Jedoch ist hier die arbeitsmarktökonomische Ausgestaltung zu beachten, so kann z.B. mit Gewerkschaften ein weiterer "Spieler" auftreten, der u.U. die beschäftigungserhöhende Wirkung einer Förderung in eine ausschließlich lohnsteigernde Wirkung umlenkt[13].
- Typischerweise befinden sich die Unternehmen, die die Protagonisten eines unvollkommenen internationalen Wettbewerbs darstellen, nicht in einem einheitlichen, den Inländern eines Nationalstaates zurechenbaren Eigentum. Multinationale Unternehmen besitzen ausländische Direktinvestitionen und es bestehen Kooperationen mit in gemischtem oder rein ausländischem Besitz befindlichen Konzernbestandteilen bzw. Kooperationspartnern. Dies erschwert die in der Literatur zur strategischen Handelspolitik vorzufindende Zurechnung der Firmengewinne an inländische Produzenten. Bestehen grenzüberschreitende, verflochtene Besitzverhälnisse, so ist unmittelbar erkennbar, daß hiermit die Anreize für öffentliche Interventionen nachlassen werden[14].
- einen weiteren interessanten Kritikpunkt nennt Grossman (1987)[15]: er hält die Identifikation förderungswürdiger Industrien nach dem Kriterium der zu beobachtenden Rentabilität für fragwürdig und gefährlich.

---

[11] Vgl. Dixit und Grossman (1986).

[12] Vgl. Grossman (1987), 60ff.

[13] Vgl. Spencer (1987), 75ff.

[14] Vgl. Welzel (1991), 91f.

[15] Vgl. Grossman (1987), 56ff.

Eine hohe Profitrate sei insbesondere in risikoreichen und forschungsintensiven Unternehmensaktivitäten notwendig, um andere, nicht realisierte aber kostenaufwendige Geschäftsideen zu finanzieren. Unter Einbezug dieser anderen, nicht erfolgreichen Innovationen ergäbe sich dann eine durchschnittliche Rentabilität der scheinbar strategisch interessanten Branche. Die aus diesem Grund problematische ex-post-Auswahl von Branchen mit vermeintlich hoher Wertschöpfung verstärkt sich, wenn (wie in Kapitel 7), vorgelagerte Stufen des Wettbewerbs bestehen. Subventionen werden dann potentiell für die Investitionsobjekte dieser frühen Wettbewerbsstadien verwendet und führen zu allokativen Verzerrungen. Grossman sieht damit für die strategische Handelspolitik einen ähnlichen Vorwurf für angebracht, wie er bei Subventionen in einem kompetitiven Umfeld erhoben werden muß: anzueignende Reingewinne sind bei Einnahme einer geeigneten langfristigen Perspektive nicht existent.

- schließlich und endlich gibt es natürlich eine Reihe nicht theorie-inhärenter Überlegungen, die die politische Ökonomie des Protektionismus hervorheben. Diese werden hier, der inhaltliche Abgrenzung folgend, nicht weiter ausgeführt.

8.2.4 Zusammenfassende Einschätzung der strategischen Umweltpolitik

Die in ihrer Gesamtheit in eine Vielzahl von Modellvarianten zerfallende Oligopoltheorie bringt kein einheitliches Bild der strategischen Handels- und Umweltpolitik hervor. Zwei diesen Variantenreichtum überspannende Schlußfolgerung sind dennoch möglich. Erstens entzieht sich die Theorie des internationalen oligopolistischen Wettbewerbs - auch in ihrer spieltheoretischen Fassung - nicht einer auf second-best-Überlegungen basierenden Einschätzung. Zweitens ist es die Vielfalt der Resultate und die häufig vorzufindende Ambivalenz selbst, die eine anti-interventionistische Empfehlung für die praktische Politik nahelegen. Beide Schlußfolgerungen weisen darauf hin, daß in der traditionellen Theorie weiterhin ein normatives Referenzmodell besteht. Dazu gehört auch, daß der positive und normative Erklärungsgehalt komparativer Vorteile in der neuen Außenhandelstheorie durch andere Bestimmunggründe des internationalen Handels überlagert aber nicht entkräftet oder ersetzt werden.

Es kann im Rahmen dieser Arbeit das Fazit gezogen werden, daß die beiden wichtigsten wirtschaftspolitischen Resultate des ersten Hauptteils nicht widerlegt werden. Sowohl die Komplementarität von effizienter

Umweltpolitik und dereguliertem Außenhandel als auch die Vorteilhaftigkeit nationaler Souveränität im inländischen umweltpolitischen Bereich bleiben in qualifizierter Form bestehen. Zwei wesentliche Problematiken stellen diese Aussage zunächst in Frage und müssen erörtert werden. Es sind dies die in Hauptteil 2 auftretende Diskrepanz einzelstaatlicher und multilateraler Rationalität und das Problem der grenzüberschreitenden Schadstoffausbreitung.

Die in strategischen Modellen aufzeigbare Substitutionalität der Instrumente beider Regulierungsgebiete ist auf eine einzelstaatliche Wahrnehmung zurückzuführen. Hierin liegt ein seiner Natur nach allgemeineres und nicht nur spezifisch den Zusammenhang von Umweltschutz und Außenhandel betreffendes Dilemma begründet: die explizite Berücksichtigung von individueller Marktmacht am Weltmarkt (die in der traditionellen Theorie nur einem Land als ganzen zukommen kann) zerstört die unilaterale Vorteilhaftigkeit ungehinderten und den privaten Akteuren überlassenen Außenhandels. Die handelspolitischen Motive, die hierdurch zusätzlich neben Tausch- und Spezialisierungsgewinn treten, "korrumpieren" potentiell jede politische Maßnahme, die die Kosten- oder Erlösfunktion der mit dieser Marktmacht ausgestatteten Unternehmen tangieren. Strategische Industriepolitik stellt sich so in unterschiedlichen Varianten als dominante Handlungsalternative in unkooperativen Spielsituationen heraus. Damit resultiert das aus der Optimalzolltheorie bei Vergeltung bekannte Problem der sich kumulierenden Ineffizienz. Kooperation der Regierungen kann Effizienzgewinne sichern, wobei das nicht eindeutig einem Gefangenendilemma entsprechende unkooperative Gleichgewicht bei allseitigem strategischen Regierungsverhalten (siehe Kapitel 4, Abbildung 4.1: das Inland konnte sich auch bei strategischer Umweltpolitik des Auslands insgesamt verbessern) natürlich eine internationale Kompensationslösung zusätzlich verteuern kann. Wie gezeigt wurde, beinhalten die (multilateralen) kooperativen Gleichgewichte aber handelspolitisches laissez-faire und weisen kein rent-shifting-Verhalten auf.

Die grenzüberschreitenden Umweltexternalitäten, die einen eigentlich ökologischen Gehalt in dieser Debatte aufweisen, stellen bei unvollständigem Wettbewerb eine Erklärung für das befürchtete allseitige Öko-Dumping dar. Jedes Land nimmt die hier mit der Umweltpolitik direkt verbundene Reallokationswirkung in umweltintensiven, international angesiedelten Branchen war und erkennt in den erhöhten Schadstoffreimporten eine Opportunitätskostenkomponente umweltökonomischer Internalisierungsversuche. Da bei oligopolistischer Marktstruktur zum einen die Mengenanpassungen quantitativ signifikanter als bei Preisnehmerverhalten sein können, zum anderen Unteilbarkeiten bei geringer Marktdichte auftreten können, ist dies eine ernstzunehmende Erklärung strategischen Verhaltens der Umweltbehörden, die in theoretisch und empirisch überzeugender Form - siehe Abschnitt 8.1 - in dem als Referenz dienenden Modell des ersten Hauptteils nicht vorliegt. Die damit begründete Tendenz zu einem stabilen unkooperativen Gleichgewicht mit gegenseitigem Öko-Dumping stellt das Postulat unabhängiger nationaler Umweltpolitik offensichtlich in Frage.

Hier zeigen die Überlegungen dieser Arbeit, daß eine Lösung dieser Problematik einen kooperativen Charakter haben muß und welchen Vorteil Kooperation wirklich verspricht. Der gegenüber Dumping normalerweise geäußerten wettbewerbpolitischen Befürchtung entspräche prima facie eine nivellierende kooperative Lösung, also Harmonisierung der Umweltabgaben. Aufgrund der jeweils spezifischen umweltökonomisch optimalen Lösung in den einzelnen Ländern wäre eine Vereinheitlichung der Emissionssteuern jedoch bedenklich: Entweder hätten einige Länder einen zu hohen und einige andere einen zu niedrigen Standard, was zwar global die Umweltverschmutzung zu kontrollieren helfen würde, lokal aber Ineffizienzen hervorruft und durch die Beschränkung in der Nutzung natürlicher Vorteile - komparative Vorteile würden hierbei mißachtet - der internationalen Arbeitsteilung zuwiderliefe. Oder es läge eine Situation mit Mindeststandards vor, deren Zustandekommen wahrscheinlicher ist, wobei letztere aber lediglich für eine kleine Gruppe von Ländern eine effektive Beschränkung darstellten.

Bei Harmonisierung der Umweltpolitik handelt es sich um den Versuch, den sich aufgrund der strategischen Beeinflussungsmöglichkeiten auf die Regierungsebene übertragenden Wettbewerb einzudämmen. Die Vereinheitlichung von Preisen, die dabei entwickelt wird, ist aber problematisch, da sie dem Grundgedanken internationalen Güteraustauschs zuwiderläuft: Dieser stellt eine Möglichkeit zur Erzielung von Spezialisierungsgewinnen dar. Dieser Gedanke kann in der partialanalytischen Analyse – insbesondere homogener Oligopole - verloren gehen.

Der bessere Entwurf, dem vom Standpunkt des Freihandelsprinzips unter Zusammenfassung der bisherigen Argumente nicht zu widersprächen wäre, wäre eine Regelbindung, die die nationale Souveränität weniger belasten würde: erneut wäre eine einheitliche Rechtsordnung empfehlenswert, die *weitgehende Internalisierung begünstigt*. Hinzu käme die Forderung, den Übergang zu *kooperativen Umweltsteuern*, also solchen Preisen, in denen grenzüberschreitende Externalitäten den Ursprungsländern zugerechnet werden, herzustellen.

8.3 Abschließende Bemerkungen

Die in 8.2.4 formulierten Schlußfolgerungen sind nur im Rahmen der Aussagekraft ihrer allokations- bzw. preistheoretischen Fundierung in dieser Arbeit gültig. Es verbietet sich daher, das Mittel der Harmonisierung z.B. in der Form von Mindeststandards im Rahmen multilaterale Umweltabkommen auszuschließen, da die Schwierigkeiten der Implementierung der theoretisch besten, also der kooperativen Lösung, in der realen Welt enorm sind.

Somit sind ordnungspolitische Empfehlungen grundsätzlich eher zurückhaltend vorzubringen. Zunächst ist der gegenwärtigen, in den internationalen Organisationen weitgehend vertretenen Auffassung von einer grundsätzlichen Komplementarität von Umweltpolitik und ungehindertem Außenhandel[16] aus allokationstheoretischer Sicht zuzustimmen. Dem ist hinzuzufügen, daß die Analyse der Umweltpolitik offener Volkswirtschaften eher auf den Bedarf an multinationalen Umweltabkommen hinweist als auf eine ökologische Überarbeitung der Welthandelsordnung, was zu wenig wäre. Während die Lösung *globaler Umweltprobleme* - salopp gesprochen - theoretisch geradezu einfach erscheint, da hier die Harmonisierung der nationalen Umweltregulierungen notwendig ist, entziehen die vielen lokalen grenzüberschreitenden Umweltsysteme sich einer ebenso einfachen Politikregel. Selbst wenn man von einer kooperativen Herangehensweise der Regierungen an grenzüberschreitende Umweltexternalitäten ausgehen kann, stellt sich immer noch das komplizierte praktische Problem der Auswahl eines geeigneten Politikinstruments für deren Internalisierung[17].

Die Europäische Union stellt ein Beispiel für die Schwierigkeiten dar, die mit der Zuordnung von internationalen umweltpolitischen Kompetenzen einhergehen. Obwohl die Kommission zu dem Schluß kommt, daß

> "Countries have the sovereign right to design and implement their own environmental policies through the measures they consider appropriate to protect their domestic environment. Differences in environmental standards can be due to a variety of reasons, including differences in the capacity of absorption of eco-systems,..." (Com (96), 54, 5)

---

[16] Vgl. z.B. Com (96), 54, 4 und 15f.

[17] Welche unterschiedlichen Politikinstrumente für kooperative Emissionsbegrenzung zur Verfügung stehen zeigt z.B. Siebert (1995), 196-198.

wurde in den letzten Jahren von mehreren Mitgliedsstaaten eine zu starke Zentralisierung der Kompetenzen angemahnt und der Wunsch nach stärker nationaler Ausrichtung der Umweltpolitik geäußert. De facto hatte die Kommission auch im Bereich der nicht-internationalen Umweltexternalitäten Vereinheitlichungen angestrebt. Und auch der Vertrag von Amsterdam, der den Handlungsspielraum der einzelnen Staaten erhöht, enthält immer noch einen Zustimmungsvorbehalt für die Kommission im Fall der von der Gemeinschaftsregeln abweichenden nationalen Umweltschutzvorschriften[18].

In Anlehnung an internationale Handelsabkommen scheint für die Durchsetzung bi- oder multilateraler Umweltabkommen die Einrichtung supranationaler Streitschlichtungsstellen empfehlenswert. Ein ökologisches *dispute settlement* könnte aber lediglich vor dem Hintergrund einiger Prinzipien im internationalen Umgang mit grenzüberschreitenden Externalitäten funktionieren. Hierzu gehörten wohl eine offene Informationsbereitsstellung, eine die nationalen Akteure verpflichtende polluter-pays-Regel und der gegenseitige Verzicht auf unilaterale handelsbeschränkende Maßnahmen. Es ist also zwischen der allokationstheoretisch unerwünschten Vereinheitlichung von Emissionspreisen oder Standards und der durchaus wichtigen Anpassung der rechtlichen Rahmenbedingungen zu trennen.

---

18 Vgl. Döring (1998), 170-173.

Literaturverzeichnis

Althammer, W. und W. Buchholz (1995): Strategic Trade Incentives in Environmental Policy, in: *Finanzarchiv*, 52, 293-305

D'Arge, R.C. und A.V. Kneese (1972): Environmental Quality and International Trade, in: *International Organization*, 26, 419-465

Asako, K. (1979): Environmental Pollution in an Open Economy, in: *The Economic Record*, 55, 359-367

Barrett, S. (1994): Strategic environmental policy and international trade, in: *Journal of Public Economics*, 54, 325-338

Baumol, W.J. und W.E. Oates (1975): *The Theory of Environmental Policy*, Englewood Cliffs (2. erw. Aufl.: Cambridge, 1988)

Beath, J., Y. Katsoulacos und D. Ulph (1989): Strategic R&D Policy, in: *Economic Journal*, 99, 74-83

Bhagwati, J. und Ramaswami, V.K. (1963): Domestic Distortions, Tariffs, and the Theory of Optimum Subsidy, in: *Journal of Political Economy*, 71, 44-50

Bhagwati, J. (1971): The Generalized Theory of Distortions and Welfare, in: Bhagwati et al. (eds.): *Trade, Balance of Payments, and Growth: Papers in International Economics in Honor of Charles P. Kindleberger*, Amsterdam, 69-90

Bhagwati, J. (1993): Fair Trade, Reciprocity, and Harmonization: the Novel Challenge to the Theory and Policy of Free Trade, in: Salvatore, D. (Hg.), *Protectionism and World Welfare*, Cambridge, 17-53

Bhagwati, J. (1994): Free Trade: Old and New Challenges, in: *Economic Journal*, 104, 231-246

Bickerdike, C.F. (1906): The Theory of Incipient Taxes, in: *Economic Journal*, 16, 529-35.

von Böventer, E. (1988): Volkswirtschaftliche Allokation, Konzeption und wirtschaftspolitische Praxis, in: Fischer, W. (Hg.), *Währungsreform und Soziale Marktwirtschaft. Erfahrungen und Perspektiven nach 40 Jahren*, Schriften des Vereins für Socialpolitik, N.F. Bd. 190, Berlin

Brander, J.A. und B.J. Spencer (1984): Trade Warfare: Tariffs and Cartels, in: *Journal of International Economics*, 16, 227-242

Brander, J.A. und B.J. Spencer (1985): Export Subsidies and International Market Share Rivalry, in: *Journal of International Economics*, 18, 83-100

Brander, J.A. und B.J. Spencer (1992): Tariff Protection and Imperfect Competition, in: Grossman, G.M. (ed.), *Imperfect Competition and International Trade*, Cambridge (Ma.)

Buchanan, J.M. (1969): External Diseconomies, Corrective Taxes and Market Structure, in: *American Economic Revue*, 59/1, 174-177

Carraro, C. und G. Topa (1991): *Taxation and Environmental Innovation,* FEEM (Fondazione ENI Enrico Mattei) Nota di lavoro, 4/91, Mailand

Chamberlin, E. (1933): *The Theory of Monopolistic Competition*, Cambridge (Ma.)

Clemenz, G. (1992): International R&D Competition in Cournot Oligopolies, in Clauser, O. et al. (Hg.): *Technological Innovation, Competitiveness and Economic Growth*, Berlin

Conrad, K. (1993): Taxes and Subsidies for Pollution-Intensive Industries as Trade Policy, in: *Journal of Environmental Economics and Management*, 25, 121-135

Conrad, K. (1994): Emission Taxes and International Market Share Rivalry, in: van Ierland, E.C. (Hg.): *International Environmental Eco-*

nomics. Theories, Models and Applications to Climate Change, International Trade and Acidification, Amsterdam usw., 173-194

Copeland, B.R. und M.S. Taylor (1995): Trade and Transboundary Pollution, in: *American Economic Review*, 58/4, 716-737

Copeland, B.R. (1996): Pollution Content Tariffs, Environmental Rent Shifting, and the Control of Cross-Border Pollution, in: *Journal of International Economics*, 40, 459-476

Corden, W.M. (1974): *Trade Policy and Economic Welfare*, Oxford, 9-41

Cropper, M.L. und W.E. Oates (1992): Environmental Economics: A Survey, in: *Journal of Economic Literature*, 30, 675-740

Daly, H. und Goodland, R. (1994): An Ecological-Economic Assessment of Deregulation of International Commerce under GATT, in: *Ecological Economics*, 9, 73-92

Dixit, A. (1981): The Export of Capital Theory, in: *Journal of International Economics*, 11, 279-294

Dixit, A. (1984): International Trade Policy for Oligopolistic Industries, in: *Economic Journal*, 94, Supplement, 1-16

Dixit, A. (1986): Comparative Statics for Oligopoly, in: *International Economic Review*, 27/1, 107-122

Dixit, A. und G. Grossman (1986): Targeted Export Promotion with Several Oligopolistic Industries, in: *Journal of International Economics*, 21, 233-50

Dixt, A. und A.S. Kyle (1984): The Use of Protection and Subsidies for Entry Promotion and Deterrence, in: *American Economic Review*, 75, 139-152

Dixit, A. und V. Norman (1994): *Außenhandelstheorie*, 3. Aufl. (1. engl. Aufl. 1980), München und Wien

Döring, T. (1998): Europäische Umweltpolitik nach Amsterdam, in: *Wirtschaftsdienst*, 78/3, 169-176

Durth, R. (1996): Wie lassen sich grenzüberschreitende Externalitätenprobleme lösen?, in: *Außenwirtschaft*, 51/4, 539-557

Eaton, J. und G. Grossman (1986): Optimal Trade and Industrial Policy under Oligopoly, in: *Quarterly Journal of Economics*, 101, 383-406

Ekins, P., Folke, C. und Costanza, R. (1994): Trade, Environment and Development: The Issues in Perspective, in: *Ecological Economics*, 9, 1-12

Europäische Kommission (1996): *Communication to the Council and to the Parliament on Trade and Environment*, Com (96), 54 final, Brüssel

Gandolfo, G. (1994): *International Economics I. The Pure Theory of International Trade*, 2.Aufl., Berlin usw.

Grossman, G. (1987): Strategic Export Promotion: A Critique, in: Krugman, P.R., *Strategic Trade Policy and the New International Economics*, Cambridge (Ma.), 47- 68

Grossman, G. und C. Shapiro (1987): Dynamic R&D Competition, in: *Economic Journal*, 97, 372-387.

Helm, C. (1995): *Sind Freihandel und Umweltschutz vereinbar? Ökologischer Reformbedarf des GATT/WTO-Regimes*, Berlin

Helpman, E. (1981): International Trade in the Presence of Product Differentiation, Economies of Scale and Imperfect Competition: A Chamberlin-Heckscher-Ohlin Model, in: *Journal of International Economics*, 11, 305-40

Helpman, E. und Krugman, P.R. (1985): *Market Structure and Foreign Trade. Increasing Returns, Imperfect Competition, and the International Economy*, Cambridge (Ma.)

Helpman, E. und Krugman, P.R. (1989): *Trade Policy and Market Structure*, Cambridge (Ma.)

Herberg, H. (1996): *Environmental Certificate Policy and the Pattern of Foreign Trade: A Heckscher-Ohlin Approach*, Institut für Theoretische Volkswirtschaftslehre, Discussion Paper 105/96, Kiel

Hoel, M. (1994): *International Coordination of Environmental Taxes*, FEEM (Fondazione Eni Enrico Mattei) Nota di lavoro, 41/94, Mailand

Horstman, I. und J. Markusen (1986): Up Your Average Cost Curve: Inefficient Entry and the New Protectionism, in: *Journal of International Economics*, 20, 225-247

Horstman, I. und J. Markusen (1992): Endogenous Market Structures in International Trade (natura facit saltum), in: *Journal of International Economics*, 32, 109-129

Johnson, H.G. (1954): Optimum Tariffs and Retaliation, in: *Review of Economic Studies*, 21/2, 142-53

Katsoulacos, Y. und A. Xepapadeas (1996): Emission Taxes and Market Structure, in: Carraro, C. et al. (1996): *Environmental Policy and Market Structure*, Dordrecht

Kemp, M.C. (1964): *The Pure Theory of International Trade*, Englewood Cliffs, 110-131

Kreps, D.M. und A.M. Spence (1985): Modelling the Role of History in Industrial Organization and Competition, in: Feiwel, G.R. (Hg.), *Issues in Contemporary Microeconomics and Welfare*, London und Basingstoke

Krugman, P.R. (1979): Increasing Returns, Monopolistic Competition, and International Trade, in: *Journal of International Economics*, 9, 469-479

Krugman, P.R. (1980): Scale Economies, Product Differentiation and the Pattern of Trade, in: *American Economic Review*, 70/5, 950-959

Krugman, P.R. (1984): Import Protection as Export Promotion: International Competition in the Presence of Oligopoly and Economies of Scale, in: Kierzkowski, H. (ed.), *Monopolistic Competition and International Trade*, Oxford

Krugman, P.R. (1987): Is Free Trade Passé?, in: *Journal of Economic Perpectives*, 1/2, 131-144

Krumm, R. (1995): *Internationale Umweltpolitik. Eine Analyse aus umweltökonomischer Sicht*, Tübingen

Kuhl, H. (1987): *Umweltressourcen als Gegenstand internationaler Verhandlungen*, Frankfurt am Main

Laffont, J.-J. (1988): *Fundamentals of Public Economics*, rev. ed., Cambridge (Ma.)

Lancaster, K. (1980): Intra-Industry Trade under Perfect Monopolistic Competition, in: *Journal of International Economics*, 10, 151-175

Lerner, A. (1936): The Symmetry of Import and Export Taxes, in: *Economica*, 3, 306-313

van Long, N. und H. Siebert (1991): Institutional Competition Versus ex-ante Harmonization: The Case of Environmental Policy, in: *Journal of Institutional and Theoretical Economics*, 147/2, 296-311

Mainwaring, L. (1994): International Trade, in: Arestis, P. und M. Sawyer (Hg.), *The Elgar Companion to Radical Political Economy*, Aldershot

Markusen, J.R. (1975): International Externalities and Optimal Tax Structures, in: *Journal of International Economics*, 5, 15-29

Markusen , J.R. (1981): Trade and the Gains from Trade with Imperfect Competition, in: *Journal of International Economics*, 11, 531-551

Markusen, J.R., E.R. Morey und N.D. Olewiler (1993): Environmental Policy when Market Structure and Plant Locations are Endogenous, in: *Journal of Environmental Economics and Management*, 24, 69-86

Mill, J.S. (1987): *Principles of Political Economy* (1848), wiederabgedruckt, Fairfield

Motta, M. und J.-F. Thisse (1994): Does Environmental Dumping Lead to Delocation?, in: *European Economic Review*, 38, 563-576

Nayyar, D. (1996): Free Trade: Why, When and for Whom?, *Banca Nazionale del Lavoro - Quarterly Review*, 198, 334-350

Pethig, R. (1975): Umweltverschmutzung, Wohlfahrt und Umweltpolitik in einem Zwei-Sektoren-Gleichgewichtsmodell, in: *Zeitschrift für Nationalökonomie*, 35, 99-124

Pethig, R. (1976): Pollution, Welfare, and Environmental Policy in the Theory of Comparative Advantage, in: *Journal of Environmental Economics and Management* 2, 160-169

Pethig, R. (Hg.) (1992): *Conflicts and Cooperation in Managing Environmental Resources*, Berlin,

Porter, M. (1991): America's Green Strategy, *Scientific American*, 168

Porter, M. und C. van der Linde (1995): Toward a New Conception of the Environment-Competitiveness Relationship, in: *Journal of Economic Perspectives*, 9/4, 97-118

Rauscher, M. (1991a): Foreign Trade and the Environment, in Siebert, H. (Hg.), *Environmental Scarcity: The International Dimension*, Tübingen, 17-31

Rauscher, M. (1991b): National Environmental Policies and the Effects of Economic Integration, in: *European Journal of Political Economy*, 7, 313-329

Rauscher, M. (1997): *International Trade, Factor Movements and the Environment*, Oxford

Ricardo D. (1951): On the Principles of Political Economy and Taxation, in Sraffa, P. (Hrsg.): *Works and Correspondence of David Ricardo*, Vol. 1, Cambridge

Robinson, J. (1933): *The Economics of Imperfect Competition*, London

Røpke, I. (1994): Trade, Development and Sustainability - A Critical Assessment of the "Free Trade Dogma", in: *Ecological Economics*, 9, 13-22

Ruffin, R.J. (1984): International Factor Movements, in: Jones, R.W. und P.B. Kenen (Hg.), *Handbook of International Economics*, Vol.1, Amsterdam usw., Kap.5

Rybczynski, T.M. (1955): Factor Endowment and Relative Commodity Prices, in: *Economica*, 22, 336-41.

Samuelson, P.A. (1954): The Pure Theory of Public Expenditure, in: *Review of Economic Studies*, 36, 387-389

Samuelson, P.A. (1962): The Gains from International Trade once again, in: *Economic Journal*, 72, 820-829

Shapiro, C. (1989): Theories of Oligopoly Behaviour, in: Schmalensee, R. und R. Willig (Hg.), *Handbook of Industrial Organization*, Vol. 1, New York, 329-414.

Siebert, H. (1974): Environmental Protection and International Specialization, in: *Weltwirtschaftliches Archiv*, 110, 494-508

Siebert, H. (1977): Environmental Quality and the Gains from Trade, in: *Kyklos*, 30, 657-673

Siebert, H. (1978): Environmental Policy, Allocation of Resources, Sector Structure and Comparative Advantage, in: *Zeitschrift für Wirtschafts- und Sozialwissenschaften*, 98, 281-293

Siebert, H. (1982): Negative Externalities, Environmental Quality and the Transformation Space, in: Eichhorn, W. et al. (Hg.), *Economic Theory of Natural Resources*, Wien, 489-506

Siebert, H. (Hg.) (1991): *Environmental Scarcity: The Internationale Dimension*, Tübingen

Siebert, H. (1994): *Außenwirtschaft*, 6. Aufl., Stuttgart und Jena

Siebert, H. (1995): *Economics of the Environment*, 4. Aufl., Berlin usw.

Siebert, H. et al. (1980): *Trade and Environment. A Theoretical Enquiry*, Amsterdam usw.

Spencer, B.J. (1987): What Should Trade Policy Target?, in: Krugman, P.R., *Strategic Trade Policy and the New International Economics*, Cambridge (Ma.), 69-89

Spencer, B.J. und J.A. Brander (1983): International R&D Rivalry and Industrial Strategy, in: *Review of Economic Studies*, 50, 707-722

Stadler, M. (1989): *Marktstruktur und technologischer Wandel. Eine modelltheoretische Analyse im Rahmen der Industrieökonomik*, Berlin und Heidelberg

Steininger, K. (1994): Reconciling Trade and Environment: Towards a Comparative Advantage for Long-Term Policy Goals, in: *Ecological Economics*, 9, 23-42

Stolper, W.F. und P.A. Samuelson (1941): Protection and Real Wages, in: *Review of Economic Studies*, 9, 50-73.

Tobey, J.A. (1989): *The Impact of Domestic Environmental Policies on International Trade*, Diss., College Park

Torrens, R. (1844): *The Budget*, London

Ulph, A. (1992): The Choice of Environmental Policy Instruments and Strategic International Trade, in: Pethig, R. (Hg.), *Conflicts and Cooperation in Managing Environmental Resources*, Berlin, 111-129

Ulph, A. (1994): Environmental Policy, Plant Location and Government Protection, in: Carraro, C. (Hg.), *Trade, Innovation, Environment*, Dordrecht, 123-163

Ulph, A. (1996a): Environmental Policy and International Trade when Governments and Producers Act Strategically, in: *Journal of Environmental Economics and Management*, 30, 265-281

Ulph, A. (1996b): Environmental Policy Instruments and Imperfectly Competitive International Trade, in: *Environmental and Resource Economics*, 7, 333-355

Ulph, D. (1994): Strategic Innovation and Strategic Environmental Policy, in: Carraro, C. (Hg.), *Trade, Innovation, Environment*, Dordrecht, 203-28

Ulph, A. und D. Ulph (1995): Trade, Strategic Innovation and Strategic Environmental Policy. A General Analysis, FEEM (Fondazione ENI Enrico Mattei) Nota di Lavoro 20/95, Milano

Varian, H. (1985): *Mikroökonomie*, 2.Aufl., München und Wien

Walter, I. (1974): International Trade and Resource Diversion: The Case of Environmental Management, in: *Weltwirtschaftliches Archiv*, 110, 482-493

Walz, U. (1992): *Oligopolistischer Wettbewerb und internationaler Handel. Eine Analyse ausgewählter positiver und normativer Aspekte*, Tübingen

Welzel, P. (1991): *Strategische Handelspolitik. Nationale Anreize und internationale Koordinationsaufgaben*, Heidelberg

Wießner, E. (1990): *Umwelt und Außenhandel. Der Einbau von Umweltgütern in die komparativ-statische und dynamische Außenwirtschaftstheorie*, Baden-Baden

Young, M.D. (1994): Ecologically-Accelerated Trade Liberalization: a Set of Disciplines for Environment and Trade Agreements, in: *Ecological Economics*, 9, 43-51